石油和化工行业“十四五”规划教材

中等职业教育教材

化工分析技术

刘爱武　主编　　　赵汝波　主审

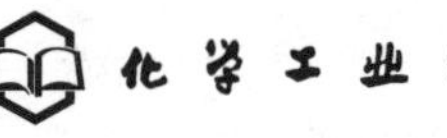

化学工业出版社

·北京·

内容简介

本书是山东省在线精品资源课程建设项目、山东省品牌专业建设资助项目、化工技术类专业群建设成果之一。本书契合了中等职业教育人才培养目标，融合了《化学检验员》国家职业标准，吸纳了化工企业质量检测领域最新的方法、技术和设备。

本书采用项目引领、任务驱动的编写体例，内容由绪论和五个项目、三十五个任务组成，五个项目分别是分析检验基础知识、分析检验基本技能、化学分析技术、仪器分析技术和环氧丙烷生产分析实例。

本书配套了内容丰富、形式多样的数字化资源，部分资源以二维码的形式呈现于书中，既可满足教师的教学需求，又方便学生扫码自学，激发学习兴趣，提高学习效果。

本书内容简明、实用，可作为中等职业教育、初中后五年制高职教育化工技术类专业“化工分析”课程的教材，也可作为化工行业技术人员的参考用书，还可作为化学检验工技能鉴定培训用书。

图书在版编目（CIP）数据

化工分析技术 / 刘爱武主编. -- 北京 ：化学工业出版社，2025. 9. --（中等职业教育教材）. -- ISBN 978-7-122-48201-3

Ⅰ. TQ014

中国国家版本馆 CIP 数据核字第 2025ED1793 号

责任编辑：刘心怡　　文字编辑：李　静
责任校对：李雨函　　装帧设计：关　飞

出版发行：化学工业出版社
（北京市东城区青年湖南街 13 号　邮政编码 100011）
印　　装：大厂回族自治县聚鑫印刷有限责任公司
787mm×1092mm　1/16　印张 15½　字数 286 千字
2025 年 9 月北京第 1 版第 1 次印刷

购书咨询：010-64518888　　售后服务：010-64518899
网　　址：http://www.cip.com.cn
凡购买本书，如有缺损质量问题，本社销售中心负责调换。

定　　价：42.00 元　

前言

产品质量是企业信誉的标志，决定着企业的生存与长远发展。我国的化工行业需要大量具有分析检验能力的工艺技术人员以及从事产品质量检验的专业人才。本书以化工行业人才需求为依据，以《化学检验员》国家职业标准为参照，遵循工学结合、岗课赛证融通、思政育人的职业教育理念，根据化工企业岗位特点，结合中职教学实际情况编写而成。

本书总体设计思路是以化工技术类专业相关工作任务和职业能力为依据，以典型化工产品为载体，以工作过程为导向，以工作任务为主线整合相应的知识、技能和应用，把分析检验理论知识与岗位所需的技能、新标准、新规范以及质量评价、安全管理等内容有机融合，将其贯穿化工产品质量分析全过程。将理论融于实践、实践化作应用，三者融为一体，使学生在完成任务的过程中掌握知识、培养能力、提高素养。

本书在内容选择上，充分考虑中职学生的认知规律，围绕人才培养目标，将需要掌握的知识和技能设计成若干个项目，每个项目由若干个任务组成。本书注重学习任务与工作任务、学习标准与工作标准、学习过程与工作过程、学校竞赛与行业赛项、思政育人与企业文化的衔接，实现学生所学与企业生产相融通。采用由浅入深、环环相扣的方法编排教学内容，构建教材框架。

本书编写力求做到反映中职教育特点，突出实践教学的主体地位，用工作任务引领理论，体现理论知识以“必需、够用、实用”为度，有利于学生动手操作能力和创新能力的培养。在形式上力求做到体例新颖、图文并茂、通俗易懂，在纸质教材中融入数字化资源，可扫码动态呈现，打造一书多空间的立体化教材，使学生愿意看、愿意学，“学思练用”结合，从而激发学生的学习兴趣和加深对知识的理解，培养学生的仪器操作技能以及分析、解决问题的能力。

本书编写团队由具有丰富职业教育经验的课程建设专家、中职教学一线的骨干教师和分析检验领域的行业专家组成。本书编写过程参考了国内外优秀教材、著作，汲取了最新学术研究成果的精华，确保教材的科学性、职业性、适用性和先进性。

全书由绪论和五个项目组成，由山东省淄博市工业学校刘爱武任主编并统稿，本溪市化学工业学校孙巍、山东省轻工工程学校董文静、青岛市化工职业中等专业学校李毅、阳信县职业中专雷肖艳和东明县职业中等专业学校陈红春任副主编，日照市海洋工程学校田爱玲和陈冬梅、绍兴市中等专业学校李巍、滨州市技师学院孟宪琪和鲁北技师学院杜嵩松参与编写工作。教材编写分工如下：刘爱武编写绪论、项目一的任务 1 至任务 2、项目五的项目描述及项目五的任务 1 至任务 3，孙巍编写项目一的项目描述及项目一的任务 3 至任务 5，陈红春编写项目二的项目描述及项目二的任务 1 至任务 3，董文静编写项目三的项目描述及项目三的任务 1 至任务 3，李毅编写项目四的项目描述及项目四的任务 1 至任务 3，雷肖艳编写项目二的任务 4、任务 5 以及汇总附录和参考文献，陈冬梅编写项目一的任务 6 至任务 8、项目四的任务 4，田爱玲编写项目一的任务 9 至任务 11，孟宪琪编写项目二的任务 6 至任务 9，李巍编写项目三的任务 4 至任务 6，杜嵩松编写项目五的任务 4、任务 5。

全书由东营市化工学校正高级讲师赵汝波担任主审，山东滨化集团李海城参与审核工作，山东惠分仪器有限公司狄厚伟、济南海纳仪器有限公司陈晓伟提供编写素材和仪器使用指导，山东朗晖石油化学股份有限公司袁振华提供企业生产分析案例。

本书在申报石油和化工行业“十四五”规划教材和编写过程中，得到了淄博市职业教育研究院张珍、阳信县职业中专阎汝强、山东省淄博市工业学校夏雪和程倩倩等专家领导的大力支持，得到了化学工业出版社以及编写团队成员单位的大力支持。山东山绣环境技术服务有限公司李士德、淄博建筑工程学校张凤、上海信息技术学校陈佳、无棣县职业中等专业学校王久华、新疆石河子职业技术学院刘婷婷为本书编写提供了许多宝贵的意见和建议，在此谨向所有关心和支持本书的朋友致以衷心的感谢。

由于编者水平有限，时间仓促，书中不当之处在所难免，恳请专家和读者批评指正。

编者

2024 年 12 月

目录

项目四 仪器分析技术 / 174

项目五 环氧丙烷生产分析实例 / 205

附录 / 234

参考文献 / 241

绪 论

化学试剂，如图 0-1 所示。化学试剂氢氧化钠的标签，如图 0-2 所示。

图 0-1 化学试剂

图 0-2 化学试剂氢氧化钠的标签

想一想

化学试剂的标签上标示了化学试剂的“技术条件”，那么化学试剂中各成分的含量是怎么知道的呢？这些技术条件引用了哪些标准？

科学技术是第一生产力，化工分析技术是科学技术体系的一部分，是一种重要的生产力。化工分析技术在推动科学技术进步、化工行业发展等方面发挥着重要作用。

一、化工分析的任务和作用

化工分析是以分析化学的基本原理和方法为基础，解决化工生产和产品检验中实际分析任务的学科。

分析化学是研究物质组成、含量、结构及其他信息的一门科学，主要包括定性分析和定量分析。定性分析的任务是检测物质中原子、原子团、分子等成分的种类，例如通过光谱分析、质谱分析确定物质的结构和物质的基本性质。定量分析的任务是测定物质化学成分的含量，重点在于确定物质中某种成分的具体数量，通常以质量或浓度等来表示，例如水硬度的测定，就是测定水样中钙镁离子的含量。

化工生产控制分析指的是，在物料基本组成已知的情况下，对原料、中间产物和产品进行定量分析，以检验原料和中间产品的质量，监督生产过程是否正常。例如，使用离子膜法制备烧碱时，需要控制食盐水中的 NaCl 含量为（310±5)g/L，而盐水中的杂质 Ca^{2+} 和 Mg^{2+} 含量应不高于 20μg/L。聚乙烯、聚丙烯、乙丙橡胶和丁二烯橡胶等高分子材料的生产，需要使用高纯度的单体，这些工艺指标的测定也是靠化工分析来完成的。化工分析通过分析检验来评定原料和产品的质量，检查工艺流程是否正常进行，从而使人们在生产过程中，能最经济地使用原料和燃料，减少废品和次品，及时消除生产事故，保护环境。因此，化工技术人员必须掌握化工分析的要点和方法，才能熟悉整个生产过程的全貌，根据各控制点的分析数据进行有效的调节，以保证优质、高产、低耗和安全地进行生产。

对于化工产品检验，国家颁布了各种化工产品的质量标准，规定了合格产品的纯度、杂质的允许含量及分析检验方法，分析工作者必须严格遵照执行。

分析检验不仅在化学、化工领域起着重要作用，而且对国民经济和科学技术的发展具有重大的实际意义。例如，在食品营养健康领域，蔬菜中残留农药的检测（如图 0-3 所示），以及茶叶中重金属含量的检测；在农业生产中，土壤中氮磷钾等元素含量的检测（如图 0-4 所示）；在工业生产中，资源的勘探开发与利用、新产品的试制、新工艺的探索以及“三废”（废水、废气、废渣）处理和综合利用等，都必须以分析检验的结果为重要依据；在商品流通领域，需要对商品质量及其变化进行监督与评估。

图 0-3　蔬菜中残留农药的检测

图 0-4　土壤检测

在科学技术领域，如生命科学、材料科学、环境科学领域，凡是涉及化学变化的内容，几乎都离不开分析检验。可以说分析检验是人们认识物质世界和指导生产实践的“眼睛”。

二、化工分析方法及仪器

化工分析包括定性分析和定量分析，本书主要讨论定量分析。根据测定原理和所用的仪器不同，定量分析分为化学分析法和仪器分析法。

化学分析法是以被测物质与某些试剂发生化学反应为基础的分析方法。化学分析法分为滴定分析法和称量分析法，滴定分析法又细分为酸碱滴定法、配位滴定法、氧化还原滴定法和沉淀滴定法。化学分析法使用滴定管、吸量管和容量瓶等玻璃分析仪器。

仪器分析法是以待测物质的物理或物理化学性质为基础的分析方法。仪器分析法细分为电化学分析法、光学分析法和色谱分析法等。仪器分析法使用电子分析天平、酸度计、电导率仪、分光光度计和气相色谱仪等精密分析仪器。

各种分析方法的原理、应用以及使用的分析仪器等，将在本书各项目的多个任务中进行详细的介绍。

三、化学试剂

定量分析所用试剂的纯度对分析结果准确度的影响很大，不同的分析工作对试剂纯度的要求也不相同。根据化学试剂中所含杂质的多少，一般将实验室普遍使用的试剂划分为 4 个等级，具体的名称、标志和主要用途，见表 0-1。

表 0-1　化学试剂的级别及主要用途

级别	中文名称	英文标志	标签颜色	主要用途
一级	优级纯	G. R.	绿色	精密分析实验
二级	分析纯	A. R.	红色	多数分析实验
三级	化学纯	C. P.	蓝色	工况、教学分析实验
四级	实验试剂	L. R.	黄色	一般化学实验

此外，还有基准试剂、色谱纯试剂、光谱纯试剂等。基准试剂的纯度相当于或高于优级纯试剂。高纯试剂和基准试剂的价格要比一般试剂高数倍至数十倍，因此应根据分析工作的具体情况选择，不要盲目追求高纯度。

滴定分析常用的标准溶液，一般应选用分析纯试剂配制，再用基准试剂进行标定。对分析结果要求不很高的实验，也可以用优级纯或分析纯代替基准试剂。滴定分析中所用其他试剂一般为分析纯。仪器分析实验一般使用优级纯或专用试剂，测定微量或超微量

码 0-1　特殊化学试剂概述

成分时应选用高纯试剂。

四、定量分析的一般过程

进行定量分析，首先需要从批量的物料中采出少量有代表性的试样，并将试样处理成可供分析的状态。固体样品通常需要溶解制成溶液。若试样中含有影响测定的干扰物质，还需要预先分离，然后才能对指定成分进行测定。因此，定量分析的全过程一般包括：

① 采样与制样（包括粉碎、缩分等）；

② 试样处理（包括试样的溶解、必要的分离等）；

③ 对指定成分进行定量测定；

④ 计算和报告分析结果。

五、化工分析的学习方法

化工分析是一门实践性很强的学科，实验操作占有较大的比重。只有熟练使用分析仪器、规范实验操作，才能准确测定样品的含量。因此必须刻苦训练、一丝不苟；必须遵守规程、依据标准；必须准确树立量的概念，正确掌握分析实验的基本操作，养成良好的实验习惯。

通过学习本课程，应树立严格执行国家标准的意识，自觉遵守行业法规和实事求是的科学态度，认真观察、分析和解决问题的能力，为从事化工生产控制、产品质量检验等工作打下良好基础。

要学好化工分析，首先要学好有关的基本概念、基本理论和基本知识，因为这些概念、理论和知识是学习各种分析方法的理论基础；还要正确识别各类分析仪器、设备和药品，并掌握其用途和正确使用方法，因为这些仪器、设备、药品是化工分析的物质基础；必须学会各种分析方法的原理、操作技能和结果处理方法，这是化工分析的核心。

要学好化工分析，必须有正确的学习态度和严谨的作风，这是学好化工分析的动力和保证；还必须有正确的学习方法，善于动脑，勤于动手，善于观察，勤于总结，这是学好化工分析的重要条件。

总之，化工分析是一门理论和技能并重的学科，必须要有认真的态度、正确的方法，才能够学好它。

项目一
分析检验基础知识

项目描述

新学期，小明和同学们领到了一册新书《化工分析技术》。今天，在老师的带领下，同学们走进了整洁的分析实验室（如图 1-1～图 1-4 所示），看到错落有致的实验台，台架上整齐排放着试剂瓶和玻璃仪器，墙壁上挂着各种规章制度，天花板上布设着通风设施，实验室内还有许多叫不上名字的分析仪器和设备。大家既兴奋又好奇，对分析实验充满了期待。

图 1-1 化学分析实验室

图 1-2 天平室

图 1-3 仪器分析室

图 1-4 化学药品（试剂）室

分析检验基础知识包括分析实验室安全防护与管理、分析实验室危险源辨识与危废物处理、玻璃仪器选用和洗涤、分析实验用水使用与制备、标准滴定溶液制备与试剂储存、分析试样采集与处理、分析方法探究与选用、探究定量分析误差、有效数字修约与运算、数据处理与分析结果报告以及分析标准查阅及引用 11 个任务。

通过项目实施，知悉实验室安全装备和实验室管理制度，知悉实验室的危险源和危废物的来源，熟悉玻璃仪器、实验用水、化学试剂、试样采集、分析方法、误差理论、有效数字、分析标准等基础知识，为后续基本技能的训练、分析实验和企业实训打好基础。

任务 1　分析实验室安全防护与管理

【任务目标】

① 熟悉分析实验室安全标识，熟练使用实验室安全装备和防护用品；

② 研讨领会实验室 HSE 管理和 8S 管理，认真遵照制度实施管理；

③ 初步建立操作必须遵守规程和操作必须安全的意识。

【任务描述】

实验室安全是分析检验操作的基础。

实验室内的安全标识、安全装备和安全防护用品是实验室安全的物质基础，各项管理制度则是实验室安全的制度保障。走进实验室，应熟知各类安全标识、配备的安全装备和防护用品，还要熟悉实验室各项管理制度。

查看实验室安全标识，理解安全标识的类型和含义；查看实验室安全装备和防护用品，知悉实验室安全装备的位置、功能，知悉防护用品的种类和存放处；通过使用练习，做到会使用安全装备，会佩戴个人安全防护用品；通过研讨，准确领会实验室 HSE 管理和 7S 管理。培养实验安全意识和提高实验安全技能。做到遵从管理、认真训练、规范操作、一丝不苟。确保实验操作的安全、高效、健康和环保。

【知识链接】 做中教

一、分析实验室安全防护

1. 安全标识

安全标识是保障实验室安全的重要措施之一，实验室安全标识见表 1-1。

表 1-1　实验室安全标识

类型	含义	图例
危险品标识	用于标识实验室中存放的危险化学品，包括易燃、易爆、有毒、腐蚀性等物质。危险品标识通常包括化学品的名称、危险性类别、警示词、应急电话等信息	易燃液体、固体
安全出口标识	用于指示实验室的安全出口位置，包括疏散路线、出口位置等信息。安全出口标识通常为绿色，箭头指向出口	安全出口 EXIT
灭火器标识	用于标识实验室中存放灭火器的位置，包括灭火器类型、使用方法等信息。灭火器标识通常为红色，形状为圆形或矩形	灭火器 FIRE EXTINGUISHER
防毒面具标识	用于标识实验室中存放防毒面具的位置，包括防毒面具类型、使用方法等信息。防毒面具标识通常为黄色，形状为圆形或矩形	
急救箱标识	用于标识实验室中存放急救箱的位置，包括急救箱类型、使用方法等信息。急救箱标识通常为红色，形状为十字形	
严禁烟火标识	用于标识实验室中严禁烟火的区域，包括易燃易爆物品存放区、实验操作区等。严禁烟火标识通常为红色，形状为圆形或矩形	严禁烟火

2. 安全装备和防护用品

码 1-1　常用危险化学品的象形图

实验室配备的安全装备有紧急喷淋装置，如图 1-5 所示；通风橱，如图 1-6 所示；洗眼器，如图 1-7、图 1-8 所示；通风系统，如图 1-9 所示；灭火器，如图 1-10 所示；沙箱，如图 1-11 所示；急救药箱，如图 1-12 所示。

码 1-2　实验室紧急喷淋装置

码 1-3　实验室通风橱的使用

码 1-4　灭火器的使用方法

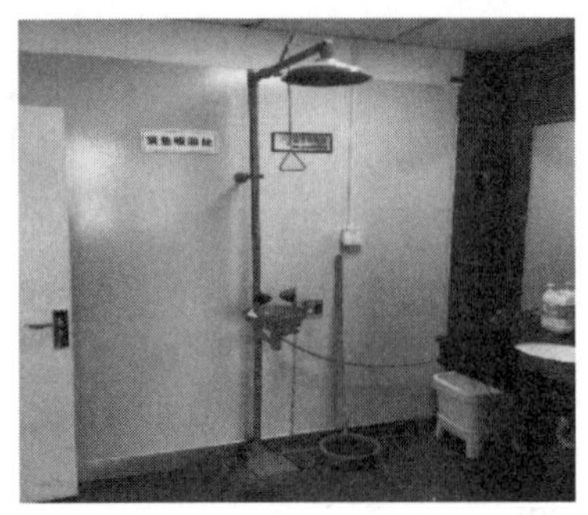

图 1-5　紧急喷淋装置

图 1-6　通风橱

图 1-7　双头洗眼器

图 1-8　单头洗眼器

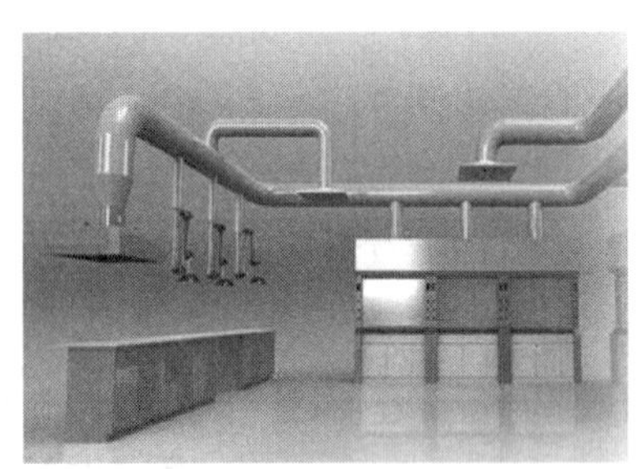

图 1-9　通风系统

图 1-10　灭火器

图 1-11　沙箱

图 1-12　急救药箱

实验室中的防护用品有：口罩、头套、护目镜（如图 1-13 所示）、面罩（如图 1-14 所示）、实验服、手套等。

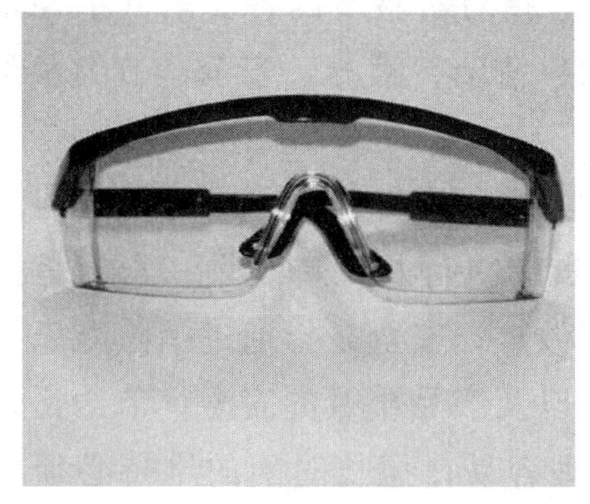

图 1-13　护目镜

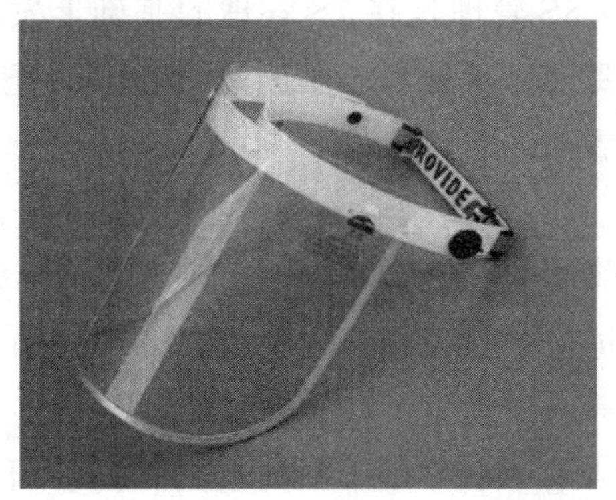

图 1-14　面罩

二、实验室安全管理

实验室有各种管理制度，如卫生管理制度、化学试剂管理制度、易燃易爆有毒试剂管理制度、仪器设备管理制度、岗位职责及工作制度、意外事故的防止及应急预案等。全面的管理制度和严格落实制度管理，是实验室安全运行的前提。进入实验室，首先要了解各种管理制度，知悉各种禁止行为，确保绝对安全。

下面主要介绍 HSE 管理和 8S 管理制度。

1. HSE 管理

HSE 管理，是指健康（health）、安全（safety）和环境（environment）的管理。

H（健康）是指人身体上没有疾病，在心理上保持一种完好的状态；S（安全）是指在劳动生产过程中，努力改善劳动条件、克服不安全因素，使劳动生产在保证劳动者健康、企业财产不受损失、人民生命安全的前提下顺利进行；E（环境）是指与人类密切相关的、影响人类生活和生产活动的各种自然力量或作用的总和，它不仅包括各种自然因素的组合，还包括人类与自然因素间相互形成的生态关系的组合。

在实际工作过程中，安全、环境与健康的管理有着密不可分的联系，因此把健康、安全和环境形成一个整体的管理体系，这既是现代石油化工企业完善管理的需要，也是实验室人员遵守的基本规则。

2. 8S 管理

8S 即整理（seiri）、整顿（seiton）、清扫（seiso）、清洁（seiketsu）、素养

(shitsuke)、安全（safety)、节约（save)、学习（study)。这八个词，在罗马拼音或英语中的第一个字母是“S”，所以简称 8S。

8S 管理是在 7S 管理的基础上发展起来的，指对实验室内各要素（主要是物的要素）所处状态不断进行整理、整顿、清扫、清洁、素养、安全、节约及学习的活动。

“8S”管理，各项之间彼此关联：整理、整顿、清扫是具体内容；清洁是指将前面的 3S 实施的做法制度化、规范化，并贯彻执行及维持结果；素养是指培养每位试验人员养成良好的习惯，并遵守规则做事；安全是指通过消除隐患、预防事故的发生，保障员工人身安全、设备安全以及产品质量的安全；节约是管理的结果；学习是不断完善的保障。开展 8S 管理容易，但长时间的维持必须靠人员素养的提升。

总之，无论在实验室上实训课，还是做分析检测，都应熟悉安全标识，熟练使用安全装备和安全防护用品，还要领会 HSE 管理和 8S 管理制度，并严格按照操作规程规范操作，以保证实验过程中的身体健康和人身安全，同时避免造成环境污染。

【任务准备】

① 查看实验室内安全标识、安全防护设施（装备）和防护用品，并做归类统计；

② 查看实验室的管理制度，评估实验室 HSE 和 8S 管理实效。

任务准备工作，由授课教师或实验员（或者带领同学）完成。

【任务实施】 做中学

1. 查找实验室安全标识、安全装备和防护用品

分析实验室里张贴了哪些安全标识？制定了哪些管理制度？配备了哪些安全装备和防护用品？同学们找找看，说说它们具体的功用是什么。完成表 1-2。

表 1-2 查找实验室安全标识、安全装备和防护用品

类别	名称	功能(用)	备注
安全标识			
安全装备			在老师的指导下，练习使用安全装备

续表

类别	名称	功能(用)	备注
防护用品			佩戴防护用品，感受操作氛围

2. 学习实验室管理制度

查看实验室的各种管理制度，谈谈自己对管理制度的理解，对照管理制度的要求，想想自己应该怎么做。完成表 1-3。

表 1-3　实验室管理制度

实验室的管理制度	制度的内容	学习感悟和打算
HSE 管理		
8S 管理		
其他管理制度： (1)________ (2)________		

【任务评价】

根据考核内容和评分标准，采取学生自评、同学互评和教师评价等方式，对任务完成情况进行考核，并给出综合评价。任务评价表，见表 1-4。

表 1-4　任务评价表

序号	评价指标	考核内容和评分标准	配分	考核记录	得分
1	安全标识（20 分）	找到实验室安全标识	10		
		准确叙述安全标识的含义	10		
2	安全装备（20 分）	找到安全装备	10		
		会使用安全装备	10		
3	防护用品（20 分）	找到防护用品	10		
		能正确佩戴防护用品	10		
4	管理制度（30 分）	准确叙述 HSE 管理	10		
		准确叙述 8S 管理	10		
		其他管理制度	10		
5	学习感悟(10 分)	叙述学习感悟	10		
合计			100	考核总分	
综合评价					
考核人	学生自评□同学互评□教师评价□		日期	月　日	

【任务小结】

根据所学内容将图 1-15 所示思维导图补充完善。

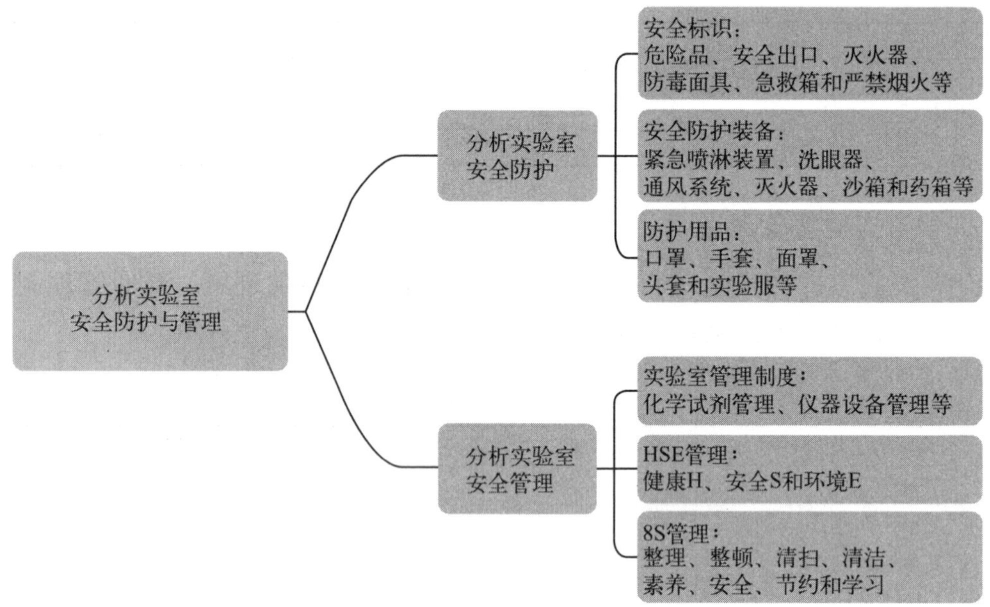

图 1-15 分析实验室安全防护与管理思维导图

任务 2 分析实验室危险源辨识和危废物处理

【任务目标】

① 准确辨识分析实验室危险源，自觉规避实验风险；

② 知悉实验室危废物（危险废弃物）来源，熟悉危废物处理规定，能正确处理实验室危废物；

③ 培养实验操作的 HSE 意识。

【任务描述】

实验室安全是分析检验操作的基础。

分析实验室里有哪些危险源？实验过程中可能发生的伤害有哪些？通过查找和辨识实验室危险源，知悉其危害性，自觉规避各种危险。

实验室危废物也是实验室的不安全因素。实验室危废物有哪些来源？危废物如何处理？只有知悉实验室危废物来源及危害，正确处理实验室危废物，才能保证身体健康和人身安全，才能保证实验室的安全，才能确保顺利完成各种分析检验任务。

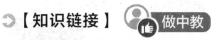

【知识链接】 

一、实验室危险源

危险源是指可能造成人身伤害、财产损失和环境破坏的根源、状态或行为或其组合。危险源本身是一种危险和有害因素产生的“根源”，在一定的触发因素作用下可转化为事故，它可以是化学品、装置、设备设施、区域场所等。

实验室危险源有以下 4 种类型，见表 1-5。

表 1-5　实验室危险源

序号	危险源类型	危险源	备注
1	设备危险	涉及机械、低温、高温、压力容器设备（如图 1-16 所示）等	包括机械强度不足、锋利的表面和边角、挤压伤害、玻璃尖锐物扎伤、高速剪切、缠绕风险、绊倒风险、滑倒风险、高处跌落、加热源引起的火灾、危险能量聚集（蒸汽、真空、压缩气体、液压以及设备内的化学品）、高温烫伤（超过 50℃）、低温冻伤、漏电风险、电气火灾、振动风险、易燃气体钢瓶、有毒气体钢瓶、不燃气体钢瓶、气瓶过压爆炸等
2	危险物质	涉及实验室内化学品、废弃物等危险	包括易燃物质-燃烧、爆炸品/易制爆-爆炸、过氧化物-与其他物质剧烈反应、毒性物质-急慢性毒性、剧毒化学品-急性毒性、易制毒化学品-公共安全危害、腐蚀性物质-腐蚀、环境危害化学品、职业健康危害、危险废弃物-化学品废弃物、玻璃尖锐物品、生物危害废弃物、辐射危害（低频、微波、α、β、γ 射线）等
3	实验过程风险	涉及实验操作过程中产生的物质反应、喷溅、泄漏等危险	包括物质反应放热、反应爆炸、反应产生有毒物质（如氯气）、反应产生易燃气体（如氢气）、实验加热导致液体喷溅、玻璃破裂、危险化学品泄漏等
4	环境、人员或其他危险	主要涉及环境或人为因素产生的一些自然或不可控的危险	包括环境温度过高、粉尘、噪声（超过 80dB）、外部人员闯入、单独作业等

分析实验室风险数量最多的危险源有三类：

① 化学品和危废物风险；

② 长期运转设备风险；

③ 操作工艺风险。

图 1-16　压力容器

二、实验室危废物

1. 危废物类型

实验室危废物（危险废弃物）包括：过期的实验用药品、化学试剂，实验中产生的废液、废气和废渣，盛装危险废弃物的直接包装容器（如试剂瓶），沾附有害物质的滤纸、包药纸、棉纸、废活性炭及塑料容器，等等。

2. 危废物处理规定

码 1-5　危险废物转移管理办法

对危废物要做到科学收集，安全贮存，按国家规定处置，绝不允许随意丢弃和乱放。危废物的临时贮存和保管由各实验室指定专人负责。实验室必须建立危废物岗位操作管理制度，做好记录和统计，发现问题及时处理。必须遵守如下规定。

① 各实验室必须设置危险废弃物存放柜（箱、架），并设有明显的警示标识，存放地点在室内，要做到安全、牢固，远离火源、水源。

② 直接盛装危废物的容器，如图 1-17 所示，须满足以下要求：容器的材质必须与危废物相容（不互相反应）；容器要满足相应的强度和防护要求；容器必须完好无损，封口严紧，防止在搬动和运输过程中泄漏、遗撒；每个盛装危废物的容器上都必须粘贴明显的标签（注明所盛物质的中文名称及危险性质），标签不能有任何涂改的痕迹；凡盛装液体危险废弃物的容器都必须留有适量的空间，不能装得太满。

图 1-17　废液缸

③ 危废物的收集。各实验室所产生的危废物，要随时产生随时收集到符合规定的盛装容器中，并适时贮存到危废物存放柜中，在收集过程中，要特别注意：不相容的物质应分别盛装在各自的容器中；为了保证安全，防止收集或处置过程中可能发生的危险，收集危废物时要确保盛装容器上标签内容与内盛物质的一致性，不要随意改动标签，有改动痕迹的标签视为无效标签；不稳定的物质应先做好预处理再收集存放。

④ 危废物的贮存。临时贮存危废物必须做到：按类分别存放，不相容的物质应分开存放，以防发生危险；易碎包装物及容器容量小于 2L 的直接包装物应按性质不同分别固定在木箱或牢固的纸箱中，并加装填充物，防止碰撞、挤压，以保证安全存放；直接盛装危废物的容器在贮存过程中（含在间接包装箱中）应避免倾斜、倒置及叠加码放；各实验室的危废物贮存时间不宜超过 6 个月，存量不宜过多。

⑤ 危废物的处置。收集贮存的危废物要分类统计；危废物分类分批按时送交到指定地点，交由具备资质的相关单位进行安全处置；送交危废物时，必须再次检查直接盛装容器和二次包装是否满足要求，发现问题及时整改。

【任务准备】

① 查看实验室危险源并做分类统计；

② 查看实验室危废物来源、危废处理装备和危废处理台账。

任务准备工作，由授课教师或实验员（或者带领同学）完成。

【任务实施】 做中学

1. 辨识实验室危险源

分析实验室里有哪些危险源？分组查看实验室危险源，讨论危险源可能的危害及应对措施，并完成表1-6。

表1-6 辨识实验室危险源

危险源分类	实验室危险源	可能的危害	应对措施
设备危险			
危险物质			
实验过程风险			
环境、人员或其他危险			

2. 研讨实验室危废物的危害及处置措施

实验操作中会产生哪些废液、废物和废气？实验室里还有哪些危废物？各小组同学研讨危废物的危害及处置措施，完成表1-7。

表1-7 实验室危废物的危害及处置措施

实验室危废物	潜在的危害	处置措施	备注
废液			
废物			
废气			

【任务评价】

根据考核内容和评分标准，采取学生自评、同学互评和教师评价等方式，对任务完成情况进行考核，并给出综合评价。任务评价表，见表1-8。

表1-8 任务评价表

序号	考核指标	考核内容和评分标准	配分	考核记录	得分
1	实验室危险源（50分）	找全设备危险	10		
		分析设备危险的潜在危害	5		
		找全危险物质	10		
		分析危险物质的潜在危害	5		
		分析实验过程风险	10		
		发现环境、人员或其他危险	10		

续表

序号	考核指标	考核内容和评分标准	配分	考核记录	得分
2	实验室危废物（40分）	找全实验室废液，叙述处理措施	10		
		找全实验室废物，叙述处理措施	10		
		找全实验室废气，叙述处理措施	10		
		找全其他实验室危废物	10		
3	团队精神（10分）	团结合作，和谐和睦	10		
合计			100	考核总分	
综合评价					
考核人	学生自评□同学互评□教师评价□		日期	月　日	

【任务小结】

根据所学内容将图 1-18 所示思维导图补充完善。

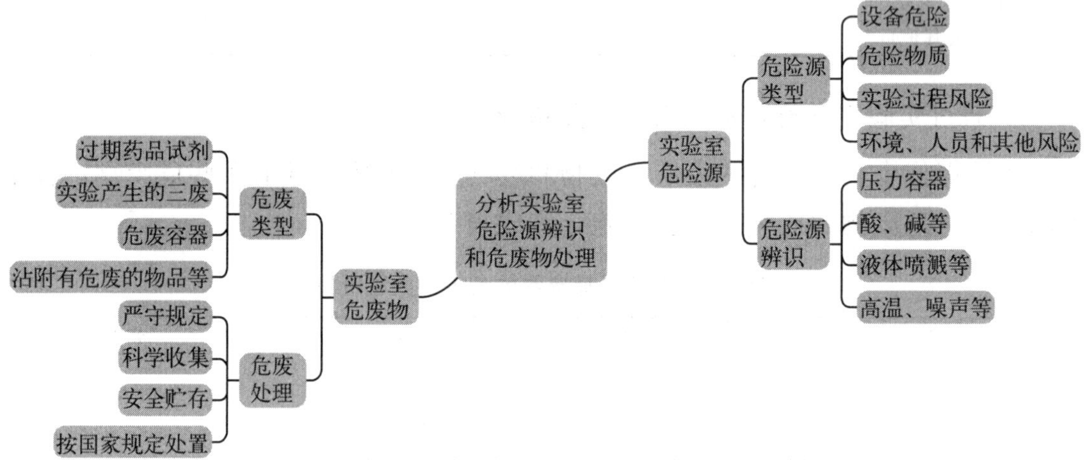

图 1-18　分析实验室危险源辨识与危废处理思维导图

任务 3　玻璃仪器选用和洗涤

【任务目标】

① 熟悉实验室中常见的玻璃仪器，了解它们的基本特点和用途；
② 能够根据实验任务合理选用玻璃仪器，并正确洗涤玻璃仪器；
③ 关注实验器具使用的安全性，践行 HSE 管理理念。

【任务描述】

玻璃仪器的正确选用和规范洗涤是分析检测工作的基础。

玻璃仪器的选用要考虑其功能和实验适配性，不同的实验需要不同的玻璃仪器，能根据实验需求精准选用玻璃仪器，能选用洗涤剂和工具，熟练洗涤玻璃仪器，特别是针对顽固污渍，能采取有效清洗方法，确保仪器清洁符合实验要求。注重环保，在选择和使用清洗剂时要考虑其环境影响。

【知识链接】 

一、玻璃仪器的选用

玻璃仪器因其优良的化学稳定性、热稳定性、透明度以及良好的机械强度而被广泛使用，合理选择玻璃仪器是确保实验顺利的基础。

码 1-6　常用的玻璃仪器

1. 容器类

常用的容器类玻璃仪器有锥形瓶、烧杯、试剂瓶、滴瓶和干燥器等，干燥器如图 1-19 所示，试剂瓶如图 1-20 所示。容器类玻璃仪器主要用于存放化学试剂或用作反应容器。选用时，需要考虑试剂的性质、反应条件以及所需容量等因素。例如，对于需要加热的试剂，可以选择能够承受一定温度的烧杯。液体试剂、试样需要保存在细口试剂瓶中，固体试样需要保存在广口试剂瓶中，同时需要考虑试剂、试样的性质，见光易分解的需要保存在棕色瓶中。

图 1-19　干燥器

图 1-20　试剂瓶

2. 量器类

量器类玻璃仪器，包括滴定管（如图 1-21 所示）、容量瓶（如图 1-22 所示）、吸管（如图 1-23 所示）以及量杯、量筒等。选用时，需要考虑仪器的精度、适用范围和使用方便性。例如，在粗略测量液体体积时，可选用量筒；配制一定物质的量浓度溶液时，要选择大小合适的容量瓶，如 100mL 容量瓶。

按照精度和误差范围，量器类玻璃仪器有 A 级和 B 级之分。A 级玻璃仪器具有较高的精度，其容量允差相对较小。测量结果的准确性高，误差范围小。通常用于精密测试、高灵敏度分析、标准物质制备等。滴定管、容量瓶、吸管都有A、B级之分。与A级器具相比，B级玻璃仪器的精度稍低，其容量允差相对较大。通常用于一般性的定量分析和常规教学实验。

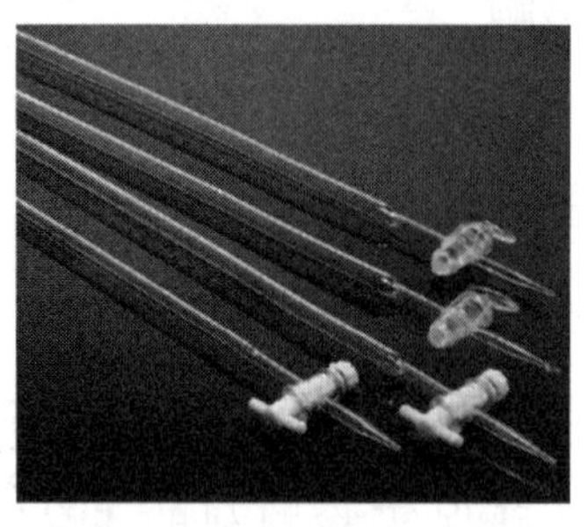

图 1-21　滴定管

图 1-22　容量瓶

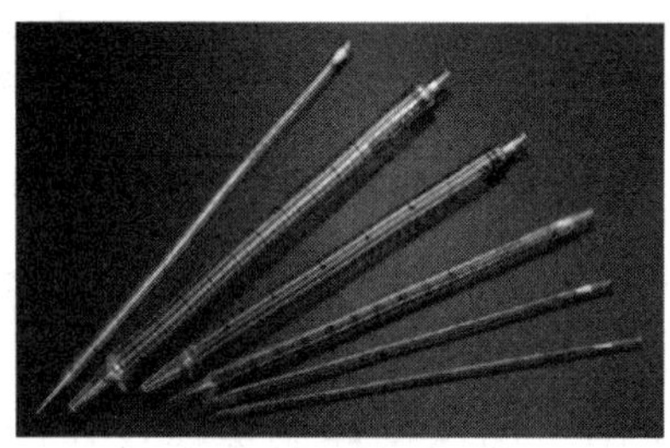

(a) 分度吸量管

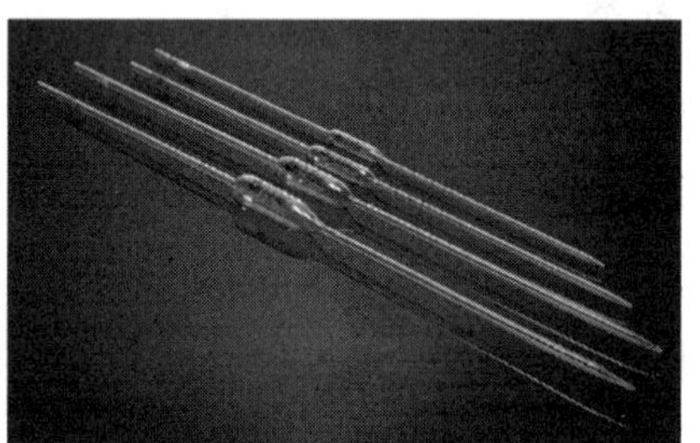

(b) 单标线吸量管(移液管)

图 1-23　吸管

3. 特殊用途类

特殊用途类玻璃仪器包括干燥管（如图 1-24 所示）、冷凝管（如图 1-25 所示）等。分为普通和标准磨口两种，在试样的前处理等有机化学实验中应用较多，实验时根据具体需求来选用。

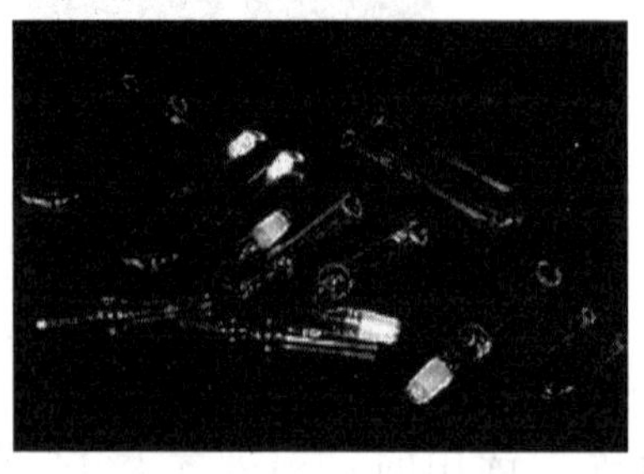

图 1-24　各种规格干燥管

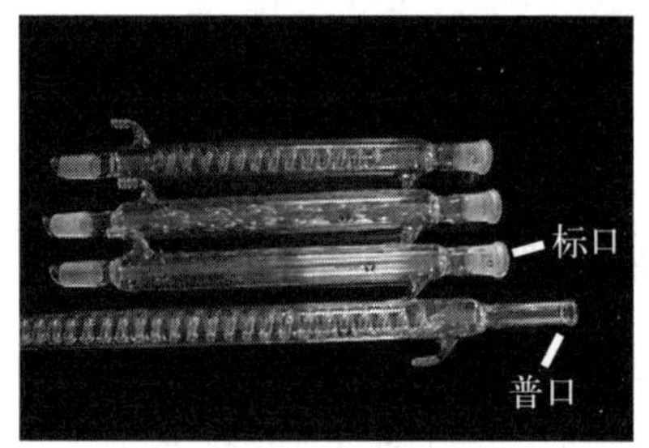

图 1-25　各种规格冷凝管

总之，在选择玻璃仪器时，主要考虑玻璃仪器的功用、规格和精度，还要考虑检测的要求、分析试样及化学试剂的性质等，以满足分析检测的需要。

二、玻璃仪器的洗涤

洁净的玻璃仪器是实验结果准确性的保证，正确选用洗涤剂和规范洗涤玻璃仪器，是分析人员的必备技能之一。

1. 水洗涤

用水洗涤的方法是：首先用自来水冲洗仪器表面和内壁，去除可溶性物质或灰尘，或用毛刷从外到里刷洗仪器内壁和底部，最后用纯水冲洗干净。纯水冲洗时应按“少量多次”的原则，每次冲洗应充分振荡，倾倒干净，再进行下一次冲洗。干净的玻璃仪器内壁应均匀地被水润湿而不挂水珠。

对于一些精密玻璃仪器的洗涤，如滴定管、容量瓶等，注意保护刻度线。

2. 洗涤剂洗涤

若玻璃仪器沾附有难以清洗的污垢或残留物，可加入适量洗涤剂浸泡，然后用自来水冲洗，最后用纯水冲洗干净，待用。清洗时，要确保所选试剂不会对仪器造成损害，并且在使用后要充分冲洗干净，合理回收洗涤剂；已洗净的玻璃仪器，不能再用抹布或纸擦拭，避免抹布或纸上的污物及纤维留在器壁上而降低洗涤效果。

对于油脂类污垢，可以使用酒精或丙酮进行溶解和清洗；对于无机盐类残留物，可以使用稀酸、稀碱或铬酸洗液进行溶解、浸泡和清洗。新型清洗剂具有去污能力强、毒性低、可生物降解的优点，对不同类型的污渍（如油脂、蛋白质、无机盐等）具有优异的清洁效果。如PGA（聚乙醇酸）水解液，具有完全生物降解性能和水解性能，无毒，分解产物为乙醇酸，最终分解为水和二氧化碳。新型清洗剂的使用提升了玻璃仪器的洗涤清洁效率与质量，促进了实验室绿色化、安全化发展。

码 1-7 生物酶洗液

3. 超声波清洗

超声波清洗机，如图 1-26 所示，是利用超声波在液体中传播时产生的空化效应，通过高频振动使液体中的微小气泡瞬间破裂，产生强大的冲击力，从而有效地去除物表面的污渍和污垢。这种清洗方式具有高效、环保、节能等优点。

图 1-26 超声波清洗机

目前，新一代超声波清洗机采用了高频振荡技术、UCT（超能气泡清洗技术）等，提高了清洁效果和使用便捷性。有些高端型号配备了紫外线除菌功能，在清洁的同时杀灭细菌。

总之，根据玻璃仪器的种类和脏污程度，合理选择洗涤剂和洗涤方法，确保玻璃仪器洗涤干净。在洗涤过程中，应严格遵守操作规程，避免损坏仪器或造成安全事故，合理回收洗涤剂，洗涤废水达标排放，保护好环境。

【任务准备】

码 1-8　玻璃仪器的洗涤

① 查看和熟悉“表 1-9　工业分析检验赛项玻璃仪器”；

② 准备洗涤剂、蒸馏水、毛刷等玻璃仪器清洗用物品；

③ 合理分组，选定组长。

【任务实施】 做中学

为市技能大赛选用和洗涤玻璃仪器，工业分析检验赛项仪器，见表 1-9。每个小组中组长做好分工，带领本组同学选用玻璃仪器并洗涤干净。

表 1-9　工业分析检验赛项玻璃仪器

序号	名称	规格	数量	备注
1	聚四氟乙烯滴定管	50mL	1	A 级
2	容量瓶	250mL	2	A 级
3	移液管	25mL	1	A 级
4	烧杯	100mL、500mL	各 4	
5	锥形瓶	250mL	10	
6	胶头滴管		1	
7	称量瓶	高型	1	
8	玻璃棒	15cm	3	
9	量筒	10mL、25mL、100mL	各 1	
10	表面皿	直径 90cm	3	

1. 仪器选用

组长带领小组成员去库房，按照表 1-9 选用玻璃仪器等物品，要满足规格和数量要求。

2. 仪器洗涤

用蒸馏水、去污粉和洗涤液等洗涤剂，或用毛刷，或超声波清洗机按照洗涤步骤和方法，完成玻璃仪器洗涤。

【任务评价】

根据考核内容和评分标准，采取学生自评、同学互评和教师评价等方式，对任务完成情况进行考核，并给出综合评价。任务评价表，见表 1-10。

表 1-10　任务评价表

序号	评价指标	考核内容和评分标准	配分	考核记录	得分
1	玻璃仪器的选用（35 分）	准确识别并选用滴定管	10		
		准确识别并选用容量瓶	10		
		准确识别并选用移液管	10		
		准确识别并选用仪器清单中的其他物品	5		
2	玻璃仪器的洗涤（45 分）	水洗涤玻璃仪器，动作规范熟练	10		
		描述水洗涤玻璃仪器的注意事项	5		
		选用洗涤剂，规范洗涤玻璃仪器	10		
		描述洗涤剂的种类及选用方法	10		
		会使用超声波清洗机洗涤玻璃仪器	10		
3	团队精神（10 分）	积极参与、高效协作	10		
4	HSE 管理（10 分）	合理处置洗涤液，践行 HSE 管理	10		
合计			100	考核总分	
综合评价					
考核人		学生自评□同学互评□教师评价□	日期	月　日	

【任务小结】

根据所学内容将图 1-27 所示思维导图补充完善。

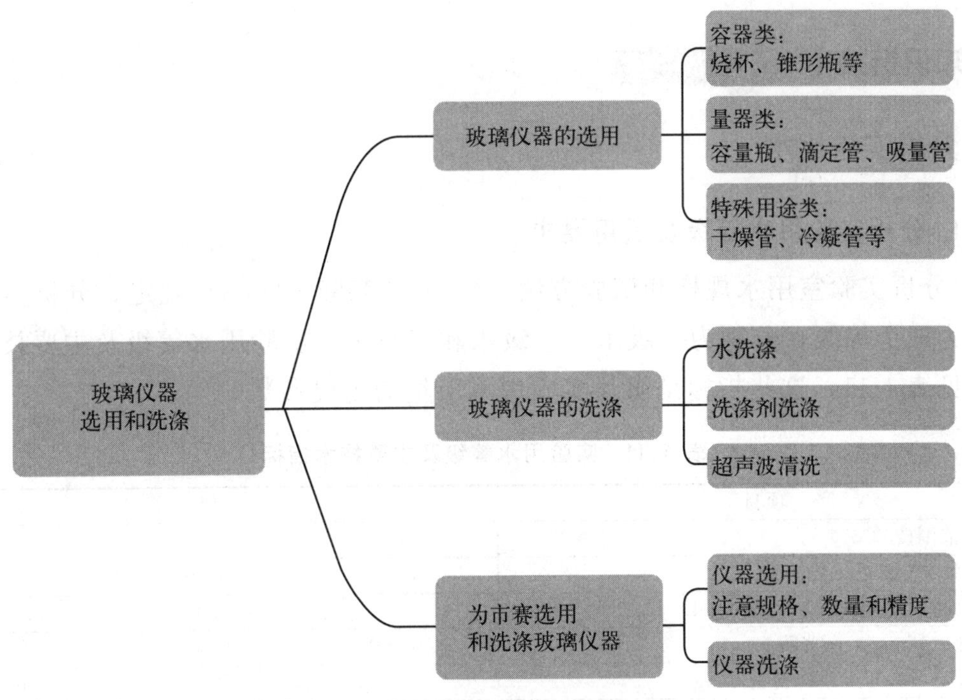

图 1-27　玻璃仪器选用和洗涤思维导图

任务 4 分析实验用水使用与制备

【任务目标】

① 了解分析实验用水的等级和适用要求，掌握其应用场景；
② 知悉实验用水的制备和储存方法，能使用实验室制水设备制取纯水；
③ 逐步养成规范操作的意识和严谨细致的工作作风。

【任务描述】

分析实验和分析检测要使用实验用水，即纯水，纯水的质量关乎分析结果的准确度和可靠性。纯水的制备，多用纯水机制备，除蒸馏法外，还采用离子交换法或反渗透法。

通过研习，了解实验用水的等级和适用要求，在实验中能正确选用不同级别的实验用水，用于不同的分析操作。熟悉分析实验用水的制备方法。通过练习，学会使用纯水机制备纯水，确保水质达标，满足实验实训用水需求。逐步培养严谨的科学态度以及环保与节能意识。

【知识链接】 做中教

一、分析实验用水

1. 分析实验用水等级及适用要求

《分析实验室用水规格和试验方法》（GB/T 6682—2008）规定，分析实验用水分为三个等级，分别为一级水、二级水和三级水。实验用水等级及主要技术指标，见表 1-11，这些指标是衡量实验用水质量的重要参数。

表 1-11 实验用水等级及主要技术指标

项目	一级	二级	三级
pH 值范围(25℃)	—	—	5.0～7.5
电导率(25℃)/(mS/m)	≤0.01	≤0.10	≤0.50
可氧化物质含量(以 O 计)/(mg/L)	—	≤0.08	≤0.40
吸光度(254nm，1cm 光程)	≤0.001	≤0.01	—
蒸发残渣(105℃±2℃)含量/(mg/L)	—	≤1.0	2.0
可溶性硅(以 SiO_2 计)含量/(mg/L)	≤0.01	≤0.02	—

不同级别的水适用于不同要求的实验。一级水用于有严格要求的分析实验，

包括对颗粒有要求的实验，如高效液相色谱分析用水。二级水用于无机痕量分析等实验，如原子吸收光谱分析用水。三级水用于一般化学分析实验。国家标准规定，标准滴定溶液及化学实验中所用的制剂及制品的制备所用的水要在三级以上，杂质测定用标准溶液的制备用水要在二级以上。

2. 应用场景

在分析化学实验中，主要在溶解试样、洗涤仪器和稀释溶液等方面使用实验用水。

在溶解试样时，要根据试样的性质和实验要求选择合适级别的纯水，例如高效液相色谱分析对样品的纯度和溶剂的质量要求极高，任何微小的杂质都可能对色谱图的分离度和准确性产生显著影响，实验时应选用一级水作为溶解试样的溶剂。

在洗涤仪器时，应根据实验的具体需求和仪器的使用目的选择合适级别的水洗涤，例如在滴定分析中，常用的玻璃仪器滴定管、锥形瓶、容量瓶等，直接参与滴定过程，在使用前、后都需要进行仔细的洗涤，建议使用三级水或更高纯度的水。

在稀释溶液时，通常使用与原溶液相同级别的水进行稀释。如果原溶液使用三级水，则可使用三级水或更高纯度的水稀释。

日常的分析实验用水，或者一般的滴定分析用水，多采用三级水。若有特殊要求，可选择更高等级的纯水。

二、分析实验用水的制备

1. 制备方法

自来水因含有多种杂质，仅适用于初步洗涤或水浴加热等操作。为了满足分析实验的要求，自来水需通过蒸馏法、反渗透法或离子交换法等纯化技术处理，达到相应等级后，方可作为实验用水使用。

（1）蒸馏法

利用水与水中杂质的沸点不同，通过加热使水蒸发并冷凝得到纯水的方法。蒸馏法一般用于制备三级水，通过多次蒸馏的方法也可制备二级水；将二级水经过石英设备蒸馏处理后，再经过 0.2μm 微孔滤膜过滤可制取得到一级水。其优点是操作简单、成本低廉；缺点是制备过程中易受到环境污染和器皿污染的影响。

（2）离子交换法

利用离子交换树脂中的阴、阳离子交换水中的杂质离子，从而得到去离子水。离子交换法用于制备二级水、三级水，采用离子交换混合床处理后，再经过 0.2μm 微孔滤膜过滤也可制取得到一级水。其优点是制备过程简单、效率高；缺点是需要定期更换离子交换树脂和再生剂，成本较高。

（3）反渗透法

利用半透膜在压力差的作用下，使水分子从高浓度溶液向低浓度溶液移动的原理，通过高压将水中的溶质从水中逼出的方法。反渗透法通常可以大量制取一、二、三级实验用水。其优点是制备过程自动化程度高、效率高；缺点是设备成本较高、能耗较大。

学校分析实验用水多采用纯水机制水，纯水机具备高效的制水能力，可以满足实验室常规的实验操作、仪器清洗等大量用水需求。同时，纯水机通过精细的过滤和纯化，能够生产出电导率低、杂质含量极低的超纯水，以满足对水质要求极高的实验需求。分析实验室用纯水机，如图 1-28 所示。

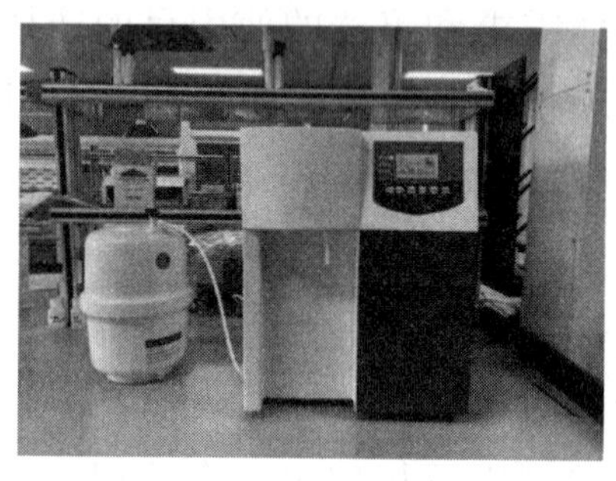

图 1-28　实验室用纯水机

2. 储存与运输

（1）容器

各级实验用水均需使用密封的专用聚乙烯容器。三级水也可使用密闭、专用的玻璃容器。但要注意使用新容器盛放纯水时，要用 20%盐酸溶液浸泡 2～3 天，再用待盛水反复冲洗，并浸泡 6h 以上。

（2）储运

纯水在储存和运输过程中，容器材料可溶成分的溶解以及空气中二氧化碳和其他物质会造成水质下降。因此，一级水不可储存，使用时即时制备。二级水、三级水可适量制备，分别储存在预先经同级水清洗过的相应容器中。纯水在储运过程中应避免受到污染。

3. 纯水机制备纯水

（1）制备方法

① 开机准备，检查进水水源是否正常，确保水质符合设备要求；

② 打开纯水机电源，等待系统完成自检；

③ 设置所需的水质等级（例如一级、二级或三级）；

④ 启动制水程序，等待纯水机制备完毕；

⑤ 通过分配器或取水口收集纯水。

（2）注意事项

码 1-9 纯水机的使用和维护

定期检查并更换过滤器及耗材，确保水质稳定；使用过程中避免长时间空转，以免损害机器内部元件；严格遵循设备操作手册中的安全指南，包括开机、关机、设置参数等；制取的纯水应及时使用，避免长时间存放导致水质下降；不要超过纯水机的额定产水量，以免影响设备使用寿命；纯水机的工作环境应保持清洁、通风良好。

【任务准备】

① 查阅国家标准《分析实验室用水规格和试验方法》（GB/T 6682—2008）；

② 查看工业分析检验赛项实验用水量和规格；

③ 检查纯水机的工作状态及运行环境；

④ 准备好制备无二氧化碳蒸馏水的器具以及储存容器。

【任务实施】 做中学

根据市赛工业分析检验赛项的规程和竞赛试题，制备实验用水，要求水质达标、用量充足。本次比赛共有 10 支队伍，选手 20 人。

1. 研讨实验室用水等级及用途

实验室用水有哪些等级？每个小组的同学讨论实验室用水的应用场景，根据市赛实验操作，判断应选用哪个等级的纯水。完成表 1-12。

表 1-12 实验室用水等级及用途

实验室用水等级	具体应用场景描述	市赛选用情况
一级		
二级		
三级		

2. 使用纯水机制备纯水

各组同学合作，制备竞赛操作用水，做到水质达标、水量充足。完成表 1-13。

表 1-13 制备实验用水方法

操作步骤	注意事项	储存容器及方法

【任务评价】

根据考核内容和评分标准，采取学生自评、同学互评和教师评价等方式，对任务完成情况进行考核，并给出综合评价。任务评价表，见表 1-14。

表 1-14　任务评价表

序号	评价指标	考核内容和评分标准	配分	考核记录	得分
1	实验用水（30 分）	正确叙述实验用水等级	10		
		正确描述不同等级的纯水的适用要求	10		
		正确描述实验用水的使用场景	10		
2	纯水的制备（50 分）	正确叙述纯水的制备方法	10		
		正确描述不同等级纯水的制备方法	10		
		正确处理储存容器	10		
		规范储存实验用水	10		
		正确操作实验室纯水机制取纯水	10		
3	团队精神（10 分）	积极沟通、配合默契	10		
4	HSE 管理（10 分）	健康、安全和环保意识强	10		
合计			100	考核总分	
综合评价					
考核人		学生自评□同学互评□教师评价□	日期	月　　日	

【任务小结】

根据所学内容将图 1-29 所示思维导图补充完善。

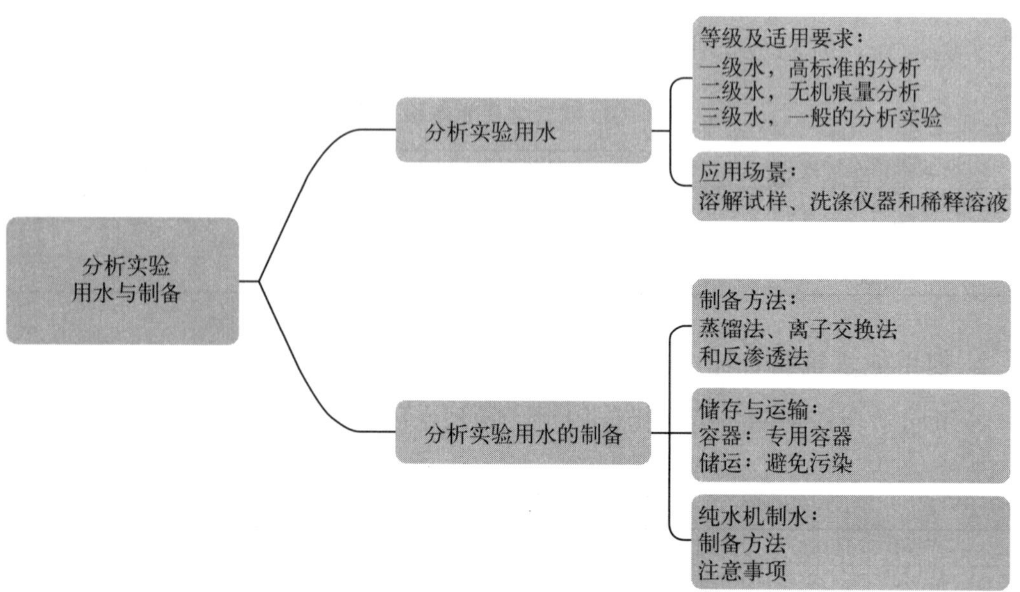

图 1-29　分析实验用水使用与制备思维导图

任务 5　标准滴定溶液的制备与试剂储存

【任务目标】

① 掌握标准滴定溶液的制备方法，熟悉试剂储存的技术规范；
② 能够使用直接法和间接法制备标准滴定溶液；
③ 合理储存化学试剂，培养规范意识和专业素养。

【任务描述】

制备标准滴定溶液，合理储存化学试剂，是实验人员必须具备的基本能力。

通过研习，熟悉标准滴定溶液的制备方法，了解分析实验常用的基准物质，理解基准物质使用的条件，能够使用基准物质和非基准物质配制标准滴定溶液。

通过研讨，掌握化学试剂储存的技术规范，包括试剂分类储存、储存容器以及储存环境。能够根据试剂性质选择合适的储存容器，并合理储存。

逐步树立责任意识与安全意识，强化安全管理，为分析检验工作提供坚实保障。

【知识链接】

一、标准滴定溶液制备

标准滴定溶液是已知准确浓度的溶液，又称为滴定剂。在生产中，标准滴定溶液的制备和使用是质量控制的重要环节。国家标准《化学试剂　标准滴定溶液的制备》（GB/T 601—2016）和化工行业标准《无机化工产品　化学分析用标准溶液、制剂和制品的制备　第 1 部分：标准滴定溶液的制备》（HG/T 3696.1—2011）中，规定了常用标准滴定溶液的制备方法和基本步骤，通常分为直接制备法和间接制备法。

码 1-10　《化学试剂　标准滴定溶液的制备》（GB/T 601—2016）

1. 直接制备法

直接制备法，也称基准溶液法或一次配制法，是根据所需标准滴定溶液的浓度和体积，准确称取一定量的基准物质（精确至 0.0001g），溶解后在容量瓶中稀释至一定体积，通过计算得出标准滴定溶液的浓度。

用直接制备法配制标准滴定溶液的物质必须符合高纯度、组成恒定、性质稳定的要求，符合这些条件的物质称为基准物质。基准物质使用前一般需经过干燥处理，然后配制成标准滴定溶液或者用来标定溶液的准确浓度。分析实验室常用的基准物质及使用条件，见表 1-15。

表 1-15 常用基准物质及使用条件

基准物质		干燥后的组成	干燥条件	标定对象
名称	化学式			
碳酸氢钠	$NaHCO_3$	Na_2CO_3	270～300℃	酸
无水碳酸钠	Na_2CO_3	Na_2CO_3	270～300℃	酸
硼砂	$Na_2B_4O_7 \cdot 10H_2O$	$Na_2B_4O_7 \cdot 10H_2O$	放在装有 NaCl 和蔗糖饱和溶液的干燥器中	酸
邻苯二甲酸氢钾	$KHC_8H_4O_4$	$KHC_8H_4O_4$	105～110℃	碱
二水合草酸	$H_2C_2O_4 \cdot 2H_2O$	$H_2C_2O_4 \cdot 2H_2O$	室温空气干燥	碱或 $KMnO_4$
重铬酸钾	$K_2Cr_2O_7$	$K_2Cr_2O_7$	120℃	还原剂
溴酸钾	$KBrO_3$	$KBrO_3$	130℃	还原剂
三氧化二砷	As_2O_3	As_2O_3	室温干燥器中	氧化剂
草酸钠	$Na_2C_2O_4$	$Na_2C_2O_4$	130℃	氧化剂
碳酸钙	$CaCO_3$	$CaCO_3$	110℃	EDTA(乙二胺四乙酸)
氧化锌	ZnO	ZnO	800℃	EDTA
氯化钠	NaCl	NaCl	500～600℃	$AgNO_3$
氯化钾	KCl	KCl	500～600℃	$AgNO_3$

2. 间接制备法

间接制备法，也称标定法，当欲配制的标准滴定溶液的试剂不是基准物质时，需采用间接制备法配制。该法是先配成近似所需浓度的溶液，然后用基准物质或已知准确浓度的标准溶液通过滴定等方法确定其准确浓度。操作步骤如下：

① 粗配溶液。根据初步计算，称取一定量的试剂，溶解后配制成近似所需浓度的溶液。

② 标定。使用基准物质或已知准确浓度的标准溶液对粗配溶液进行滴定，根据滴定剂的浓度和滴定耗用的体积，计算出粗配溶液的准确浓度。

注意事项：标定时要注意滴定终点的准确判断；标定过程中应严格控制实验条件，如温度、pH 值等，以减少误差；标定结果应取多次测定的平均值以提高准确性。一般情况下，标准滴定溶液是随用随制备，但对于一些特殊的物质例如高锰酸钾标准滴定溶液，由于氧化性强，配制后需要在暗处放置约 2 周时间，待稳定后再进行标定。

在配制和使用标准滴定溶液时，要严格遵守实验室安全规范，佩戴好个人防护装备，注意处理有害废物，避免对环境和人员造成危害。

二、化学试剂的储存

化学试剂的储存是确保其质量和安全性的重要环节。合理的储存能有效防止试剂的分解、潮解、挥发和相互反应，减少安全隐患。

1. 分类储存

当化学试剂数量较多时，应根据其化学性质进行分类。对于有可能发生化学反应的试剂，应隔离存放，避免发生危险反应，同时有助于快速找到所需试剂。试剂的存放应整齐有序，试剂瓶应保持清洁，对于过期或失效的试剂，应及时处理并记录。

2. 储存容器

按照容器材质，通常分为玻璃容器、塑料容器和特殊材质容器。

（1）玻璃容器

通常用于储存大多数无机和有机试剂，但需注意对氢氟酸等强腐蚀性试剂不适用，因为氢氟酸会腐蚀玻璃。

（2）塑料容器

适用于储存腐蚀性试剂，如氢氟酸、氢氧化钠。塑料容器的耐腐蚀性较强，但需注意选择适合特定试剂的材质，以避免化学反应导致容器破裂或试剂变质。

（3）特殊材质容器

对于某些特殊试剂，如钠等活泼金属，需要储存在煤油中以隔绝空气和水分；如浓盐酸、浓硝酸等易挥发的试剂，应使用带有密封盖的容器；如高锰酸钾标准滴定溶液、碘标准滴定溶液等见光易分解的试剂要储存在棕色试剂瓶中。

3. 储存环境

（1）温度

大多数试剂应存放在阴凉、通风良好的房间中，具体温度要求可根据试剂的性质和储存条件进行调整。例如，氧化剂应控制在 30℃以下；含结晶水的氧化剂如硝酸盐类会因受热熔化失去结晶状态而引起潮解，房间温度不宜超过 25℃；对怕冷怕冻的腐蚀性物品如冰醋酸、甲醇等，房间温度建议保持在 15℃左右。

（2）湿度

一些试剂容易吸湿潮解或变质，要使用干燥剂或湿度控制设备保持恒定的湿度。通常建议相对湿度保持在 75%以下，并根据试剂的具体性质进行调整。

（3）光照

日光中的紫外线能使某些试剂变质，如加速氧化反应、导致分解等。一般要求避光的试剂，应使用棕色瓶或深色纸包裹，也可放置在避光柜子中或使用遮光布等方式来保护试剂免受光照的影响。

（4）通风

良好的通风条件有助于降低房间内的易挥发试剂浓度和温度，减少试剂变质的风险。

此外，对于储存的试剂还应定期检查其状态和有效期，确保试剂的质量和可用性；试剂储存区域布局应合理规划，确保通道畅通无阻，便于取用和应急处理；建立完善的试剂储存记录和管理制度，记录试剂的入库、储存、使用和废弃情况等信息。

【任务准备】

① 按照工业分析检验赛项试剂清单（表 1-16），准备化学试剂及实验用水；

② 准备配制溶液所需的天平、容量瓶、烧杯、玻璃棒等实验器具及实验记录表。

【任务实施】 做中学

1. 配制溶液

工业分析检验赛项的试剂清单，见表 1-16。

表 1-16　工业分析检验赛项试剂清单

序号	名称	规格	用量	备注
1	氢氧化钠标准溶液	0.1mol/L	10L	
2	邻苯二甲酸氢钾	基准试剂		恒重
3	酚酞指示剂	10g/L	500mL	
4	白醋样品		150mL	
5	纯水		足量	无二氧化碳

小组合作，配制氢氧化钠标准溶液并标定其浓度，配制酚酞指示剂。做好实验记录，完成表 1-17。

码 1-11　氢氧化钠溶液配制

码 1-12　氢氧化钠溶液标定

表 1-17　溶液配制及实验记录

配制溶液	配制体积	实验记录
氢氧化钠标准溶液(0.1mol/L)	1500mL	
酚酞指示剂(10g/L)	120mL	

2. 化学试剂分装储存

(1) 化学试剂准备

按照比赛工位需求选用储存容器，并书写和张贴标签。完成表 1-18。

表 1-18 实验试剂准备记录

化学试剂名称	选用容器及规格	注意事项
邻苯二甲酸氢钾		
白醋样品		
无二氧化碳蒸馏水		

(2) 化学试剂分装

将配制的氢氧化钠标准溶液、酚酞指示剂以及邻苯二甲酸氢钾、白醋样品和无二氧化碳蒸馏水，分装在合适的容器内，并按照储存要求，合理存放。

【任务评价】

根据考核内容和评分标准，采取学生自评、同学互评和教师评价等方式，对任务完成情况进行考核，并给出综合评价。任务评价表，见表 1-19。

表 1-19 任务评价表

序号	评价指标	考核内容和评分标准	配分	考核记录	得分
1	标准滴定溶液制备(50 分)	正确描述氢氧化钠溶液制备方法	10		
		能够规范配制 0.1mol/L 氢氧化钠溶液	10		
		能够规范配制酚酞指示剂	10		
		正确书写标签，规范分装化学试剂	10		
		溶液制备的实验记录清晰规范	10		
2	化学试剂的储存(30 分)	正确叙述化学试剂的分类储存	10		
		能够正确选择储存容器及环境	10		
		正确叙述化学试剂储存环境条件要求	10		
3	团队合作(10 分)	积极沟通、配合默契	10		
4	HSE(10 分)	健康、安全和环保意识强	10		
合计			100	考核总分	
综合评价					
考核人		学生自评□同学互评□教师评价□	日期	月	日

【任务小结】

根据所学内容将图 1-30 所示思维导图补充完善。

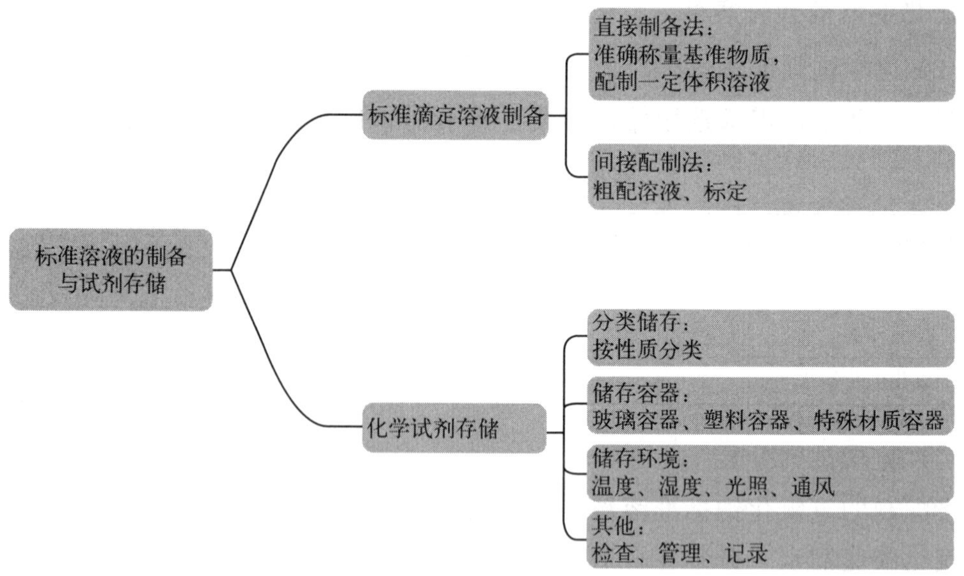

图 1-30　标准溶液的制备与试剂储存思维导图

任务 6　分析试样采集与处理

【任务目标】

① 认识常见采样器具，掌握采样原则和采样基本程序；

② 会使用采样器对固体、液体和气体样品进行采集，完成采样任务；

③ 掌握固体样品的制备与溶解方法。

【任务描述】

分析试样的采集与处理，是定量分析流程的第一个环节，是分析检测的基础。

试样有气态、液体和固态三种型态，不同型态的试样采集时，所用的工具和方法不同。通过研讨，认识常用的采样器具，掌握采样原则和采样基本程序；通过采集土壤和水样，掌握固体和液体采样器的使用方法，掌握固态和液态试样的采集方法，掌握固态试样的溶解与制备方法。

正确对待采样工作，熟练采集合格的试样，是分析检验人员必备的技能。

国家标准 GB/T 6678～6681 详细规定了采样的要求和具体步骤，学习时可查阅。

【知识链接】

定量分析的全过程一般包括试样采集和制备、试样处理、定性分析与定量分析、数据处理和结果分析。而分析试样的采集与处理，则是分析检测的基础。

化工分析的对象一般是大宗物料，而实际用于分析测定的物料只是其中很少的一部分。显然，这很少的一部分物料必须代表大宗物料。为了对物料进行化学分析和物理测试，按照标准规定的方法从一批物料中取出一定数量具有代表性试样的操作过程叫作采样。采样的原则是，采集的试样能代表原始物料的平均组成（即有代表性）。

一、分析试样的采集

1. 固体样品的采集

固体物料种类繁多、形态多样，试样性质和性状差别较大，如固体矿物、煤炭等物料，其颗粒大小、硬度不等，杂质较多，采样过程较为烦琐、困难。

采集固体试样常用的工具有采样铲、采样探子、采样钻等，如图 1-31 所示。

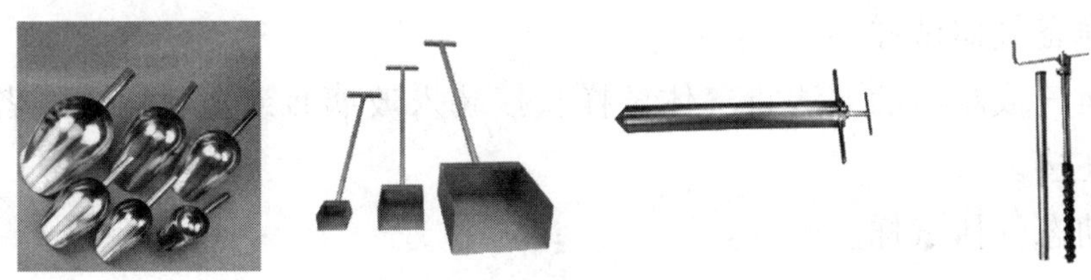

图 1-31 常用采样工具

2. 液体样品的采集

对于各种液体物料，例如水、酸碱溶液、石油产品和有机溶剂，可以任意采集一部分或稍加混合后再取样，从而获得具有代表性的分析试样。然而，考虑到物料的特性和储存容器的差异，仍需尽量避免导致样品不均匀的各种因素。

自小型容器中取样，可以使用长玻璃管，插入容器底部后塞紧管的上口，抽出取样管，将液体样品转移到试样瓶中。

自大型贮罐或槽车中取样，一般应在不同深度取几个样品，混合后作为分析试样。取样工具可以使用装在金属架上的采样瓶，如图 1-32 所示。用绳索将取样容器沉入液面下一定深度，然后拉绳拔塞，让液体灌至采样瓶适当位置后取出。

采集管道中的液体物料，通常通过装在管道上的采样阀取样，如图 1-33 所示。每隔一定时间打开采样阀，将最开始流出的液体弃去后取样。取样量按规定或实际需要确定。

图 1-32 采样瓶

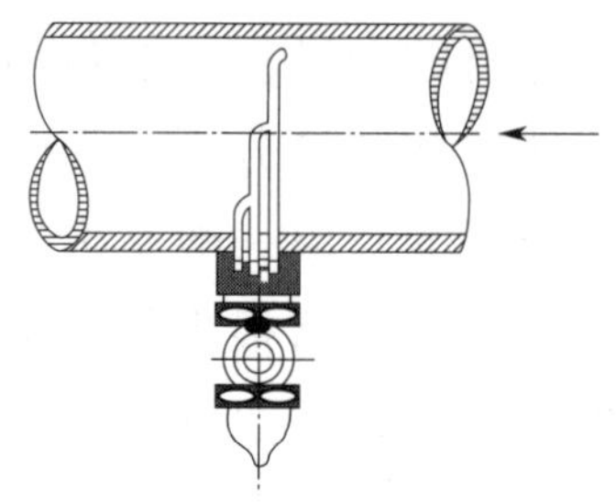
图 1-33 采样阀结构示意图

应当注意，液体试样的化学组成容易发生变化，采样后应立即对其进行分析。若需长时间保存应采取适当措施，以防发生变化。保存措施有控制溶液的pH值、加入化学稳定试剂、冷藏和冷冻、避光和密封等。

3. 气体样品的采集

常见气体样品有空气、燃气、汽车尾气、医用气体、工业废气以及气溶物等。不同状态的气体应采取不同的采样方式。

（1）静态气体试样

采用换气或减压的方法将气体试样直接装入玻璃瓶或塑料瓶中或者直接与气体分析仪连接。

（2）动态气体试样

面对气流方向，将取样管插入管道1/3直径处，若为正压气体，打开取样管旋塞即可取样。若为负压，需连接抽气泵，抽气取样。

二、固体试样的处理

1. 试样的制备

原始样品一般不宜直接用于分析，需要经过处理。对于不均匀的固体物料，采集的原始样品往往在分析之前需要进行加工处理，使之成为组成均匀、易于分解的试样，该过程称为样品的制备。固态样品的制备程序一般包括破碎、过筛、混匀和缩分。

（1）破碎

通过机械破碎或人工破碎的方法将大块的物料分解成更小的颗粒或粉末。破碎工具有颚式破碎机、双轴式破碎机（如图1-34所示）、研磨机、研磨钵和球磨机等。

（2）过筛

在破碎过程中，每次磨碎后通过筛网，以分离不同粒度的颗粒或粉末，未通过筛孔的粗粒将再次磨碎，直至样品全部通过指定要求的筛子为止，如图 1-35 所示。

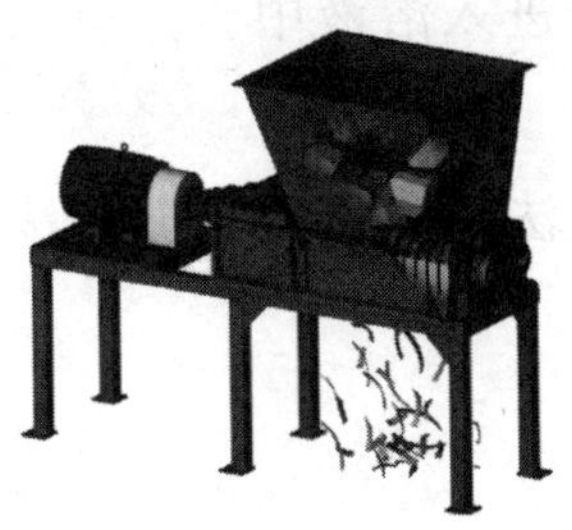

图 1-34　双轴式破碎机

图 1-35　样品筛

（3）混匀

通常使用搅拌棒、玻璃棒或研钵等简单的工具进行人工混匀，或者通过机械设备进行机械混匀。

（4）缩分

常用的缩分方法有分样器缩分法、锥形四分法和棋盘缩分法。

这里介绍常用的锥形四分法缩分试样，其他方法请大家查阅资料。

锥形四分法是将混合均匀的样品堆成圆锥形，用工具将锥顶压平成截锥体，通过截面圆心将锥体平均分成四等份，弃去任意相对两等份。重复操作，直到取用的物料量符合要求为止，如图 1-36 所示。

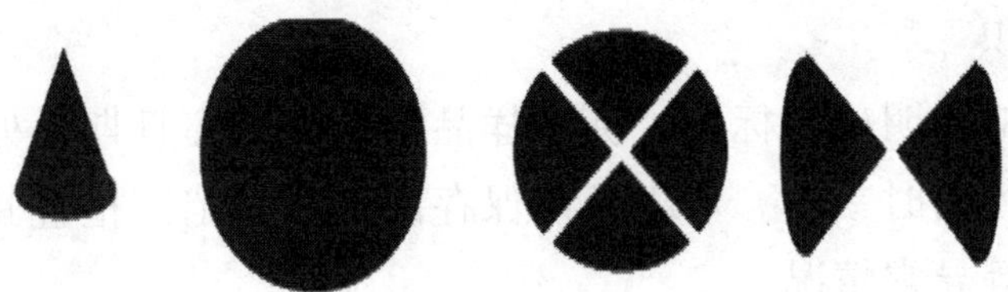

图 1-36　锥形四分法

2. 试样的溶解

固体试样往往需要将其处理成溶液。试样的溶解主要有湿法分解和干法分解两种，根据试样的组成和特性、待测组分性质和分析目的选择合适的溶解方法。

（1）湿法溶解

湿法溶解是将试样与溶剂互相作用，使样品中的待测组分转变为可供测定的离子或分子存在于溶液中，是一种直接溶解法。常用的溶剂为水、酸溶液、碱溶液及混酸等。该法主要适用于需要通过液体介质进行化学反应或溶解的固体物料，尤其是难溶性矿物、金属等的分解。

（2）干法溶解

干法溶解适用于那些不能完全被溶剂所溶解的样品，将其与熔剂混匀在高温下作用，使之转变成易被水或酸溶解的新的化合物，然后以水或酸溶液浸取，使样品中待测组分转变为可供分析测定的离子或分子进入溶液中。

（3）其他溶解法

其他溶解样品的方法有湿法消解法、干法灰化法、超声震荡分解法、微波加热法和燃烧分解法等。

三、试样的储存

试样采集处理后，应当及时进行检测分析，对于需要保存的试样，应当采取正确的保存方法。存储时应当注意如下事项：

（1）密封保存

将处理后的样品放入干净、干燥的容器中，并确保容器密封良好，以防止空气中的水分和杂质污染样品。

（2）避光保存

某些化学物质对光线敏感，长时间暴露在光线下可能会发生变质或分解。因此，应将样品存放在不透明的容器中或置于暗处。

（3）温度控制

根据样品的具体性质，选择合适的保存温度。一些样品可能需要冷藏（如生物样品），而另一些则需常温保存，避免高温导致样品性质变化。

（4）标签标识

每份样品都应有明确的标签，标注样品名称、采集日期、处理方法等重要信息，以便于后续使用时参考。对于长期保存的样品，定期检查其状态，确保没有出现泄漏、变色等异常情况。

【任务准备】

① 查看取样地点、环境条件；

② 准备取样工具，包括手套、采样铲、采样瓶、样品袋等。

【任务实施】 做中学

采集校园内花圃中土壤试样或采集校园内湖泊中的水样。以土壤采集和处理过程为例。

1. 采集

① 清理采样区域，露出土壤表层。

② 准备土壤钻或刨、采样袋、手套等采样工具。

③ 在采样点根据不同深度采集土壤样品，混合试样，确保样品的代表性。

④ 将土壤样品放入采样袋中，标记样品信息，避免混杂其他物质。

⑤ 将样品保存在避光、通风处，尽快送至实验室进行后续分析处理。

2. 制备

① 将土壤样品放置在通风干燥处，自然风干。

② 将风干的土壤样品适度研磨，且使土壤颗粒均匀。

③ 选择合适孔径的筛子（如 0.5mm、1mm 或 2mm）将土壤过筛。

④ 将混匀的土壤样品利用锥形四分法进行缩分。

⑤ 将制备好的土壤样品放入干燥密封的容器中，保存于阴凉干燥处。

3. 采样记录

完成采样记录表，如表 1-20 所示。

表 1-20 采样记录表

样品登记号		采样日期	
样品名称		采样时间	
采样地点		采样部位	
采样数量		采样小组成员	
样品性状(可附照片)		接收人	

【任务评价】

根据考核内容和评分标准，采取学生自评、同学互评和教师评价等方式，对任务完成情况进行考核，并给出综合评价。任务评价表，见表 1-21。

表 1-21 任务评价表

序号	评价指标	考核内容和评分标准	配分	考核记录	得分
1	采样过程（40 分）	正确使用采样工具采集土壤样品	10		
		采集的土壤样品具有充分代表性	10		
		规范完成采样记录表	10		
		采样安全注意事项	10		
2	试样处理（40 分）	正确破碎、过筛	10		
		试样规范混匀	10		
		正确采用锥形四分法进行缩分	10		
		制备注意安全事项	10		
3	团队精神(10 分)	分工明确，合作完成采样任务	10		
4	HSE(10 分)	健康、安全和环保意识强	10		
合计			100	考核总分	
综合评价					
考核人		学生自评□同学互评□教师评价□	日期	月　　日	

【任务小结】

根据所学内容将图 1-37 所示思维导图补充完善。

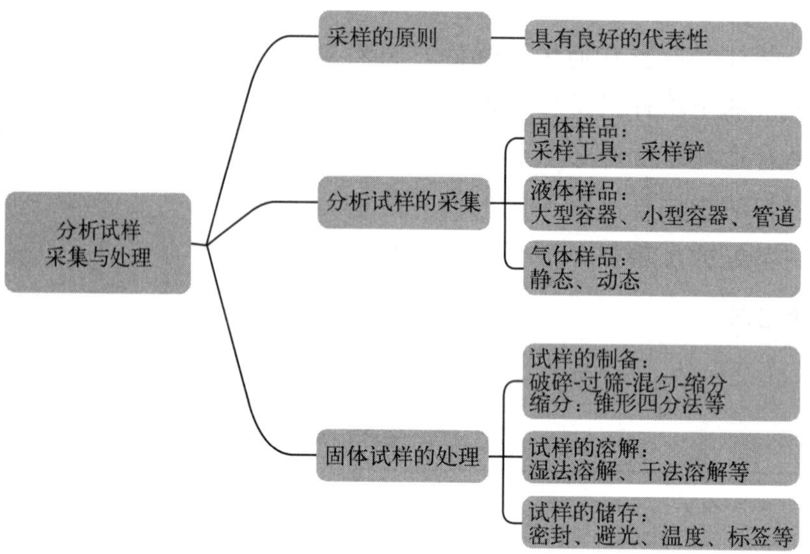

图 1-37 分析试样采集与处理思维导图

任务 7 分析方法探究与选用

【任务目标】

① 理解定性分析与定量分析的含义及特点；

② 熟悉化学分析法和仪器分析法的概念及分类，能根据分析任务正确选取分析方法；

③ 培养方法思维，提高分析和解决问题的能力。

【任务描述】

小明和同学们在配制氢氧化钠溶液时，看到各种化学试剂的标签上，标示了化学试剂（NaOH）以及其他杂质的含量，这些数据是用什么方法得到的呢？

化学试剂的标签上标示的数据，是通过定性分析和定量分析得到的。定性分析用于确定样品中存在哪些化学成分，定量分析则是测量这些成分的具体含量，旨在获取样品中各成分的精确浓度或含量。按照分析原理和操作技术的不同，定量分析法分为化学分析法和仪器分析法。化学分析法包括滴定分析法和称量分析法，滴定分析法细分为酸碱滴定法、配位滴定法、氧化还原滴定法和沉淀滴定法。仪器分析法细分为电化学分析法、光学分析法和色谱分析法等。

通过研习各种分析方法的含义，明确其应用条件和范围；根据检测任务，选用合适的分析方法，培养方法思维，提高分析和解决问题的能力。

【知识链接】 做中教

一、化工分析分类

化工分析包括物质的定性分析和定量分析。

物质的定性分析是指确定物质的成分、性质、结构或特征的过程。通过定性分析，可以确定物质的种类和基本性质，而不涉及具体的浓度或数量，例如通过光谱分析、质谱分析等手段确定物质的结构和物质的基本性质。

物质的定量分析是指确定物质中特定成分的含量或浓度的过程，重点在于确定物质中某种成分的具体数量，通常以质量或浓度等表示，广泛应用于工业生产、环境监测、医药研究等领域。在定量分析中，样品制备、仪器校准、数据处理等步骤都至关重要，将影响分析结果的准确性和可靠性。

本书主要讨论物质的定量分析。

二、定量分析的方法

根据测定原理及操作方法不同，定量分析分为化学分析法和仪器分析法。

1. 化学分析法

化学分析法是指利用化学反应对物质的成分、结构、性质等进行分析的方法，包括滴定分析法和称量分析法两类。

（1）滴定分析法

又称容量分析法，是向待测溶液中滴加标准滴定溶液（已知准确浓度的试剂溶液，也称滴定剂），与待测组分发生定量化学反应，达到化学计量点（滴定剂与待测试样按照化学计量关系，恰好完全反应的点）时，根据标准溶液的用量和浓度，计算出待测组分的含量。为了确定化学计量点，常在试样溶液中加入适量指示剂，根据其颜色突变指示化学计量点的到达。指示剂发生颜色变化的时刻称为滴定终点。然而，滴定终点与化学计量点可能不完全一致，导致终点误差。因此，在滴定分析中，应选择合适的指示剂使滴定终点尽可能接近化学计量点，以减少终点误差。

根据发生化学反应的类型不同，滴定分析法分为酸碱滴定法、配位滴定法、氧化还原滴定法和沉淀滴定法。

① 酸碱滴定法。酸碱滴定法是以酸碱中和反应为基础的滴定分析方法。其基本反应为：$H^+ + OH^- \longrightarrow H_2O$。例如用已知浓度 NaOH 溶液滴定未知浓度 HCl 溶液。

② 配位滴定法。配位滴定法是金属离子与配体发生配位反应形成配合物的滴定分析方法。用于对金属离子的测定，通常用 EDTA（简写为 Y）作配位剂。其基本反应为：$M^+ + Y^- \longrightarrow MY$（M 表示金属离子）。例如用 EDTA 滴定测定水中 Ca^{2+} 或 Mg^{2+} 的浓度。

③ 氧化还原滴定法。氧化还原滴定法是以氧化还原反应为基础的一种滴定分析方法。可用于测定还原性物质（如 Fe^{2+}、Cr^{3+}）或氧化性物质（如 $KMnO_4$、$K_2Cr_2O_7$）。例如重铬酸钾法测定铁，其基本反应为：$Cr_2O_7^{2-} + 6Fe^{2+} + 14H^+ \longrightarrow 2Cr^{3+} + 6Fe^{3+} + 7H_2O$。

④ 沉淀滴定法。沉淀滴定法是以沉淀反应为基础的滴定分析方法，用于对 Ag^+、CN^-、SCN^-及卤素离子进行测定，例如银量法，其基本反应为：$Ag^+ + Cl^- \longrightarrow AgCl\downarrow$。

滴定分析法具有简便、快速、直观、灵活和准确等优点，在实验室、工业生产、环境监测等领域得到广泛应用。

（2）称量分析法

又称重量分析法，是通过称量反应产物的质量来计算待测组分的含量或浓度的方法。例如，测定试样中硫酸盐的含量时，在试液中加入稍过量的 $BaCl_2$ 溶液，使硫酸根生成难溶的 $BaSO_4$ 沉淀，经过滤、洗涤、灼烧后，称量 $BaSO_4$ 的质量，便可求出试样中硫酸盐的含量。

化学分析法是以化学反应为基础的分析方法，但是并非所有化学反应都适用滴定分析，适合滴定分析的化学反应需满足以下基本条件：

① 反应按照化学计量关系定量进行，没有副反应。如果存在干扰物质影响滴定反应，需采取适当措施排除干扰。

② 反应必须进行完全，在滴定终点时，被测组分的转化率达到99.9%以上，以保证分析结果的准确度。

③ 反应速率要快，对于反应速率较慢的反应（如某些氧化还原反应），可通过加热或加入催化剂加快反应。

④ 要有合适的指示剂或其他方法，能以简便可靠的方式确定滴定终点。

码 1-13　滴定分析方式

能够满足上述条件的反应，都可以使用标准滴定溶液对被测物质进行直接滴定，这类滴定方式称为直接滴定。如果标准滴定溶液与被测物质的反应未能完全符合这些条件，则可采用间接滴定或返滴定等方式。

2. 仪器分析法

仪器分析法是利用各种仪器和设备，以物质的物理或化学性质，来确定物质的组成、含量和结构的一种分析方法。因为这类方法需要使用光、电、电磁、热、放射能等的测量仪器，故称为仪器分析法。现代仪器分析包括多种检测方法，本书介绍化工分析中常用的分析方法。

（1）电化学分析法

利用物质的电学或电化学性质进行分析测定的方法。其中借助于溶液电导或电极电位的变化确定滴定终点的分析方法，分别称为电导滴定法和电位滴定法。常见的电化学分析法的还有库仑分析法、直接电位法、伏安法和极谱分析法等。

（2）光学分析法

利用物质的光学性质进行分析测定的方法。广泛应用于化学、生物学、材料科学、环境科学等领域。例如亚硝酸盐在特定波长下有强吸收，利用紫外-可见分光光度法测量溶液在该波长下的吸光度，计算亚硝酸盐的浓度。属于这类分析法的还有红外光谱法和原子吸收光谱法等。使用的光学分析仪器有 UV1800 紫外-可见分光光度计（如图 1-38 所示）、红外光谱仪（如图 1-39 所示）。

（3）色谱分析法

以物质在不同的两相中的吸附或分配特性为基础建立起来的分析方法。例如，流动的氢气携带少量的空气样品，通过一根装有分子筛吸附剂的柱管后，可将空气分离为氧气和氮气，并能对各组分进行定性和定量分析，这种方法就是气相色谱法。属于这类分析方法的还有高效液相色谱法、吸附色谱法和离子交换色谱法等。高效液相色谱仪是使用广泛的色谱分析仪器，如图 1-40 所示。

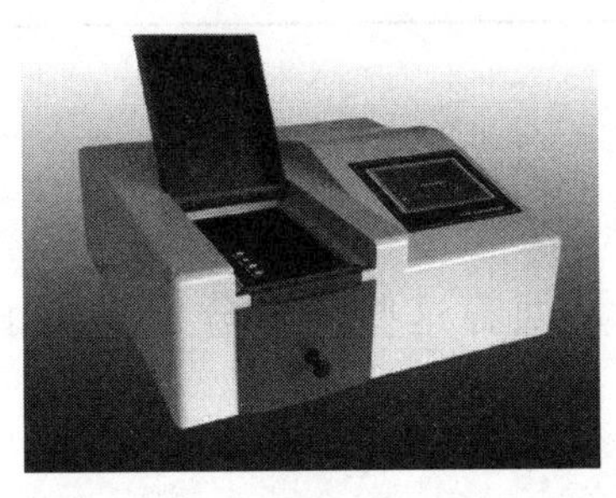

图 1-38 UV1800 紫外-可见分光光度计

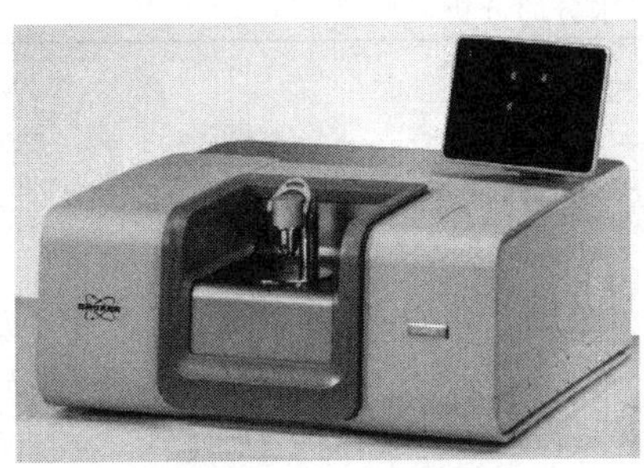

图 1-39 红外光谱仪

图 1-40 高效液相色谱仪

三、分析方法的选用

在化工分析中，需要根据待测组分的含量选用合适的分析方法和仪器，以得到高准确度的分析结果。

化学分析法通常用于常量组分（含量在1%以上）的测定。重量分析法准确度较高，但操作烦琐费时，目前应用较少；滴定分析法操作简单、快速、准确度也较高，是广泛应用的一种定量分析技术。

仪器分析法灵敏度高，分析速度快，适宜于痕量组分和微量元素等低含量组分的测定，广泛应用于化工、环保、医药和食品等领域。例如，化工产品中某些杂质的定量分析中，用化学分析法很难检测微量成分的含量，而用吸光光度法就能够测得比较准确的结果。

科技的日新月异，特别是石油化工行业的飞跃发展，促进了分析方法的不断革新。许多经典的化学分析项目已被先进的仪器分析所替代。

【任务准备】

① 从项目三和项目四中选择部分任务列于表1-22中，并推送到班级群中；

② 自学或研讨，做好预习。

表1-22　定量分析的方法研讨

序号	分析任务	分析方法	原理(含义)
1	乙酸含量的测定		
2	工业用水硬度的测定		
3	水中氯离子含量的测定		
4	过氧化氢含量的测定		
5	硫酸钠含量的测定		
6	电导法检测水的纯度		
7	纯碱中微量铁的测定		
8	乙醇中少量水分的分析		

【任务实施】 做中学

小组合作，研讨定量分析各种方法的含义和应用，回答这些任务分别采用了哪些分析方法及其原理，完成表1-22。

【任务评价】

根据考核内容和评分标准，采取学生自评、同学互评和教师评价等方式，对任务完成情况进行考核，并给出综合评价。任务评价表，见表 1-23。

表 1-23 任务评价表

序号	评价指标	考核内容和评分标准	配分	考核记录	得分
1	化学分析方法及原理（50 分）	正确说出乙酸含量的测定采用的方法及原理	10		
		正确说出工业用水硬度的测定采用的方法及原理	10		
		正确说出水中氯离子含量的测定采用的方法及原理	10		
		正确说出过氧化氢含量的测定采用的方法及原理	10		
		正确说出硫酸钠含量的测定采用的方法及原理	10		
2	仪器分析方法（30 分）	正确说出电导法检测水的纯度采用的方法及原理	10		
		正确说出纯碱中微量铁的测定采用的方法及原理	10		
		正确说出乙醇中少量水分的分析采用的方法及原理	10		
3	团队合作（20 分）	团队配合默契，合作学习	10		
		学习过程高效，小组成员参与度高	10		
合计			100	考核总分	
综合评价					
考核人		学生自评□同学互评□教师评价□	日期	月　日	

【任务小结】

根据所学内容将图 1-41 所示思维导图补充完善。

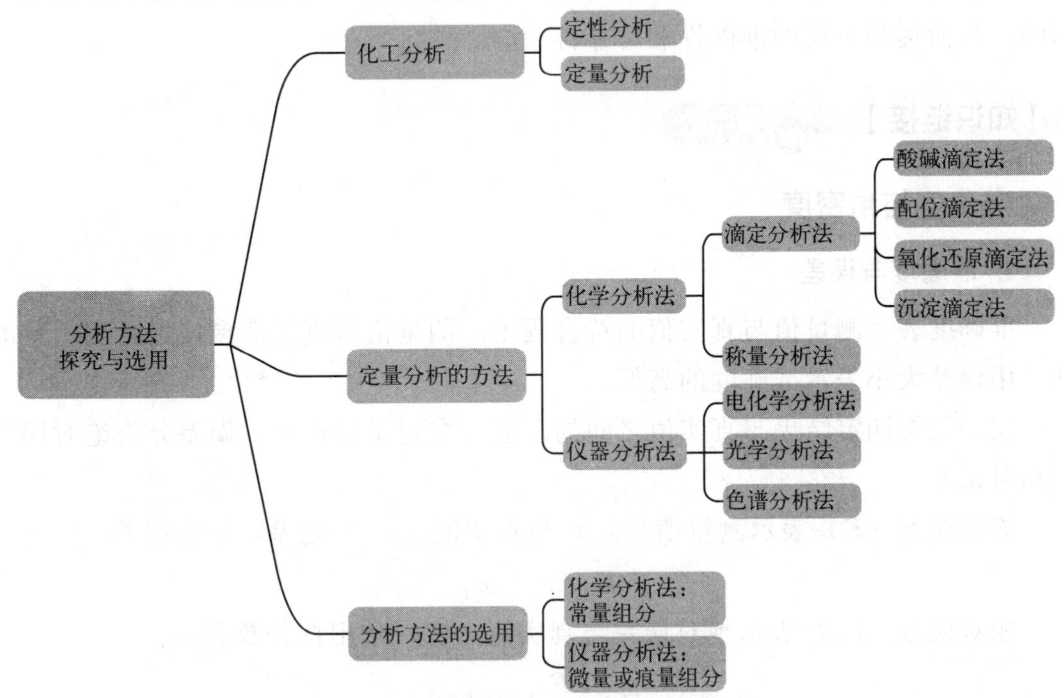

图 1-41 分析方法探究与选用思维导图

任务8　探究定量分析误差

【任务目标】

① 理解误差和偏差的含义、准确度和精密度的关系及表示方法；

② 会计算绝对误差和相对误差，偏差、平均偏差和相对标准偏差，极差和相对极差；

③ 了解误差的来源，合理分析实验过程，能找出减免误差的方法。

【任务描述】

在分析检测时，由于分析方法、测量仪器、化学试剂等因素的影响，以及分析人员操作水平的差异，分析结果往往与真实值存在差异。即使经验丰富的分析人员在同一条件下对同一样品进行多次测定，结果也难以完全一致，这表明定量分析中不可避免地存在误差。因此，通过研习，明确定量分析中误差和偏差的含义，并会计算误差和偏差，充分理解误差产生的原因，采取相应措施以降低误差影响，从而提高分析的准确性和可靠性。

【知识链接】 做中教

一、准确度与精密度

1. 准确度与误差

准确度表示测量值与真实值的符合程度。测量值与真实值愈接近，测量愈准确。用误差大小表示准确度的高低。

误差是指测定结果与真实值之间的差值。在定量分析时，误差分为绝对误差和相对误差。

绝对误差（E）表示测量值（x_i）与真实值（x_T）之差，简称误差。

$$E=x_i-x_T$$

相对误差（E_r）表示绝对误差与真实值之比，常用百分数表示。

$$E_r=\frac{E}{x_T}\times 100\%$$

例如，分析天平称量两种样品的质量分别为1.5349g和0.1536g，假设两种样品质量的真实值分别为1.5350g和0.1537g，则两者的绝对误差分别为：

$E_1=1.5349g-1.5350g=-0.0001g, E_2=0.1536g-0.1537g=-0.0001g$

两者的相对误差分别为：

$$E_{r_1}=\frac{-0.0001g}{1.5350g}\times 100\%\approx -0.007\%, E_{r_2}=\frac{-0.0001g}{0.1537g}\times 100\%\approx -0.07\%$$

由此可见，绝对误差相等，相对误差并不一定相等。在上例中，同样的绝对误差，称量样品越重，其相对误差越小。因此，用相对误差来表示测定结果的准确度更为准确。

2. 精密度与偏差

精密度表示在相同条件下，同一试样的重复测定值之间的符合程度。用偏差大小表示精密度高低。

偏差（d_i）表示测量值（x_i）和平均值（$\overline{x}$）之间的差值，即

$$d_i=x_i-\overline{x}$$

平均偏差（$\overline{d}$）：各次测量值的偏差的绝对值的平均值。设 n 为测量次数，则

$$\overline{d}=\frac{\sum_{i=1}^{n}|x_i-\overline{x}|}{n}$$

相对平均偏差（$\overline{d_r}$）：平均偏差与平均值的比值，常用百分数表示。

$$\overline{d_r}=\frac{\overline{d}}{\overline{x}}\times 100\%$$

例如，分析人员测定某样品，得到测定值：14.67、14.69、15.03、14.89。则这组数据的偏差、平均偏差和相对平均偏差分别为：

平均值：$\overline{x}=\frac{\sum d}{n}=\frac{14.67+14.69+15.03+14.89}{4}=14.82$

各测量值的偏差：$d_1=14.67-14.82=-0.15$；同理，$d_2=-0.13$，$d_3=0.21$，$d_4=0.07$

平均偏差：$\overline{d}=\frac{0.15+0.13+0.21+0.07}{4}=0.14$

相对平均偏差：$\overline{d}_r=\frac{0.14}{14.82}\times 100\%\approx 0.94\%$

在分析检测时，有时还用极差和相对极差表示测量数据的精密度。极差是一组测量数据中的最大值与最小值之差，即

$$R=x_{max}-x_{min}$$

相对极差是极差的相对值，即

$$R_r = \frac{R}{\bar{x}} \times 100\%$$

在化工产品标准中，还会用到“允许差”（公差）的相关规定。通常情况下，某一项指标的平行测定结果之间的绝对偏差必须小于或等于特定的数值，这个数值即为“允许差”，它反映了对测定精度的要求。

在规定的实验次数内，每次测定的结果都需满足允许差的标准。如果某次测定结果超出了允许差的范围，应立即增加测定次数，直到测得的结果与之前的测定结果之间的差值符合允许差的要求，然后再计算取其平均值。如果仍然超出范围，则需要查明原因，并按照规定重新进行分析。

3. 准确度和精密度的关系

精密度高不一定准确度高，准确度高一定需要精密度高。精密度是保证准确度的先决条件。精密度低则说明分析结果不可靠，自然也失去了衡量准确度的前提。

码 1-14 准确度与精密度的关系

二、系统误差和偶然误差

根据误差的来源和性质，可将误差分为系统误差和偶然误差。

1. 系统误差

系统误差是由某些比较确定的、经常性的原因所造成的误差，即由固定原因引起。

其特点为重复测定时会重复出现，误差的大小和正负往往是恒定的，使分析结果偏高或偏低，对分析结果的影响比较固定，具有“单向性”，又称可测误差。系统误差的来源主要有方法误差、仪器误差、试剂误差、操作误差。

只有在降低系统误差的情况下，精密度高，准确度才一定高。因此在做实验的时候要严格遵守操作规程，提高分析结果的准确度。

2. 偶然误差

偶然误差是由测量过程中无法控制的随机因素引起的误差，如环境变化、仪器精度、操作者的技术水平和稳定性等。偶然误差是随机的、不可避免的，并且在重复测量中会产生不同的测量结果。通常通过多次重复测量取平均值来减小偶然误差的影响。

其特点为重复测定时，有时偏高，有时偏低；出现概率具有随机性，不可预测；随机误差遵从统计规律，大小相等的正负误差出现的概率相等，符合正态分布。

在实验过程发现数据存疑时，应认真分析原因，剔除由过失引起的异常数据。这些错误可能会导致实验结果不准确或不可靠，甚至可能影响最终的结论和推断。

三、提高分析结果准确度的方法

在定量分析实验中误差是不可避免的，为了获得可靠的分析结果，必须尽可能地减少分析过程中的误差。尤其是要避免出现操作失误的情况。针对分析工作的具体要求，可以采取多种措施，减小分析过程中各种误差的影响，提高分析结果的准确度。

1. 选择合适的分析方法

各种分析方法的准确度和灵敏度是不相同的。化学分析法，虽灵敏度不高，但对于高含量组分的测定，准确度较高。仪器分析法灵敏度较高，更适合低含量组分的测定。

2. 减小测量误差

为了提高分析结果的准确度，必须尽量减小测量误差。例如，电子分析天平两次称量的绝对误差为±0.0002g，为了使相对误差在±0.1%以下，称量质量应不少于0.2g。在滴定分析中，滴定管两次读数的绝对误差为±0.02mL，为了使相对误差在±0.1%以下，消耗滴定剂的体积必须在20mL以上。

3. 消除系统误差

在分析工作中，系统误差往往是由固定原因引起的，必须要重视消除、降低系统误差，以保证分析结果的准确度。可通过校准仪器、对照实验（控制实验条件）、空白试验、避免个人误差、交叉验证、寻求专家意见等方法消除系统误差提高实验结果的准确度。

4. 减小偶然误差

偶然误差是由随机的不固定的因素造成的，在分析过程中始终存在不可消除。在消除系统误差的前提下，增加平行测定次数，可使结果更接近真实值，提高测量结果的精密度。对于一般的分析工作，通常要求对试样平行测定3～5次。如对测定结果的准确度要求较高，可增加测定次数。

【任务准备】

① 查阅职业院校技能大赛化学实验技术赛项规程以及化学分析操作试题“水样中金属镍含量的测定”标定与测定结果的评分标准；

② 根据职业院校技能大赛化学实验技术赛项的评分标准，讨论实验过程误差的种类、来源及减免误差的方法。

【任务实施】 做中学

① 根据职业院校技能大赛化学实验技术赛项规程以及化学分析部分“水样中金属镍含量的测定”标定与测定结果的评分标准，计算下列选手测定结果的精密度、准确度、极差和相对极差，完成表1-24。

码1-15 化学实验技术赛项模块A“水样中金属镍含量的测定”评分标准

表1-24 实验结果的计算

选手序号	EDTA标准溶液浓度/(mol/L)		精密度		准确度	镍含量/(g/kg)		精密度		准确度
	平行测定结果	平均值	极差	相对极差/%	相对误差/%	平行测定结果	平均值	极差	相对极差/%	相对误差/%
1	0.05105					3.59				
	0.05104					3.58				
	0.05105					3.59				
2	0.05005					3.49				
	0.04998					3.48				
	0.04999					4.48				
3	0.05347					3.85				
	0.05346					3.85				
	0.05348					3.86				
EDTA标准溶液浓度的真值				0.05005 mol/L		镍含量真值			3.49g/kg	

② 分析选手操作过程，说明实验过程误差的种类、来源及减免误差的方法，完成表1-25。

表1-25 研讨定量分析误差来源及减免方法

误差种类	误差来源	误差减免方法
系统误差		
偶然误差		

【任务评价】

根据考核内容和评分标准，采取学生自评、同学互评和教师评价等方式，对任务完成情况进行考核，并给出综合评价。任务评价表，见表 1-26。

表 1-26　任务评价表

序号	评价指标	考核内容和评分标准	配分	考核记录	得分
1	实验结果的分析（50 分）	正确计算实验结果平均值	10		
		正确计算实验结果的极差	10		
		正确计算实验结果的相对极差	10		
		正确计算实验结果的相对误差	10		
		正确评价三位选手的操作水平	10		
2	定量分析中的误差减免方法（40 分）	正确叙述定量分析中的误差种类	10		
		正确叙述定量分析中的误差来源	10		
		准确描述定量分析中系统误差的减免方法	10		
		正确描述定量分析中偶然误差的减免方法	10		
3	团队精神（10 分）	小组合作气氛融洽，团队配合默契	10		
合计			100	考核总分	
综合评价					
考核人		学生自评□同学互评□教师评价□	日期	月　　日	

【任务小结】

根据所学内容将图 1-42 所示思维导图补充完善。

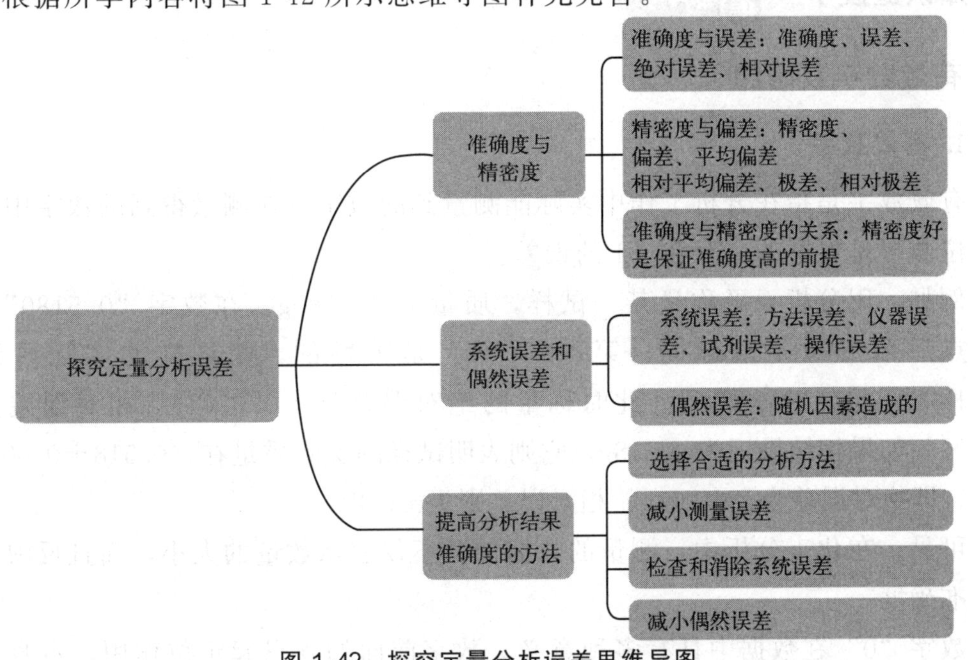

图 1-42　探究定量分析误差思维导图

任务 9　有效数字修约与运算

【任务目标】

① 理解有效数字的概念，掌握有效数字的修约规则；
② 能正确进行有效数字的运算，会处理实验数据；
③ 培养严谨细致的学习品质。

【任务描述】

测量仪器都有一定的精度，例如分析天平的精度是 0.1mg，称量时只能准确到 0.1mg，如称量试样质量为 1.2018g；滴定管的精度是 0.01mL，滴定时读数只能准确至 0.01mL，如滴定管的终读数为 30.02mL。因此，测量值不仅要表示出数据的大小，而且要反映出测量仪器的精度，这就涉及有效数字的问题。

通过研习，理解有效数字的概念及有效数字的位数，理解有效数字的修约规则和运算规则。在分析结果的运算中，能够根据分析测试要求，准确对有效数字进行修约，能够按照运算规则，准确地进行数据的运算。

采用标准《数值修约规则与极限数值的表示和判定》(GB/T 8170—2008)。

【知识链接】 做中教

一、有效数字及修约

1. 有效数字

有效数字是指在分析工作中实际能测量到的数字。在测量得到的数字中，最末一位数字是可疑的，存在±1 的误差。

例如，用分析天平称量某一试样，质量为 0.5180g。在数字“0.5180”中，小数点后前三位是准确的，第四位“0”是可疑的，即试样的实际质量在 (0.5180±0.0001) g 之间。此时称量的绝对误差是±0.0001g，相对误差为±0.02%。如果把结果记为 0.518g，它则表明试样的实际质量在 (0.518±0.001) g 之间，即绝对误差为±0.001g，相对误差则为±0.2%。

可见，在化工分析中，测量的数据位数不仅表示数量的大小，而且反映了测量的准确度。

数字“0”在数据中具有多种意义。数字前面的 0 只起定位作用，本身不算有效数字；数字之间的 0 和末尾的 0 都是有效数字；以 0 结尾的整数，最好用 10 的幂指数表示，这时前面的系数代表有效数字。由于 pH 值为氢离子浓度的负对数值，所以 pH 值的小数部分才为有效数字。

定量分析中常见测量数据举例，见表 1-27。

表 1-27 定量分析中常见测量数据举例

被测物理量	数据举例	有效数字(测量方式)
试样的质量	0.1430g	四位有效数字(用分析天平称量)
溶液的体积	35.36mL	四位有效数字(用滴定管测量)
	25.00mL	四位有效数字(用移液管量取)
	25mL	两位有效数字(用量筒量取)
溶液的浓度	0.1000mol/L	四位有效数字
	0.2mol/L	一位有效数字
质量分数	34.12%	四位有效数字
pH 值	4.30	两位有效数字
解离常数 K	1.8×10^{-5}	两位有效数字

2. 有效数字修约规则

把弃去多余数字的处理过程称为数字的修约，其规则是“四舍六入五成双”。即当尾数≥6 时，进入，尾数≤4 时，舍去，当尾数是 5，而后面数为 0 时，则 5 的前面一位数字是奇数则入，是偶数（包括 0）则舍，若 5 后面还有不为 0 的任何数字皆入，可以概括为“奇进偶舍”。注意，数字修约时，只能对原始数据一次修约到需要的位数，不能逐级修约。

例如将下列数据修约到四位有效数字：

$$0.526647 \rightarrow 0.5266$$

$$0.362661 \rightarrow 0.3627$$

$$250.650 \rightarrow 250.6$$

$$18.08502 \rightarrow 18.09$$

二、有效数字的运算规则

1. 加减法

几个数相加或相减时，应以各数中小数点后位数最少（绝对误差最大）的数字为依据决定结果的有效数字位数。例如求 0.4271、10.56、7.214 的和，计算可得：

$$0.4271+10.56+7.214=0.43+10.56+7.21=18.20$$

2. 乘除法

几个数相乘或相除时，应以各数中有效数字位数最少（相对误差最大）的数字为依据决定结果的有效数字位数。例如求 10.32、0.123、3.1751 之积，计算可得：

$$10.32\times0.123\times3.1751=10.3\times0.123\times3.18=4.03$$

注意：进行数字计算前，应将原始数字先修约到正确的有效位数，再进行计算。有时，为了避免误差积累，提高结果的准确度，可以将参与运算的各数的有效数字位数修约到比该数应有的有效数字位数多一位运算。

【任务准备】

① 课前自学有效数字修约及运算规则的知识；

② 识读表 1-28 EDTA 标准滴定溶液标定实验报告单（带实验数据）。

表 1-28 EDTA 标准滴定溶液标定实验报告单

项目		1	2	3	备用
基准物称量	$m_{倾样前}$/g	26.6216	29.4840	21.9734	—
	$m_{倾样后}$/g	25.1381	21.9734	20.4878	—
	$m_{氧化锌}$/g				—
移取试液体积/mL		25.00	25.00	25.00	—
滴定管初读数/mL		0.00	0.00	0.00	—
滴定管终读数/mL		37.50	38.20	37.58	—
滴定消耗 EDTA 体积/mL					—
体积校正值/mL		−0.043	−0.042	−0.043	—
溶液温度/℃		15	15	15	—
温度补正值/(mL/L)		0.77	0.77	0.77	—
溶液温度校正值/mL		0.029	0.029	0.029	—
实际消耗 EDTA 体积/mL					—
空白/mL		0.00			
c/(mol/L)		0.048608	0.048588	0.048573	—
$\bar{c}$/(mol/L)					
相对极差/%					

参考公式如下：

① $V_{实际消耗EDTA体积}=V_{滴定消耗EDTA体积}+V_{体积校正值}+V_{溶液温度校正值}$；

② $\bar{c}=\dfrac{c_1+c_2+c_3}{3}$；

③ 相对极差：$A=\dfrac{(c_{max}-c_{min})}{\bar{c}}\times100\%$。

【任务实施】 做中学

① 根据学过的有效数字的运算规则，完成表 1-28 空白的部分。

② 分组研讨分析天平、滴定管等仪器的精度，测量数据的有效数字位数和

绝对误差，完成表 1-29。

表 1-29　仪器的精度、测量值的有效数字位数和绝对误差

序号	测量仪器	测量值举例	仪器精度	有效数字位数	绝对误差
1	分析天平	2.1213g			
2	滴定管	28.13mL			
3	移液管	25.00mL			
4	吸量管	8.00mL			
5	量筒	15mL			
6	温度计	25.3℃			

【任务评价】

根据考核内容和评分标准，采取学生自评、同学互评和教师评价的方式，对任务完成情况进行考核，并给出综合评价。任务评价表，见表 1-30。

表 1-30　任务评价表

序号	评价指标	考核内容和评分标准	配分	考核记录	得分
1	有效数字及修约（50 分）	正确叙述有效数字	10		
		正确叙述有效数字的修约规则	10		
		正确判断仪器的精度	10		
		正确判断测量值有效数字的位数	10		
		正确判断仪器测量值的误差	10		
2	有效数字的运算规则（40 分）	正确计算氧化锌的质量	8		
		正确计算滴定消耗 EDTA 体积	8		
		正确计算实际消耗 EDTA 体积	8		
		正确计算平均浓度	8		
		正确计算相对极差	8		
3	团队精神(10 分)	小组成员参与度高，配合默契	10		
合计			100	考核总分	
综合评价					
考核人		学生自评□同学互评□教师评价□	日期	月　　日	

【任务小结】

根据所学内容将图 1-43 所示思维导图补充完善。

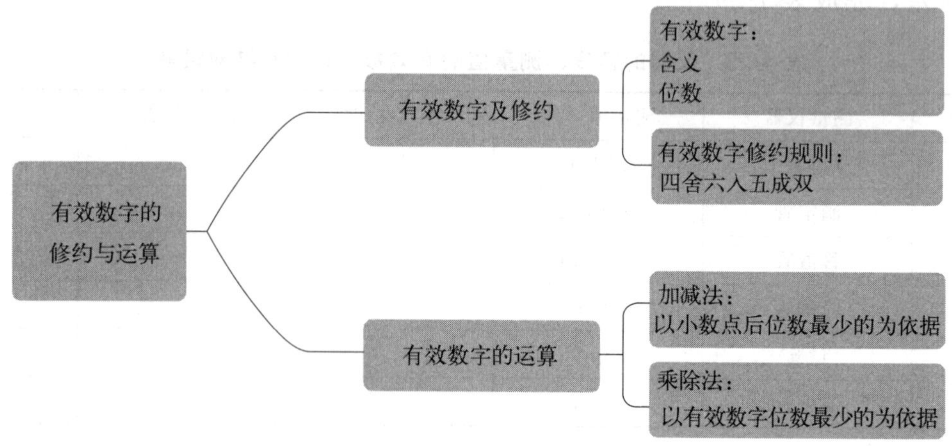

图 1-43　有效数字修约与运算思维导图

任务 10　数据处理及分析结果报告

【任务目标】

① 会准确记录并处理实验数据；
② 能规范报告分析结果；
③ 培养认真细致的工作态度和规范的科学素养。

【任务描述】

在化工分析实验中，及时记录实验数据，科学处理实验数据，正确撰写实验报告是分析工作者必备的职业素养，也是确保分析结果可靠的基础。

分析实验过程中获得的一系列测量值，既要及时记录，又要对这些数据进行处理。数据记录是否及时准确，个别异常的数据是否保留，报告单撰写是否规范，均会影响分析结果的可靠性。

通过研习，理解数据处理的方法，明确分析报告撰写的规范；通过练习，能够正确处理分析数据，撰写分析报告，提高分析检验的能力。

【知识链接】 做中教

一、记录处理实验数据

1. 实验数据的记录

记录实验数据时，要实事求是，切忌夹杂主观因素，不能随意拼凑或伪造数据。实验数据应记录在专门的实验数据记录单中，不允许将数据记在小纸片上、书上或手掌上等。应及时、准确地记录实验过程中的各种测量数据及有关现象。

记录实验数据时，应注意有效数字的准确表达。例如，用分析天平称量时，要记录到0.0001g；滴定管及吸量管的读数，应记录至0.01mL。

在实验中如果发现数据记录有误，需要改动原始记录时，可将要改动的数据用一横线划掉，在其上方写出正确结果，并注明改动原因。在职业技能竞赛过程中，如需要改动测量数据，必须报告现场裁判，经裁判签字确认。

2. 实验数据可疑值的取舍

在所测得的一组分析数据中，可能有个别数据与其他数据差异较大，称为可疑值。除明确是由过失所致的可疑值可以舍弃外，可疑值是舍去还是保留，应该用统计学方法来判定，不能凭主观意愿决定取舍。常用的可疑值取舍方法有 $4\bar{d}$ 法、Q 检验法和格鲁布斯检验法。

（1）$4\bar{d}$ 法

可以将可疑值与平均值 $\bar{x}$ 之差是否大于 $4\bar{d}$ 作为可疑值取舍的依据。

应用 $4\bar{d}$ 法时，先把可疑值除外，求出余下测量值的平均值 $\bar{x}$ 和平均偏差 $\bar{d}$，若可疑值与 $\bar{x}$ 之差的绝对值大于 $4\bar{d}$，可疑值舍去，否则保留。

$4\bar{d}$ 法方法简单，计算步骤少，但准确度不高，仅适用于测定次数为4～8次的检验。

【例 10-1】 标定某溶液的浓度得0.1014mol/L、0.1012mol/L、0.1019mol/L和0.1016mol/L，请用 $4\bar{d}$ 法判断0.1019mol/L是否应当舍去。

解： 去掉0.1019mol/L，求其余数据的平均值和平均偏差。

$$\bar{x}=\frac{0.1014+0.1012+0.1016}{3}=0.1014(\text{mol/L})$$

$$\bar{d}=\frac{|0.000|+|0.0002|+|0.0002|}{3}\approx 0.00013(\text{mol/L})$$

可疑值与平均值之差的绝对值为：

$|0.1019-0.1014|=0.0005(\text{mol/L})$

$4\bar{d}=4\times 0.00013=0.00052(\text{mol/L})$

因 $0.0005<4\bar{d}$，所以0.1019mol/L应保留，计算可得溶液浓度平均值应为0.1015mol/L。

（2）Q 检验法

将多次测定数据按数值大小顺序排列，求出极差，计算可疑值与邻近值之差的绝对值，再用公式 $Q_{计}=\frac{|x_{可疑}-x_{邻近}|}{x_{最大}-x_{最小}}$ 计算，然后依据置信度查得 $Q_{表}$，比

较 $Q_{计}$ 与 $Q_{表}$，若 $Q_{计}>Q_{表}$，可疑值舍去，否则保留。$Q_{表}$ 与置信度和测量次数有关，见表 1-31。

表 1-31 $Q_{表}$ 值

测定次数 n		3	4	5	6	7	8	9	10
置信度	90%($Q_{0.90}$)	0.94	0.74	0.64	0.56	0.51	0.47	0.44	0.41
	96%($Q_{0.96}$)	0.98	0.85	0.73	0.64	0.59	0.54	0.51	0.48
	99%($Q_{0.99}$)	0.99	0.93	0.82	0.74	0.68	0.63	0.60	0.57

【例 10-2】 测定试样中钙的含量分别为 22.38%、22.39%、22.36%、22.40%和 22.44%。设置信度为 90%，试用 Q 检验法确定 22.44%是否保留。

解： $x_{最大}-x_{最小}=22.44\%-22.36\%=0.08\%$

$|x_{可疑}-x_{邻近}|=|22.44\%-22.40\%|=0.04\%$

$$Q_{计}=\frac{0.04\%}{0.08\%}=0.50$$

查表 1-31，$n=5$ 时，$Q_{0.90}=0.64$，$Q_{计}<Q_{0.90}$，所以 22.44%应予保留。

Q 检验法不必计算平均值 $\overline{x}$ 及标准偏差 s，故使用起来比较方便。准确度较高，Q 检验法适用于测定次数为 3～10 次的数据处理。

（3）格鲁布斯（Grubbs）检验法

码 1-16 置信度和置信区间

将测定数据按大小顺序排列，即 x_1，x_2，…，x_n。计算该组数据的平均值的 $\overline{x}$（包括可疑值在内）及标准偏差（s）。若可疑值出现在首项，则 $T=\frac{\overline{x}-x_1}{s}$；若可疑值出现在末项，则 $T=\frac{x_n-\overline{x}}{s}$。计算出 T 值后，再根据其置信度查 $T_{P,n}$ 表（表 1-32），若 $T\geqslant T_{P,n}$，则应将可疑值弃去，否则应予保留。

表 1-32 $T_{P,n}$ 表

测定次数(n)	置信度(P)		
	95%	97.5%	99%
3	1.15	1.15	1.15
4	1.46	1.48	1.49
5	1.67	1.71	1.75
6	1.82	1.89	1.94
7	1.94	2.02	2.10
8	2.03	2.13	2.22
9	2.11	2.21	2.32
10	2.18	2.29	2.41
11	2.23	2.36	2.48
12	2.29	2.41	2.55

格鲁布斯检验法在计算过程中，应用了平均值 $\overline{x}$ 及标准偏差 s，故判断的准确性较高。

码 1-17　标准偏差

二、分析结果的报告

1. 分析实验报告单

实验完成后，应根据实验数据及现象，及时撰写和提交实验报告。化工分析实验报告单一般包括实验名称、实验目的、实验原理、主要仪器和试剂、实验步骤、数据记录与处理、误差分析、实验体会及思考题等。

2. 化学实验技术赛项报告单

化学实验技术赛项报告单，一般包括参赛信息、HSE、实验记录、数据处理、实验结果报告、实验结果分析等内容。报告单主要条目及要求，见表 1-33。

码 1-18　化学实验技术赛项报告单

表 1-33　技能大赛实验报告单项目及要求

序号	条目	要求
1	参赛信息	完整准确填写姓名、座位号及时间等信息
2	HSE	对本实验过程中的健康、安全及环境问题进行分析，如有产生健康、安全及环境隐患的问题，需写出防护措施
3	实验记录	实时记录本实验的原始实验数据，注意有效数字保留
4	数据处理	按要求对数据进行处理，包括可疑值的取舍、根据公式计算等，注意有效数字保留、修约及运算
5	实验结果报告	包括样品名称、样品性状、平行测定次数、分析结果及相对极差等信息
6	实验结果分析	分析测定结果是否良好，如出现问题，说明产生原因

3. 化工分析检验记录单

某化工厂重铬酸钾法监测化学需氧量（COD_{Cr}）指标，见表 1-34。

表 1-34　重铬酸钾法监测化学需氧量（COD_{Cr}）指标的记录单

记录编号：

检测日期			方法依据		
标准溶液			标准溶液浓度/(mol/L)		
样品名称	取样体积 V/mL	滴定起点 /mL	滴定终点 /mL	实际滴定 /mL	COD_{Cr} 检测结果 /(mg/L)

续表

计算公式	$COD_{Cr}=\frac{(V_2-V_1)\times c\times 8\times 1000}{V}$	$V_1=$______mL
备注	c——硫酸亚铁铵标准溶液的浓度，mg/L； V_1——滴定空白时硫酸亚铁铵标准溶液用量，mL； V_2——滴定水样时硫酸亚铁铵标准溶液用量，mL； V——水样的体积，mL； 8——氧(1/2O)摩尔质量，g/mol。	

【任务准备】

① 学生课前自学分析数据处理及结果报告相关知识；

② 教师通过教学平台，将 EDTA 标准滴定溶液标定实验报告单（空白）推送给学生。

【任务实施】 做中学

① 矿石中 TiO_2 含量，4 次测定结果分别为 12.74%、12.67%、12.56%、12.66%，问 12.56%测定值是否保留？请选择合适的方法，对分析数据进行取舍，写出计算过程。

码 1-19 EDTA 标准滴定溶液标定实验报告单

② 表 1-28 是 EDTA 标准滴定溶液的标定实验记录部分，参考所学知识，分组讨论，该实验的实验报告还需补充哪几部分，并说说报告单的撰写有哪些要求。

【任务评价】

根据考核内容和评分标准，采取学生自评、同学互评和教师评价的方式，对任务完成情况进行考核，并给出综合评价。任务评价表，见表 1-35。

表 1-35 任务评价表

序号	评价指标	考核内容和评分标准	配分	考核记录	得分
1	记录、处理分析数据（50 分）	及时正确记录分析数据	10		
		准确描述可疑值取舍的方法及特点	10		
		选择合适的方法对可疑值进行取舍	10		
		数据计算过程正确	10		
		异常值取舍结果正确	10		
2	撰写实验报告（40 分）	准确描述实验报告的主要条目	10		
		正确叙述实验报告各部分要求	10		
		准确判断实验报告需补充的项目	10		
		补充完善实验报告缺项，准确详细	10		

续表

序号	评价指标	考核内容和评分标准	配分	考核记录	得分
3	团队合作（10分）	团结互助、成员参与度高	10		
合计			100	考核总分	
综合评价					
考核人		学生自评□同学互评□教师评价□	日期	月　　日	

【任务小结】

根据所学内容将图1-44所示思维导图补充完善。

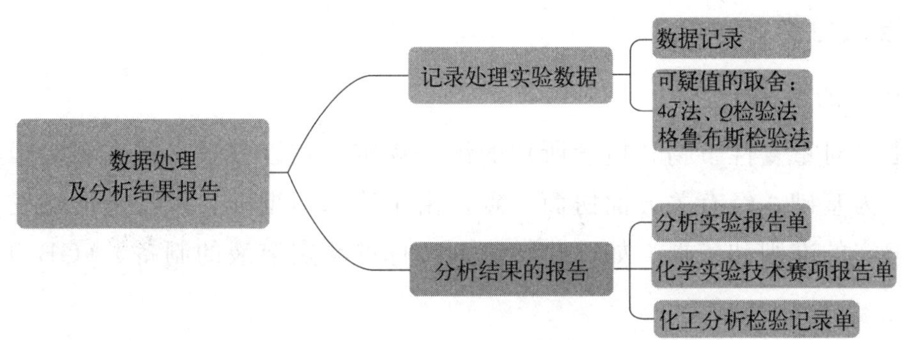

图1-44　数据处理及分析结果报告思维导图

任务11　分析标准查阅及引用

【任务目标】

① 理解标准的意义及分类；

② 会识读标准的编号，会查阅化工类常见标准并引用；

③ 强化标准意识，遵循标准规范。

【任务描述】

职业院校技能大赛化学实验技术（中职组）赛项，赛题任务书中所涉及的试剂配制和产品分析方法，主要参考下列国家标准和行业标准：

《化学试剂　标准滴定溶液的制备》（GB/T 601—2016）；

《常用玻璃量器检定规程》（JJG 196—2006）；

《化学试剂　试验方法中所用制剂及制品的制备》(GB/T 603—2023)；

《化学试剂　六水合硫酸镍（硫酸镍）》(HG/T 4020—2020)；

《火力发电厂水汽分析方法　第二十六部分：亚铁的测定（邻菲啰啉分光光度法）》(DL/T 502.26—2006)；

《化学试剂　六水合硫酸铁（Ⅱ）铵（硫酸亚铁铵）》(GB/T 661—2011)。

化工分析，无论是实验操作，还是数据处理，都是依据标准进行的。什么是标准？为什么要使用标准？标准如何分类？通过研习和练习，理解标准的含义和分类，学会查阅标准，会合理地引用标准。

【知识链接】 做中教

一、标准及分类

1. 标准的含义

标准是对重复性事物和概念所作的统一规定。它以科学、技术和实践经验的综合成果为基础，经有关方面协商一致，由主管部门批准，以特定形式发布，作为共同遵守的准则和依据。如《化学试剂　标准滴定溶液的制备》(GB/T 601—2016)。

2. 标准的分类

由于标准种类繁多，可以根据不同的目的，从不同的角度对标准进行分类，比较常见的有三种，即按照标准适用范围、标准的性质、标准的约束性进行分类，详见表 1-36。

表 1-36　标准的分类

序号	分类依据	类别	举例
1	按标准适用范围分类	国际标准、区域标准、国家标准、行业标准、地方标准和企业标准	国际标准代号：ISO；化工行业标准代号：HG；石油化工行业标准代号：SH
2	按标准的性质分类	技术标准、管理标准和工作标准	技术标准如产品标准、方法标准、安全标准和环保标准等
3	按标准的约束性分类	强制性标准和推荐性标准	强制性国家标准代号：GB；推荐性国家标准的代号：GB/T

3. 标准的识读

标准编号由“标准代号、类目和标准顺序号、发布年份、标准名称”构成。例如“《化学试剂　试验方法中所用制剂及制品的制备》(GB/T 603—2023)（代替 GB/T 603—2002）”，标准代号：GB/T；标准顺序号：603；发布年份：2023 年；标准名称：化学试剂　试验方法中所用制剂及制品的制备。该标准编号表明该标准为国家推荐性标准，代替了原有 2002 年发布的标准，同时原标准作废。“《常用玻璃量器检定规程》(JJG 196—2006)(代替 JJG 196—1990)”，JJG 代表国家计量检定规程，196 代表标准发布顺序号，2006 代表标准年份号。该标准编号表明 2006 年发布的常用玻璃量器检定规程代替了 1990 年发布的版本，原版本作废。

二、标准的查阅及引用

1. 利用网络进行查阅及引用

“国家标准化管理委员会”是我国行使标准化工作的最高职能机构，负责国家标准的审查、批准和发布。在其官方网站上可以看到关于标准发布的一些信息，还能在主页链接到标准云课、国家标准全文公开系统、全国标准信息公共服务平台等。其中，标准云课提供标准解读视频，通过学习可以更加系统详细地了解标准的内容。国家标准全文公开系统和全国标准公共服务平台可查阅标准信息。国家标准化管理委员会官方网站首页，如图 1-45 所示。

图 1-45　国家标准化管理委员会官方网站首页截图

查阅标准信息还可下载国标通 app，享受标准化信息的一站式服务。国标通由国家市场监督管理总局、国家标准化管理委员会主办，旨在为社会公众提供更为便捷的标准查询及参与标准化工作的移动端信息平台。除了登录网站、下载国标通 app 外，也可关注中国标准信息服务网及其微信公众号查阅标准信息。

通过全国标准信息公共服务平台，查询高锰酸钾标准滴定溶液的配制与标定，说明检索和引用标准的步骤与方法。

① 打开电脑浏览器，搜索全国标准信息公共服务平台，打开首页。

② 在检索栏中录入关键词“标准滴定溶液”，单击“搜索”按钮，此时显示数个标准，其中包括：

《太阳能电池用银浆银含量的测定　硫氰酸盐标准溶液滴定法》(GB/T 43788—2024)

《化学试剂　标准滴定溶液的制备》(GB/T 601—2016)

《无机化工产品　化学分析用标准滴定溶液的制备、制剂及制品的制备　第

1 部分：标准溶液的制备》（HG/T 3696.1—2011）

《化学试剂　标准滴定溶液的制备》（GB/T 601—2002）

此时显示有两个只有年份号不同的标准编号，应选年份新的标准查阅及引用。

单击“GB/T 601—2016　化学试剂　标准滴定溶液的制备”，此时显示标准的简介。

③ 单击左侧“查看文本”，再单击“在线预览”即可查看标准全文。

④ 查看目录，找到高锰酸钾标准滴定溶液所在页码，查看标准的详细内容，便可引用标准的相关内容。

利用网络进行查阅的步骤大体相同，有的网站需要注册和付费，可自主选择。有些网站内容并不全面，可在不同网站尝试检索和引用，另外行业标准可到相关行业的官方网站下载。

2. 利用工具书进行查阅

查找化工技术标准资料，可以利用以下工具书。

①《中华人民共和国国家标准目录及信息总汇》。该书由国家标准化管理委员汇编，由中国标准出版社出版。

2009 年版分上、下册出版，内容包括四部分：国家标准专业分类目录，被废止的国家标准目录，国家标准修改、更正、勘误通知信息以及索引。

②《化学工业国家标准和行业标准目录》。该书由全国化学标准化技术委员会汇编，中国标准出版社出版。

该书共分为四部分：第一部分，按中国标准文献分类法编入化工专业的国家标准和行业标准目录；第二部分，按中国标准文献分类法编入相关专业的化工国家标准和行业标准目录；第三部分，化学工业国家标准、行业标准顺序目录；第四部分，石化行业工程建设标准目录。

【任务准备】

① 课前自学分析标准查阅及引用的知识；

② 查看本书中引用的标准有哪些；

③ 准备计算机等网络检索工具。

【任务实施】 做中学

① 标准如何分类？如何识读标准编号？分组研讨标准编号，完成表 1-37。

表 1-37 标准的识读

序号	标准编号	类别	表示的含义	备注
1	《常用玻璃量器检定规程》(JJG 196—2006)			
2	《化学试剂　试验方法中所用制剂及制品的制备》(GB/T 603—2023)			
3	《化学试剂　六水合硫酸镍(硫酸镍)》(HG/T 4020—2020)			
4	《化学试剂　六水合硫酸铁(Ⅱ)铵(硫酸亚铁铵)》(GB/T 661—2011)			

② 同学们分组合作，从表 1-38 中任选两个标准，上网查询，填写表 1-38。

表 1-38 标准的查阅

序号	标准编号	查阅方式	查阅步骤	标准内容简介
1	《常用玻璃量器检定规程》(JJG 196—2006)			
2	《化学试剂　试验方法中所用制剂及制品的制备》(GB/T 603—2023)			
3	《化学试剂　六水合硫酸镍(硫酸镍)》(HG/T 4020—2020)			
4	《化学试剂　六水合硫酸铁(Ⅱ)铵(硫酸亚铁铵)》(GB/T 661—2011)			

【任务评价】

根据考核内容和评分标准，采取学生自评、同学互评和教师评价的方式，对任务完成情况进行考核，并给出综合评价。任务评价表，见表 1-39。

表 1-39 任务评价表

序号	评价指标	考核内容和评分标准	配分	考核记录	得分
1	标准的识读(40 分)	能准确描述标准的意义	10		
		能准确识别表中各标准的类别	10		
		能准确描述表中各标准编号代表的含义	10		
		查找的标准符合标准编号的规范	10		
2	标准的查阅及引用(40 分)	查阅方式选择恰当	10		
		查阅步骤规范	10		
		标准内容简介准确、简明扼要	10		
		能从查阅的资料中找到要引用的部分	10		
3	学习纪律(10 分)	不浏览无关网络信息	10		
4	团队精神(10 分)	小组成员参与度高,任务完成情况良好	10		
合计			100	考核总分	
综合评价					
考核人		学生自评□同学互评□教师评价□	日期	月　日	

【任务小结】

根据所学内容将图 1-46 所示思维导图补充完善。

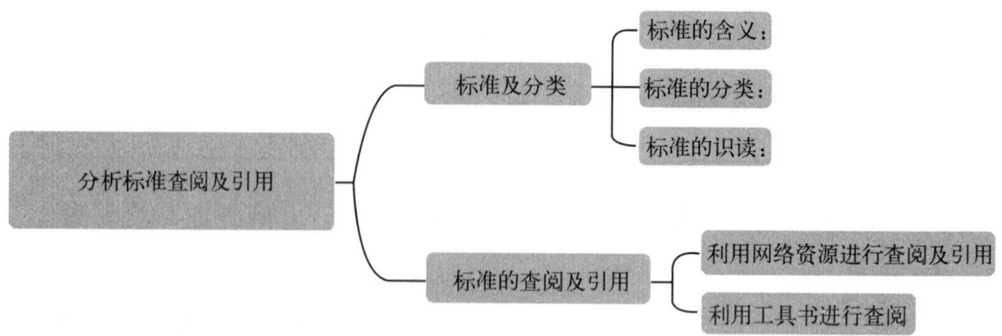

图 1-46 分析标准查阅及引用思维导图

项目拓展

市教学研究院，发布了职业院校技能大赛的通知、工业分析检验赛项规程和赛题。学校承办本次比赛，由化工学院完成比赛的准备工作。

工业分析检验赛项实操赛题，如图 1-47 所示，根据所学的分析检验基础知识，选用玻璃仪器，准备实验用水，配制化学试剂，选用分析方法，查阅分析标准，研讨赛项 HSE 和三废处理方案，做好比赛预案。

1. NaOH(0.1mol/L)标准滴定溶液标定

（1）操作步骤

减量法准确称取 105℃～110℃电烘箱中干燥至恒重的基准试剂，邻苯二甲酸氢钾 0.75g（准确至 0.0001g）置于 250mL 锥形瓶中，加入 50mL 无二氧化碳的水溶解，加 2 滴酚酞指示液（10g/L），用待标定的氢氧化钠溶液滴定至溶液呈微红色，并保持 30s。滴定初读数、终点读数和记录时，须举手向裁判示意。

平行标定 3 次，并做空白试验。

（2）NaOH 标准滴定溶液浓度计算

计算 NaOH 标准滴定溶液的浓度 $c(\mathrm{NaOH})$，单位 mol/L。

$$c_{NaOH}=\frac{m\times 1000}{(V-V_0)\times M}$$

式中 m—邻苯二甲酸氢钾的质量，g；

V—氢氧化钠标准滴定溶液的体积，mL；

V_0—空白消耗氢氧化钠标准滴定溶液的体积，mL；

M—邻苯二甲酸氢钾的摩尔质量，204.22g/mol。

2. 白醋中总酸的测定

（1）操作步骤

白醋试液制备：用移液管移取 25mL 白醋样品至 250mL 容量瓶中，用无二氧化碳的水定容后摇匀，用快速滤纸过滤，收集滤液用于测定。

试液测定：用移液管移取制备好的白醋试液 25mL 置于 250mL 锥形瓶中，加 2 滴酚酞指示剂，用 NaOH 标准溶液滴定至微红色 30s 不褪色即为终点。滴定初读数、终点读数和记录时，须举手向裁判示意。

平行测定 3 份，并做空白试验。

（2）白醋中总酸的计算

计算白醋中总酸的含量 X，单位 g/L。

$$X=\frac{(V_1-V_2)\times c\times K\times F}{V_{样}}\times 1000$$

式中 X—试样中总酸度的含量，g/L；

V_1—试液消耗氢氧化钠标准滴定液的体积，mL；

V_2—空白消耗氢氧化钠标准滴定液的体积，mL；

c—氢氧化钠标准滴定溶液的浓度，mol/L；

k—酸的换算系数：苹果酸，0.067；乙酸，0.060；酒石酸，0.075；柠檬酸，0.064；乳酸，0.090；盐酸，0.036；硫酸，0.049；磷酸，0.049；

F—试液的稀释倍数；

$V_{样}$—试样体积，mL。

图 1-47 工业分析检验赛项实操赛题

思考与练习

一、单项选择题

1. 实验时，必须佩戴防护用品做好防护，下列不是个人防护用品的是（　　）。

A. 实验服　　B. 口罩　　C. 眼镜　　D. 洗眼器

2. 稀释盐酸溶液时，不需要的安全装备和用品是（　　）。

A. 通风橱　　B. 洗眼器　　C. 耐酸手套　　D. 废物缸

3. 在实验操作中，浓盐酸不慎洒落到实验台上，属于（　　）类型的危险源。

A. 设备危险　　B. 危险物质　　C. 实验过程风险　　D. 其他风险

4. 下列关于实验室危废物处理不当的是（　　）。

A. 危险废弃物的临时储存和保管由各实验室指定专人负责

B. 不相容的废弃物质应分别盛装在各自的指定容器中

C. 各实验室的危险废弃物储存时间不宜超过 6 个月，存量不宜过多

D. 在满足安全的前提下，实验室可以自行分类分批处理废弃物

5. 使用高锰酸钾标准溶液，应选用的滴定管是（　　）。

A. 无色碱式滴定管　　B. 无色酸式滴定管

C. 棕色碱式滴定管　　D. 棕色酸式滴定管

6. 对于水质要求较高的实验，如高效液相色谱分析用水，应选用（　　）。

A. 一级水　　B. 二级水　　C. 三级水　　D. 自来水

7. 实验室配制溶液时，一般选择的实验用水是（　　）。

A. 一级水　　B. 二级水　　C. 三级水　　D. 自来水

8. 准确配制一定物质的量浓度的溶液时，须选用的玻璃仪器是（　　）。

A. 量筒　　B. 容量瓶　　C. 滴定管　　D. 分液漏斗

9. 从固体物料堆中取样，应该使用的采样工具是（　　）。

A. 采样钻　　B. 真空采样探针

C. 采样探子　　D. 以上工具都可以

10. 采集水样时，当水样中含有有机物时，选用的容器是（　　）。

A. 不锈钢容器　　B. 塑料瓶　　C. 合金容器　　D. 玻璃瓶

11. 根据测定原理及操作方法不同，定量分析又分为化学分析法和（　　）。

A. 物理分析法　　B. 仪器分析法

C. 化学反应法　　D. 重量分析法

12. 可以快速、准确地进行常量组分（含量在1%以上）测定的方法是（　　）。

A. 滴定分析法　　B. 重量分析法

C. 电化学分析法　　D. 色谱分析法

13. 使用分析天平称量试样，相对误差应控制在±0.1%以内，试样质量应在（　　）。

A. 0.2g 以下　　B. 0.2g 以上　　C. 0.1g 以下　　D. 0.5g 以上

14. 下列各措施中不是减小系统误差的方法是（　　）。

A. 校准砝码　　B. 进行空白试验

C. 增加平行测定次数　　D. 进行对照实验

15. 有一组平行测定的分析数据，要判断其中是否有可疑值，可采用（　　）。

A. F 检验　　B. t 检验

C. 方差分析　　D. 格鲁布斯检验法

16. 下列哪一项不是可疑值取舍的方法。（　　）

A. $4\bar{d}$ 法　　B. 正态分布法

C. Q 检验法　　D. 格鲁布斯检验法

17. GB/T 6583—1994 中的 6583 是指（　　）。

A. 顺序号　　B. 制订年份号

C. 发布年份号　　D. 有效期

18. 标准的（　　）是标准制定过程的延续。

A. 编写　　B. 实施　　C. 修改　　D. 发布

19. 根据《中华人民共和国标准化法》，我国标准分为（　　）两类。

A. 国家标准和行业标准　　B. 国家标准和企业标准

C. 国家标准和地方标准　　D. 强制性标准和推荐性标准

20. 一切从事科研、生产、经营的单位和个人（　　）执行国家标准中的强制性标准。

A. 必须　　B. 一定　　C. 选择性　　D. 不必

二、判断题

1. 正确使用和佩戴个人防护用品，可以减少实验可能对人身的伤害。（　　）

2. 实验室配备了齐全的安全装备，可以确保实验室安全无虞。（　　）

3. 实验过程中，某同学感觉操作不方便，于是将手套摘下放置在一边。（　　）

4. 实验室存放的危险废弃物属于危险物质。（　　）

5. 根据实验室危险源类型，分析室的氢气、氮气钢瓶属于设备危险。（　　）

6. 每个盛装危险废弃物的容器上都必须粘贴明显的标签，可以涂改。（　　）

7. 实验室产生的危险废弃物，要随时收集到满足规定的盛装容器中。（　　）

8. 精密玻璃仪器洗涤后，可以放到烘干箱中烘干，以快速除去水分。（　　）

9. 在使用化学方法清洗玻璃仪器时，要确保所选洗液不会对仪器造成损害，并且在使用后要充分冲洗干净。（　　）

10. 见光易分解的试剂要保存在棕色试剂瓶中。（　　）

11. 当量取整数体积的溶液时，常选用相应体积的移液管而不用分度吸量管。（　　）

12. 分析实验用水分为三个级别，分别是一级水、二级水和三级水。（　　）

13. 蒸馏法是利用水与水中杂质的沸点不同，通过加热使水先蒸发后冷凝得到纯水的方法。（　　）

14. 制备的无二氧化碳蒸馏水需密封储存，最好临用现制。（　　）

15. 氢氧化钠标准滴定溶液不可以使用玻璃试剂瓶储存。（　　）

16. 在配制溶液时，固体药品应全部溶解后再转移到储存的容器中。（　　）

17. 精密配制一定浓度的溶液，在转移药品时，不小心将称量的药品洒落在实验台上，不会影响药品溶液配制的浓度。（　　）

18. 试样的采集和制备必须保证所取试样具有充分的代表性。（　　）

19. 采集的样品量应满足二次检测需要量。（　　）

20. 固态样品的制备程序一般包括破碎、过筛、混匀和缩分。（　　）

21. 任何物质都可以用化学分析法准确测定。（　　）

22. 根据分析目的和要求可以将分析方法分为定性分析和定量分析两种。 (　　)

23. 使用同一台仪器称量时，称量的样品质量越大，相对误差越小。 (　　)

24. 精密度高准确度不一定高，准确度高一定需要精密度高。精密度是保正准确度的先决条件。 (　　)

25. 终点误差是可以消除的。 (　　)

26. 实验数据在记录时，与测得的数据有微小差别是可以的。 (　　)

27. 实验数据在记录时，数据的有效数字应反映测量仪器的精度。 (　　)

28. GB/T、ISO 分别是强制性国家标准、国际标准的代号。 (　　)

29. 按《中华人民共和国标准化法》规定，我国标准分为四级，即国家标准、行业标准、地方标准和企业标准。 (　　)

30. 企业标准一定要比国家标准要求低，否则国家将废除该企业标准。 (　　)

三、填空题

1. 实验室 HSE 管理是指________、________和________的管理。

2. 危险物质，主要涉及________、________等危险。

3. 实验室危废物包括________、________，实验中产生的________，盛装危险废弃物的________，沾附________的滤纸、包药纸、棉纸、废活性炭及塑料容器。

4. 对危险废弃物要做到________、________和________。

5. 滴定管按盛装溶液的性质可分为________和________。

6. 实验用水的制备通常采用________、________和________。

7. 标定溶液和配制基准溶液所用试剂应为________，而配制一般溶液所用试剂的纯度应不低于________。

8. 固体试样制备中，缩分法主要有______、______和______。

9. 滴定分析法分为________、________、________、________四种。

10. 系统误差是由某些比较______、______的原因所造成的误差。即由______引起。

11. 职业院校大赛报告单包括________、________、________、________、________和________等部分内容。

12. 在标准编号中 HG 表示________，SH 表示________，GB 表示________。

四、简答题

1. 简述8S管理制度。

2. 分析实验室中风险数量最多的危险源有哪些？

3. 简述水洗涤玻璃仪器的方法。

4. 简述纯水机制备纯水的步骤。

5. 简述如何采用间接制备法配制标准溶液。

6. 试样的采集的原则是什么？

7. 下列数据中包含几位有效数字：

（1）0.0251　（2）0.2180　（3）1.8×10^{5}（4）pH=4.31

8. 简述四种滴定分析方法的原理。

9. 简述提高分析结果准确度的方法。

10. 叙述“《化学试剂　试验方法中所用制剂及制品的制备》（GB/T 603—2023）（代替GB/T 603—2002）”的含义。

11. 如何查阅及引用标准？

五、计算题

码1-20　思考与练习参考答案

1. 对某一试样测定两次结果如下：24.87%，24.97%。实际含量为24.95%，计算分析结果的绝对误差和相对误差。

2. 某人测定溶液浓度，获得以下结果：0.2038mol/L、0.2042mol/L、0.2052mol/L、0.2039mol/L。0.2052mol/L是否应该弃去？

3. 按有效数字运算规则，计算下列各式：

（1）$231.89+4.4+0.8244$

（2）$\dfrac{31.0\times4.03\times10^{-4}}{2.512\times0.002034}+5.8$

（3）$\dfrac{28.40\times0.0977\times36.46}{1000}$

匠心筑梦

“打工妹”问鼎世界冠军！一名00后女孩的逆袭故事

初中毕业后就开始打工，人生还有没有更多的想象空间？河南女孩姜雨荷用自己的经历给出了精彩回答。她读技校、学技能，夺得世界技能大赛特别赛“化学实验室技术”项目金牌，还成为河南化工技师学院最年轻的教师。

姜雨荷老家在南阳农村，初中毕业后她就踏上了南下打工之路。因为缺乏知识和技能，只能干没有技术含量的工作。后来，姜雨荷进入河南化工技师学院求学，在那里，她知道了世界技能大赛，还见到了第45届世赛工业控制项目铜牌获得者贺江涛，她立志要成为像贺江涛那样的人。

有了明确目标后，姜雨荷努力学习，参加学院集训，一路从省赛、国赛奔向世界技能大赛的舞台。姜雨荷回忆，备赛时一个动作重复成千上万遍，模拟测试更是家常便饭，每天训练达十四五个小时。

春节到了，别人和亲人团圆，姜雨荷却在实验室与瓶瓶罐罐相伴。比赛中，必须使用“化学滴定法”。关键时刻，单次滴入溶液的量要精确到四分之一滴(0.01mL)，极轻微的手抖都可能前功尽弃。在一个月的集训中，她每天坚持训练到凌晨2点。据她自己粗略估计，这几年的训练总时长超过了14000小时。

化学实验室技术项目要求选手独立撰写大篇幅、高质量的英文实验报告。初中毕业的姜雨荷“几乎只记得26个字母”。为了啃下这块“硬骨头”，她随身带着英语单词本，吃饭时背，睡觉前背，走在路上背。

在2022年世界技能大赛特别赛奥地利赛区，比赛第一天，面对从未见过的新题型和仪器设备，姜雨荷一时间不知所措，但长期精益求精的训练形成的肌肉记忆，让她迅速进入状态并圆满完赛，还完成了长达11页的英文实验报告。

2022年11月27日，姜雨荷获得世界技能大赛特别赛“化学实验室技术”项目金牌，实现了我国该项目金牌“零”的突破。

如今，姜雨荷已成为河南化工技师学院最年轻的教师。她说她将继续学习、不断提升，发扬世赛精神、工匠精神，把大赛经历和训练经验分享给学生，让更多学生用技能实现人生梦想，用技能更好地回报国家与社会。

从来没有逆袭的天才，唯有奋斗不止的青春！

项目二
分析检验基本技能

项目描述

分析检测常用的仪器，除烧杯、锥形瓶、量筒等通用玻璃仪器外，还有滴定管、容量瓶、吸量管等滴定分析仪器，称量试样的电子分析天平，电化学仪器pH计和电导率仪，光学分析仪器分光光度计，以及分离分析仪器色谱仪，等等，如图2-1～图2-6所示。

图2-1　滴定分析仪器

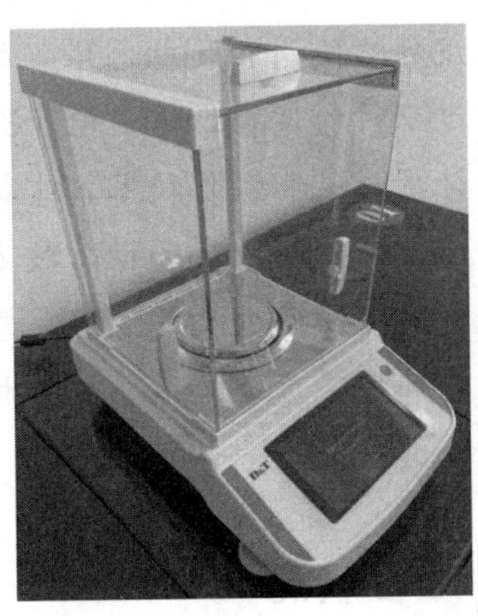

图2-2　电子分析天平

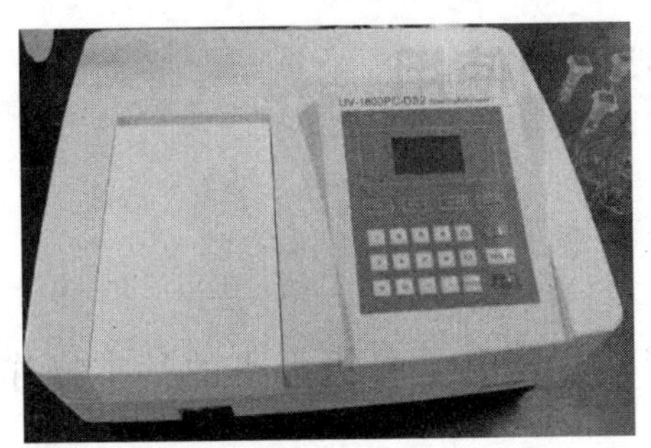

图2-3　分光光度计

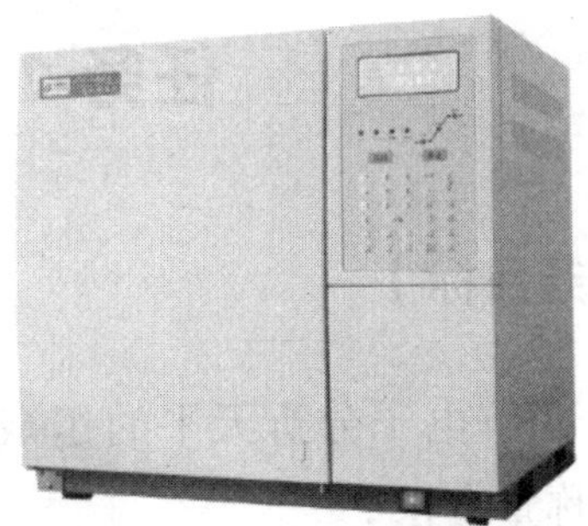

图2-4　气相色谱仪

图 2-5 pH 计

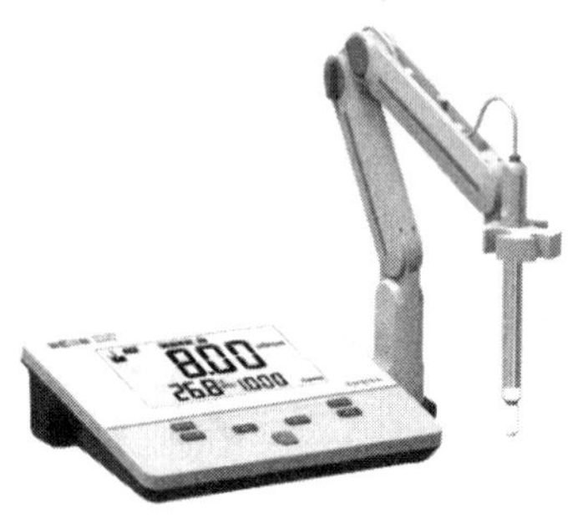

图 2-6 电导率仪

规范使用滴定管、容量瓶、吸量管等滴定分析仪器，熟练使用分析天平、pH 计、电导率仪、分光光度计、气相色谱仪等分析仪器，以及准确使用马弗炉、电热干燥箱和电炉等辅助设备，是分析检验工作的基本功，也是分析人员的基础能力。

本项目包括九个任务，分别是分析天平的使用、容量瓶的使用、吸量管的使用、滴定管的使用、滴定分析操作综合练习、pH 计的使用、电导率仪的使用、分光光度计的使用和气相色谱仪的使用。

通过研讨和实操，掌握电子分析天平的称量操作和称样方法，掌握滴定分析仪器的计量特性和操作技术，掌握 pH 计、电导率仪、分光光度计和气相色谱仪等精密仪器的使用方法和操作技术。通过自学探究，熟悉各种分析仪器的操作规范和注意事项，通过反复练习，掌握分析仪器的操作要领和技巧，提高仪器操作的熟练度和规范度，为综合性分析实验和分析检测工作奠定坚实的能力基础。

项目实施

任务 1　分析天平的使用

【任务目标】

① 了解电子分析天平的组成及工作原理，掌握电子分析天平的基本操作和试样的称量方法；

② 能够熟练使用电子分析天平，采用不同的称量方法称取试样的质量；

③ 培养执着专注、精益求精的工匠精神。

【任务描述】

在分析检测中，分析天平常用于精密称量化学试剂、待测试样和沉淀产物的质量。电子分析天平因具有自动校正、累计称量、超载指示、故障报警、自动去皮重等功能，且可以与打印机、计算机联用，能实现称量、记录、打印、计算一体化操作的优点而被广泛使用。

试样的称量有多种方法，且有不同的适用条件，根据称量试样的性质和称量要求，选用合适的称量方法。使用电子分析天平，应了解电子分析天平的组成，理解其工作原理，熟悉其基本操作。

通过研讨和操作练习，能够熟练使用电子分析天平，选用合适的方法，称取不同形态、不同质量的试样，提高仪器使用和实验操作能力。

【知识链接】 做中教

分析天平是定量分析常用的仪器之一，常用的分析天平有双盘天平、单盘天平和电子分析天平等，当前分析检测应用最多的是电子分析天平。

一、电子分析天平

电子分析天平具有体积小、质量轻、性能稳定、灵敏度高、操作方便、称量速度快、安装和维护容易等优点，具有自动调零、自动校准、自动去皮、计件称量等功能，而被广泛使用。

1. 组成

电子分析天平的品牌和类型很多，现以职业院校技能大赛多个赛项选用的称量设备为例，讨论其组成和工作原理。ES-224DS 电子分析天平，如图 2-7 所示。

2. 工作原理

电子分析天平是根据电磁力补偿原理设计的。放在秤盘上的物体有向下作用的重力，在磁场中的通电补偿线圈产生向上作用的电磁力，并与物体所受重力相平衡，整个称量过程均由微处理器进行计算和调控。当秤盘上加载了物体，即接通了补偿线圈的电流，计算器就开始计算冲击脉冲。放上被称物后，在几秒内即达平衡，并自动显示称量读数。

二、电子分析天平的基本操作

电子分析天平的基本操作，包括称量准备、称量操作和结束整理。

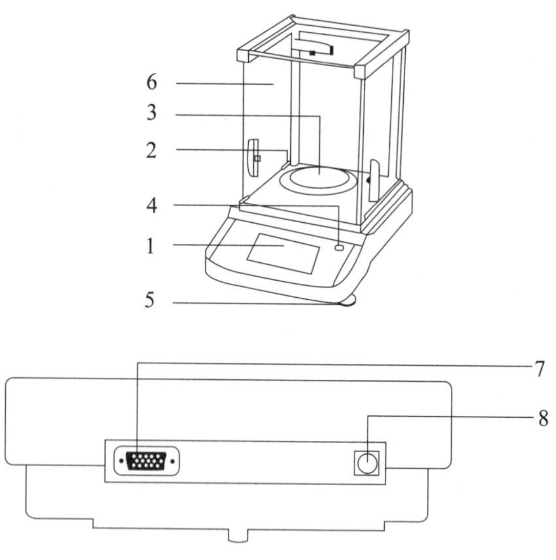

图 2-7　电子分析天平的外观和组成

1—触摸屏；2—防风环；3—秤盘托及秤盘；4—水平泡；
5—水平调节脚；6—风罩；7—RS232 接口；8—电源适配器插座

1. 称量准备

电子分析天平使用前，要做好清洁、水平调节和预热工作。如果水平仪水泡偏移，需调整水平脚，使水泡位于水平仪中心。不同机型的天平预热时间不同，使用时参照说明书。该型天平配置外部校准功能，首次使用或因位置移动等原因需要进行校准时，轻按“外部校准”，按照提示将校准砝码放在秤盘中央，按照提示取回砝码，然后显示校准完成，即完成校准。

2. 称量操作

该型天平配置了触摸式显示屏，在显示屏上的操作和显示的各个要素如下。

（1）显示屏

显示屏及其要素见表 2-1。

表 2-1　显示屏及其要素

显示屏图	要素
▸O◂　▸T◂　Max 220 g　d=0.0001 g　+199.9999 g　1　2　3　4　5　6　7	1. 工具栏，包括当前可用的按钮
	2. Max：最大称量值；d：实际分度值
	3. 当前称量值
	4. 称量单位
	5. 显示当前应用
	6. 菜单键，切换至应用菜单
	7. 错误警示信息

（2）菜单界面

菜单界面及其要素见表 2-2。

表 2-2　菜单界面及其要素

菜单界面图	要素
	1. 应用程序选择区，所有可用应用程序
	2. 待机按钮，将天平切换至待机模式
	3. 功能选择区，应用、设置、校准
	说明：天平不支持灰色不可点亮的应用程序

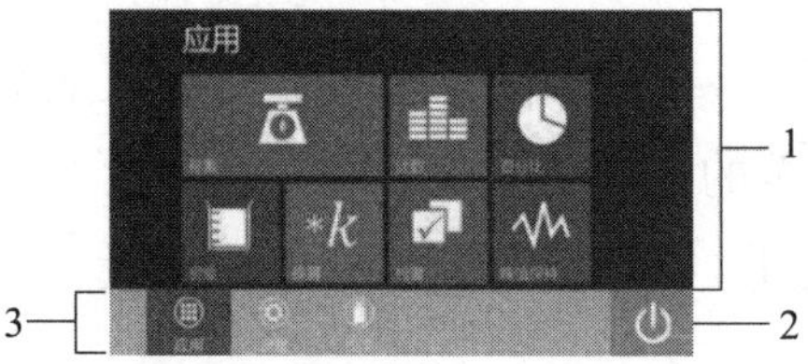

（3）称重

称重相关操作及图标见表 2-3。

表 2-3　称量操作、图标及功能

操作	图标	功能（目的）
在任意程序下选择菜单键		选择菜单键
在任意界面下选择称重		选择称重
称重界面	 + 0.0000	显示称重界面
选择“▸0◂”将天平置零 	 ▸0◂	清空秤盘
选择“▸T◂”去除天平的皮重 	 ▸T◂	去皮重
将样品放在秤盘上		称重

将物品放到秤盘中央，关闭天平门，待显示稳定后，显示“g”，此时可读取测量值。

该款电子分析天平，除了“称重”外，还有“计数”“百分比”“密度”和“换算”等应用模式，请参照说明书使用。

3. 结束整理

称量结束后，取出天平内称量物品，待天平显示零后，轻按“待机”按钮关闭天平，如果当天不再使用天平，应该关闭电源，做好天平内外的清洁工作。盖上天平罩，记录天平使用情况。

码 2-1　电子天平的使用

三、试样的称量方法

1. 直接称量法

某些在空气中没有吸湿性、不与空气反应的试样，如邻苯二甲酸氢钾等，可以用直接称样法称量。

先称出清洁干燥的表面皿（或称样纸）的质量，再用牛角匙取试样放入表面皿（或称样纸），称出表面皿（或称样纸）和试样的总质量。两次称量质量之差即为试样的质量。或将表面皿（或称样纸）去皮重，可直接称取试样的质量。

2. 递减称样法（减量法或差减法）

对于易吸湿、易氧化、易与空气中 CO_2 反应的样品，如碳酸钠等，宜用递减称样法称量。

首先将盛装一定量试样的称量瓶放在分析天平上准确称量。然后从天平盘上取下称量瓶，拿到接收器上方，右手打开瓶盖，将瓶身慢慢向下倾斜，用瓶盖轻轻敲击瓶的上方，使试样慢慢落入接收容器中，如图 2-8 所示。当倾出试样接近需要量时，一边继续敲击瓶口，一边逐渐将瓶身竖直。盖好瓶盖，放回天平盘上再准确称其质量。两次质量之差即为倾入接收容器的试样质量。称量时应检查所倾出的试样质量是否在称量范围内，如不足应重复上面的操作。

图 2-8　从称量瓶中敲出试样的操作

递减称样法简便、快速，若称取三份试样，只需连续称量四次。

码 2-2　差减法称量液体样品

码 2-3　差减法称量固体样品

3. 指定质量称样法

对于在空气中稳定的样品，还可以通过调整样品的量，称得指定的准确质量。将表面皿放在称量盘上，去皮重后，用小药匙慢慢将试样加到表面皿上。在接近所需量时，应用食指轻弹小药匙，使试样一点点地落入表面皿中，直至指定的质量为止。取出表面皿，将试样全部转入小烧杯中。

【任务准备】

1. 仪器和试剂准备

实训所需的仪器设备、试剂，见表 2-4。

表 2-4 实训所需仪器设备、试剂

主要设备	电子分析天平（精度 0.1mg，确认工作状态）
	干燥器
玻璃器皿	称量瓶（高型）
	表面皿、牛角匙
	烧杯、锥形瓶
试剂	邻苯二甲酸氢钾（A. R.）
	碳酸钠（A. R.）
	对乙酰氨基酚片（备选）
	锌粒（A. R.）或铁粒（A. R.）（备选）

2. 实验室检查

检查水、电、通风以及检测环境。确保分析检测的安全、高效和规范。

【任务实施】 做中学

1. 直接称量法称量铁粒（或锌粒或对乙酰氨基酚片）

采用直接称量法，称量三份锌粒样品，填写数据记录单（1），见表 2-5。

表 2-5 数据记录单（1）

称量质量	1	2	3
表面皿质量/g			
锌粒＋表面皿质量/g			
锌粒质量/g			

2. 递减称样法称量碳酸钠

采用递减称样法，称量三份碳酸钠样品，填写数据记录单（2），见表 2-6。

表 2-6 数据记录单（2）

称量质量	1	2	3	备用
m_1（称量瓶+试样质量）/g				
m_2（倾样后称量瓶+试样质量）/g				
m_1-m_2（试样质量）/g				

3. 指定质量称样法称量邻苯二甲酸氢钾

采用指定质量称样法，称量不同质量的邻苯二甲酸氢钾样品各两份，填写数据记录单（3），见表 2-7。

表 2-7 数据记录单（3）

称量质量	1	2	备用
0.50g			
1.00g			
1.50g			

【任务评价】

根据考核内容和评分标准，采取学生自评、同学互评和教师评价等方式，对任务完成情况进行考核，并给出综合评价。任务评价表，见表 2-8。

表 2-8 任务评价表

序号	评价指标	考核内容和评分标准	配分	考核记录	得分
1	电子分析天平（15 分）	认识电子分析天平的组成	10		
		描述电子分析天平的原理及优点	5		
2	电子分析天平基本操作（25 分）	准备工作到位，清扫、调水平、预热等	5		
		认识显示屏	5		
		认识菜单界面	5		
		称重操作步骤正确、操作规范	5		
		整理工作及时、规范	5		
3	试样称量方法（15 分）	叙述直接称量法	5		
		叙述递减称样法	5		
		叙述指定质量称样法	5		
4	称量操作练习（25 分）	直接称量法操作规范熟练	5		
		递减称样法称量固体样品操作规范熟练	10		
		指定质量称样法操作规范熟练	10		
5	数据记录处理（10 分）	及时记录数据，记录规范正确	5		
		正确数据处理	5		
6	HSE（10 分）	健康、安全和环保意识强	10		
合计			100	考核总分	
综合评价					
考核人	学生自评□同学互评□教师评价□		日期	月 日	

【任务小结】

根据学习内容将图 2-9 所示思维导图补充完善。

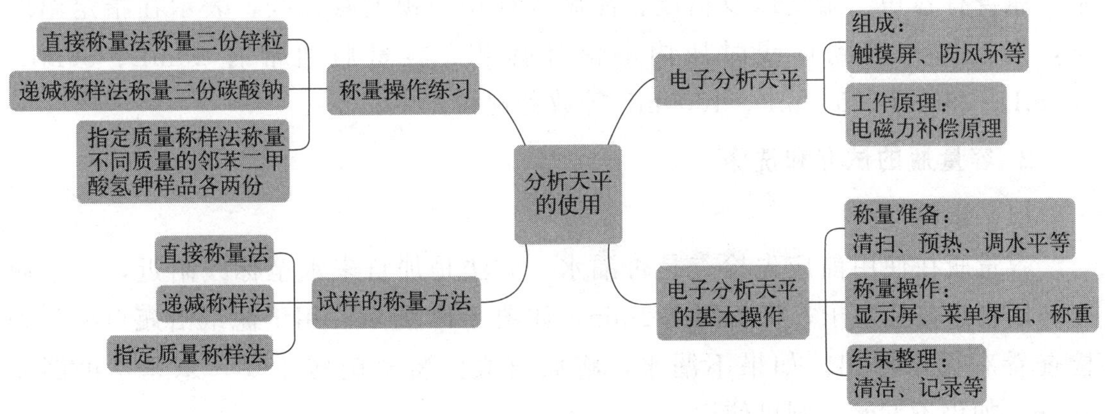

图 2-9 分析天平的使用思维导图

任务 2 容量瓶的使用

【任务目标】

① 认识容量瓶的标识、规格和用途，掌握容量瓶试漏、洗涤和使用方法；

② 能使用容量瓶，熟练配制一定物质的量浓度的溶液；

③ 遵守实验规范，提高实验技能，培养精益求精的工匠精神。

【任务描述】

在分析检验中，使用容量瓶配制一定物质的量浓度的溶液是分析检测工作的基本操作和基本技能。如化学分析中标准滴定溶液的配制，仪器分析中制作标准曲线溶液的配制，以及待测试样溶液的配制。

通过学习，知悉容量瓶的标识，熟悉容量瓶试漏和洗涤操作，掌握容量瓶的使用方法。通过使用容量瓶配制一定物质的量浓度的溶液，掌握溶液配制流程和容量瓶操作规范。提高分析检测的能力和规范操作意识。

【知识链接】 做中教

容量瓶主要用于配制标准溶液或试样溶液，也可用于将一定量的浓溶液稀释成准确体积的稀溶液。在分析检测中，容量瓶通常和吸量管配合使用。

1. 认识容量瓶

容量瓶是细颈梨形的平底玻璃瓶，带有玻璃磨口塞或塑料塞，如图 2-10 所示。瓶身有容积、温度以及精度、品牌等标识，颈上有标线，表示在指定温度下，当液体充满到标线时瓶内的液体体积。容量瓶通常有 25mL、50mL、100mL、250mL、500mL、1000mL 等数种规格。

2. 容量瓶的试漏和洗涤

（1）试漏

容量瓶在使用前应先检查是否漏水。方法是加自来水至标线附近，塞紧瓶塞。用食指按住塞子，将瓶倒立 2min，如图 2-11 所示。用干滤纸沿瓶口缝隙处检查看有无水渗出。如果不漏水，将瓶直立，瓶塞旋转 180°，塞紧，再倒立 2min，如仍不漏水，则可使用。

图 2-10　容量瓶

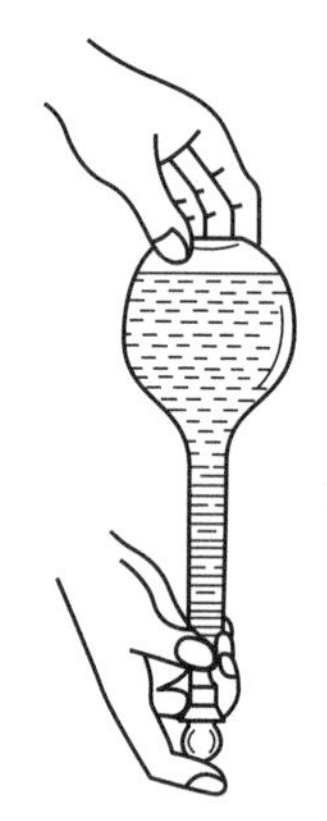

图 2-11　容量瓶试漏

（2）洗涤

检验合格的容量瓶应洗涤干净。洗涤方法是：无明显油污的容量瓶，直接用自来水冲洗；如有油污，可用合成洗涤剂或洗液浸洗。浸洗时，先倒出容量瓶中的水，倒入 10～20mL 洗液，转动容量瓶使洗液布满全部内壁，然后放置数分钟，将洗液倒回原瓶，再依次用自来水、蒸馏水洗净。洗净的容量瓶内壁应均匀润湿，不挂水珠，否则必须重洗。

容量瓶的瓶塞与瓶子是配套的，为了防止与其他瓶塞混用，可以标以记号，或用细绳、橡皮筋等把玻璃塞子系在瓶颈上。

3. 容量瓶的使用

准确称取一定量的固体试样，置于小烧杯中，加水使其全部溶解，转入容量瓶中。转移时，将玻璃棒伸入容量瓶中，使其下端靠在瓶颈内壁，上端不要碰到瓶口，烧杯嘴紧靠玻璃棒，使溶液沿玻璃棒和内壁流入，如图 2-12 所示。

码 2-4　容量瓶的使用

溶液全部转移后，将玻璃棒稍向上提起，同时使烧杯直立，将玻璃棒放回烧杯。用洗瓶中的蒸馏水吹洗玻璃棒和烧杯内壁，将洗涤液也转移至容量瓶中。如此重复洗涤多次（至少 3 次）。加水至容量瓶容积的 3/4 左右时，将容量瓶水平摇动几周，使溶液初步混匀。然后慢慢加水到距标线 1cm 左右，等待 1～2min，使附在瓶颈内壁的溶液流下。用细长滴管伸入瓶颈靠近液面处，眼睛平视标线，加水至弯液面下缘最低点与标线相切，立即塞上瓶塞，如图 2-13 所示。双手配合将容量瓶倒转，使气泡上升到顶部，摇动容量瓶 3 圈，称作“一倒三摇”，然后将瓶直立，此为摇匀一次，如图 2-14 所示。如此重复操作 8 次后，打开瓶塞，放出空气。再重复摇匀 7 次，使溶液全部混合均匀。对于 100mL 及以下的容量瓶的摇匀，可用单手操作。

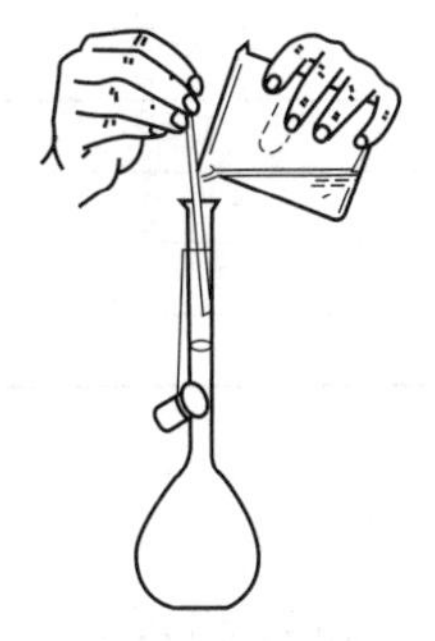
图 2-12　转移溶液

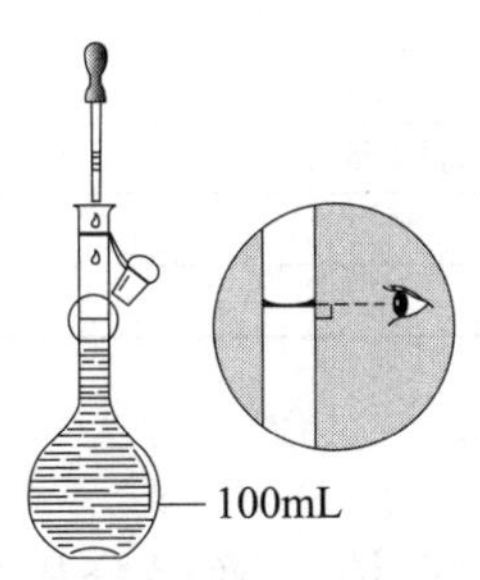

图 2-13　定容操作

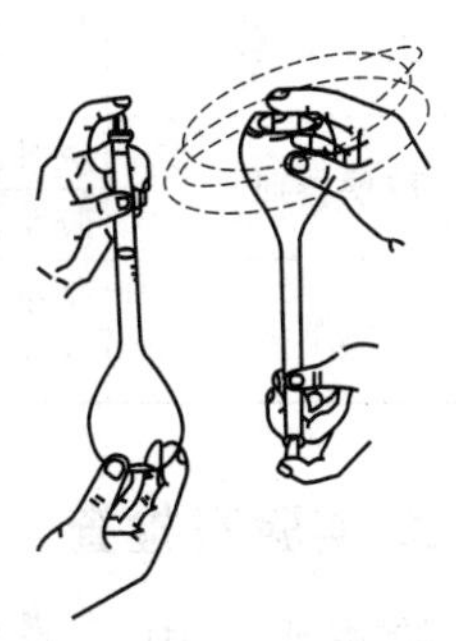
图 2-14　摇匀操作

容量瓶不宜久贮溶液，尤其是碱性溶液，会侵蚀玻璃使瓶塞黏住，无法打开。配好的溶液如需保存，应转移到试剂瓶中。

容量瓶用毕，应用水冲洗干净。如长期不用，将磨口处洗净擦干，垫上纸片。容量瓶不能加热，更不得在烘箱中烘烤。

4. 一定物质的量浓度溶液的配制

使用容量瓶配制溶液，通常需要如下步骤：计算—称量（或量取）—溶解（或稀释）—转移溶液—洗涤—定容—摇匀—装瓶贴标签。

① 计算。计算配制溶液需要的固体溶质的质量或液体浓溶液的体积。

② 称量（或量取）。用分析天平称量固体试剂或吸量管移取溶液。

③ 溶解（或稀释）。将称量（量取）的试剂转移到烧杯中，加入适量蒸馏水，用玻璃棒搅拌至完全溶解（或稀释）。

④ 转移溶液。将烧杯内的溶液沿玻璃棒小心转入容量瓶中。

⑤ 洗涤。用蒸馏水洗涤烧杯和玻璃棒 2～3 次，并将洗涤液转入容量瓶中。

⑥ 定容。向容量瓶中加水至 3/4 体积时，向同一方向摇动几下，使溶液初步混合均匀。继续加水至刻度线以下 1cm 处时，改用胶头滴管加水，使溶液凹面恰好与标线相切。

⑦ 摇匀。盖好瓶塞，用食指顶住瓶塞，另一只手的手指托住瓶底。采用“一倒三摇”反复 15 次以上，使溶液混合均匀。

⑧ 装瓶贴标签。最后将配制好的溶液转入试剂瓶中保存，贴好标签。

【任务准备】

1. 仪器和试剂准备

实训所需的仪器和试剂，见表 2-9。

表 2-9 实训所需仪器和试剂

主要仪器	容量瓶(250mL)
	分析天平(精度 0.0001g)
玻璃器皿	烧杯、玻璃棒
	胶头滴管、量筒、试剂瓶等
试剂	基准试剂碳酸钠
	纯水

2. 实验室检查

检查水、电、通风以及实训环境，确保分析检测的安全、高效和规范。

【任务实施】 做中学

1. 容量瓶的操作步骤

试漏→洗涤→转移溶液（以水代替）→稀释→平摇→稀释→调液面至标线→摇匀。

2. 容量瓶的操作练习

① 制备白醋试液：用量筒量取 20mL 白醋（5g/100mL）样品至 250mL 容量瓶中，用纯水定容后摇匀。

② 配制 250mL $c_{1/2Na_2CO_3}=0.1mol/L$ Na_2CO_3 试液，平行配制三份。

用分析天平称量基准物质碳酸钠____g（自行计算），放入小烧杯中，加入一定量的蒸馏水，搅拌至完全溶解，转移至 250mL 容量瓶，洗涤玻璃棒和烧杯 3 次，洗涤液转移至容量瓶，继续加水至 3/4 体积，平摇，继续加水定容至标线，摇匀，将溶液转入试剂瓶，贴上标签。

【任务评价】

根据考核内容和评分标准，采取学生自评、同学互评和教师评价等方式，对任务完成情况进行考核，并给出综合评价。任务评价表，见表 2-10。

表 2-10 任务考核评价表

序号	评价指标	考核内容和评分标准	配分	考核记录	得分
1	容量瓶的使用练习（30分）	检漏，方法正确、操作规范	5		
		洗涤，方法正确、洗涤干净	5		
		转移，动作规范、溶液无损失	5		
		平摇，3/4 体积处水平摇动几周	5		
		定容，准确稀释至标线	5		
		一倒三摇，动作规范熟练	5		
2	溶液的配制（60分）	正确计算试样质量	5		
		熟练使用分析天平称量样品	10		
		溶解（稀释）操作规范熟练	10		
		转移溶液，动作规范熟练	10		
		平摇操作规范	5		
		定容操作规范，定容准确	10		
		摇匀动作规范熟练	10		
3	HSE（10分）	健康、安全和环保意识强	10		
合计			100	考核总分	
综合评价					
考核人	学生自评□同学互评□教师评价□		日期	月 日	

【任务小结】

根据学习内容将图 2-15 所示思维导图补充完善。

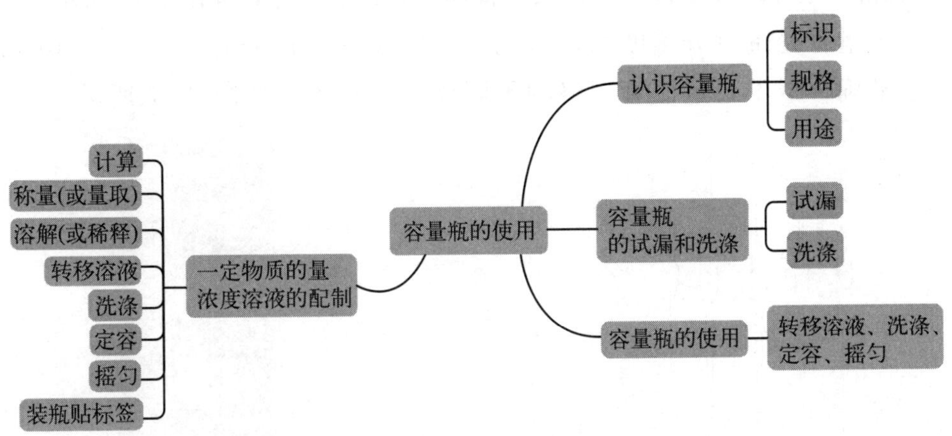

图 2-15 容量瓶的使用思维导图

任务 3　吸量管的使用

【任务目标】

① 理解吸量管的计量特性，掌握吸量管的使用方法；
② 规范洗涤和润洗吸量管，熟练进行吸液、调液面和放液操作；
③ 熟练移取液体，提高仪器操作技能和培养规范意识。

【任务描述】

吸量管是一种量出式玻璃量器，使用吸量管，准确移取一定体积的液体，是分析检测的基本操作和基本技能。

通过研讨，了解吸量管的类型和用途，熟悉吸量管的计量特性；通过操作练习，掌握吸量管洗涤和润洗方法；掌握吸量管的吸液、调液面和放液操作的要领和规范；提高仪器使用技能，为分析检测工作打好基础。

【知识链接】 

1. 吸量管的分类

吸量管是用来准确移取一定体积液体的量出式玻璃量器。吸量管分为单标线吸量管（也称移液管）和分度吸量管（简称吸量管）两类。

移液管中间膨大部分标有它的容积和标定时的温度，管颈上部刻有一标线，此标线是按放出液体的体积来刻度的。常见的单标线吸量管有 5mL、10mL、25mL、50mL 等规格。单标线吸量管只可移取该管标示容积的液体，如图 2-16 所示。

分度吸量管是带有分刻度的，常见的分度吸量管有 1mL、5mL、10mL 等规格，用于准确移取不超过该管规格的不同体积的液体，如图 2-17 所示。

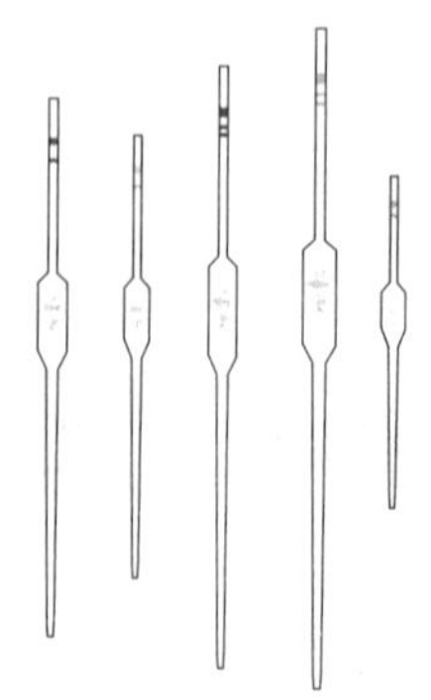

图 2-16　单标线吸量管

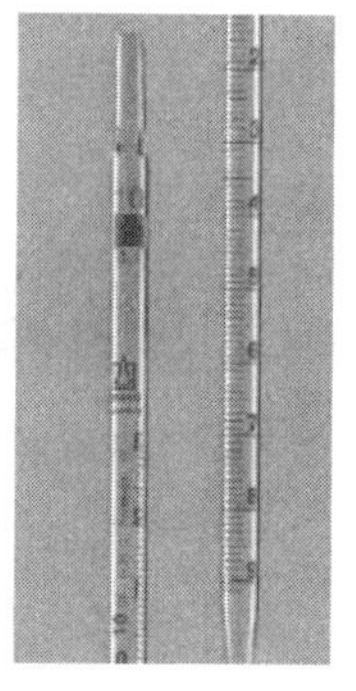

图 2-17　分度吸量管

单标线吸量管标线部分管径较小，准确度较高；分度吸量管读数的刻度部分管径较大，准确度稍差。因此当量取整数体积的溶液时，常用单标线吸量管而不用分度吸量管。分度吸量管在仪器分析中配制浓度较小的系列溶液时应用较多。移取溶液时，需要洗耳球配合吸量管使用，洗耳球如图 2-18 所示。

2. 吸量管的洗涤和润洗

洗涤前要检查吸量管的上口和排液嘴，必须完整无损。

吸量管一般先用自来水冲洗，再用蒸馏水洗 3 次。洗好的吸量管必须达到内壁与外壁的下部完全不挂水珠，将其放在干净的吸量管架上。

移取溶液前，先吹尽管尖残留的水，再用滤纸将管尖内外的水吸去，然后用待移取的溶液润洗 3 次，以确保所移取的溶液浓度不变。

3. 吸量管的操作

（1）吸取溶液

使用移液管移取溶液时，将吸量管尖插入液面下 1～2cm 处。吸量管尖不应插入液面太深，以免管外壁黏附过多的溶液；也不应插入太少，否则液面下降后吸空。当管内液面借洗耳球吸力而慢慢上升时，吸量管应随着容器中液面的下降而下降，如图 2-19 所示。

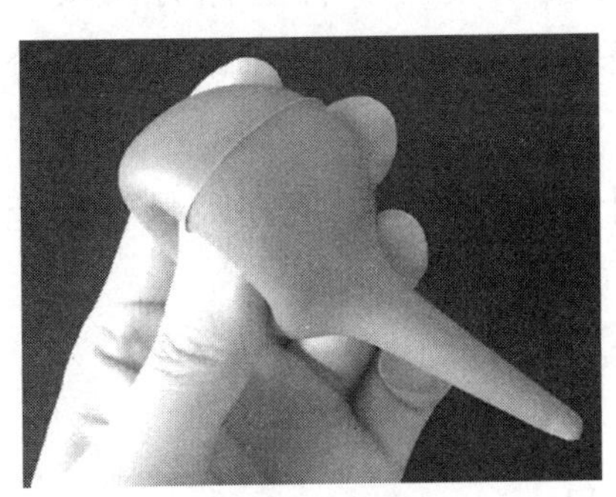

图 2-18 洗耳球

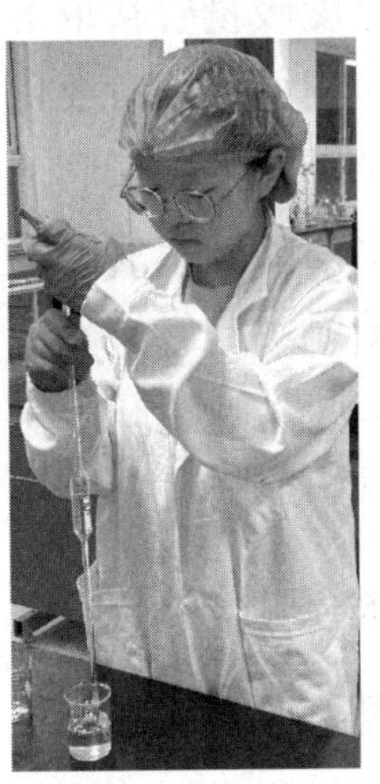

图 2-19 吸液操作

（2）调整液面

当管内液面升高到刻度以上时，移去洗耳球，迅速用右手食指堵住管口（食指宜潮而不湿），将管上提，离开液面，用滤纸擦干管下端外部。将吸量管尖靠在小烧杯的内壁，烧杯稍倾斜 30°，保持管身竖直。稍松右手食指，用右手拇指及中指轻轻捻转移液管，使液面缓慢而平稳地下降，直到溶液弯液面的最低点与刻度线上边缘相切，视线与刻度线上边缘在同一水平面上，立即停止捻动并用食指按紧管口，保持容器内壁与吸量管口端接触，以除去吸附于吸量管口端的液滴，如图 2-20 所示。

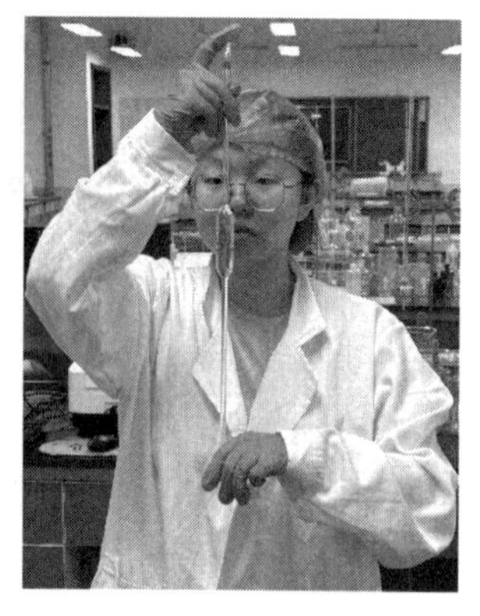

图 2-20 吸量管调液面

码 2-5 移液管的使用

(3) 放出溶液

取出移液管，立即插入承接溶液的器皿中，使吸量管尖接触器皿内壁，使容器倾斜而管直立，松开食指，让管内溶液顺壁自由流下，在整个放液和等待过程中，管尖和容器内壁接触保持不动。

待液面下降到管尖后，需等待 15s 再取出移液管，使移液管内液体充分流出，减少操作误差。

使用分度吸量管移取溶液时，吸取溶液和调节液面至上端标线的操作与单标线吸量管相同。放液时要用食指控制管口，液面慢慢下降至与所需刻度相切时，按住管口，随即将吸量管从接收容器中移开。若分度吸量管的分度刻至管尖，并需要从最上面的标线放至管尖，对于吹出式分度吸量管（管上标有“吹”字），则须在溶液流至管尖后随即用洗耳球从管口轻轻吹一下；而无“吹”字的分度吸量管，不必吹出残留在管尖的溶液。

吸量管用完后应立即用自来水冲洗，再用纯水洗干净，放在吸量管架上。

【任务准备】

1. 仪器和试剂准备

操作练习所需的玻璃仪器、试剂，见表 2-11。

表 2-11 操作练习所需玻璃仪器、试剂

玻璃仪器	移液管 25mL
	分度吸量管 10mL
	锥形瓶 250mL
	烧杯 500mL、250mL、100mL
	容量瓶 250mL、100mL
	洗瓶等
试剂	纯水
	氯化钠溶液

2. 实验室检查

检查水、电、通风以及实验实训环境。

【任务实施】 做中学

1. 吸量管的基本操作

洗涤→润洗→吸液→调液面→放液（至锥形瓶或容量瓶中）。

2. 吸量管的操作练习

① 用移液管，吸取 25.00mL NaCl 溶液，转移至锥形瓶中。平行移取溶液三份。

② 用移液管，吸取 25.00mL NaCl 溶液，转移至 250mL 容量瓶中，用水稀释至标线，摇匀。平行配制溶液两份。

③ 用 10mL 分度吸量管，准确移取 1mL、2mL、4mL、6mL、8mL、10mL 的 NaCl 溶液分别置于 6 个 100mL 容量瓶中，用水稀释至标线，摇匀。

注：NaCl 溶液可用去离子水代替。

【任务评价】

根据考核内容和评分标准，采取学生自评、同学互评和教师评价等方式，对任务完成情况进行考核，并给出综合评价。任务评价表，见表 2-12。

表 2-12 任务评价表

序号	评价指标	考核内容和评分标准	配分	考核记录	得分
1	吸量管的使用（45 分）	吸量管洗净	5		
		熟练润洗容量瓶	5		
		规范吸取溶液	10		
		熟练调整液面	10		
		正确放出溶液	10		
		等待 15s	5		
2	移液管操作（15 分）	吸取溶液 25.00mL	5		
		放入 250mL 锥形瓶	5		
		放入 250mL 容量瓶	5		
3	分度吸量管操作（30 分）	移取 1mL 溶液置于 100mL 容量瓶	5		
		移取 2mL 溶液置于 100mL 容量瓶	5		
		移取 4mL 溶液置于 100mL 容量瓶	5		
		移取 6mL 溶液置于 100mL 容量瓶	5		
		移取 8mL 溶液置于 100mL 容量瓶	5		
		移取 10mL 溶液置于 100mL 容量瓶	5		
4	HSE(10 分)	健康、安全和环保意识强	10		
合计			100	考核总分	
综合评价					
考核人	学生自评□同学互评□教师评价□		日期	月　　日	

【任务小结】

根据学习内容将图 2-21 所示思维导图补充完善。

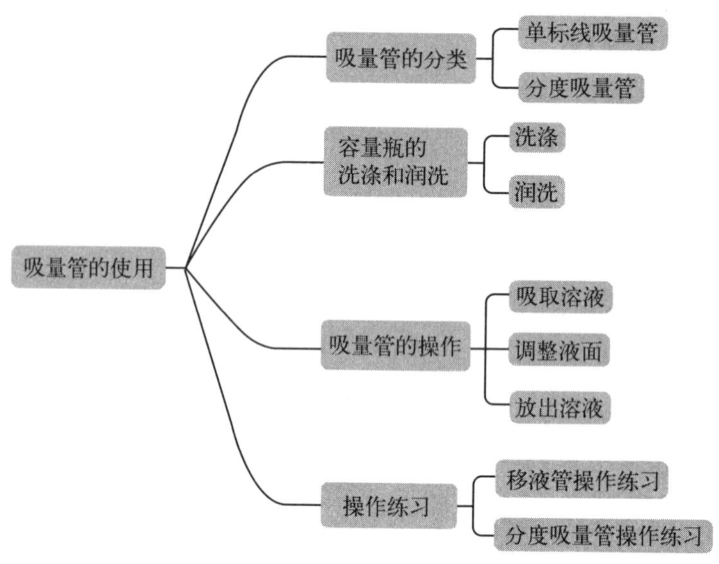

图 2-21 吸量管的使用思维导图

任务 4 滴定管的使用

【任务目标】

① 认识滴定管，掌握滴定管的洗涤、检漏、润洗、装液和赶出气泡的操作规范；

② 掌握滴定管的使用方法，能规范使用滴定管，熟练进行滴定操作和正确读数；

③ 培养刻苦训练、规范操作、增强技能的恒心毅力。

【任务描述】

滴定管是滴定分析的主要仪器，也是一种量出式玻璃仪器。滴定管的熟练操作和规范使用，是滴定分析的基本操作和基本功。

通过研习，了解滴定管的类型和用途，熟悉其计量特性；通过操作练习，掌握滴定管的洗涤、检漏、润洗、装液和赶出气泡等准备工作的操作要领；掌握滴定管的使用，熟练控制滴定速度，准确判断滴定终点，正确读数；提高仪器使用能力，养成分析岗位规范。

【知识链接】 

一、滴定管的类型

常量分析用的滴定管容积为50mL和25mL，最小分度值为0.1mL，读数可估计到0.01mL。常用的滴定管有两种：一种是下部带有磨口玻璃活塞的具塞滴定管，也称酸式滴定管；另一种是无塞滴定管，也称碱式滴定管，它的下端连接橡胶软管，内放一枚玻璃珠，橡胶管下端再连尖嘴玻璃管，如图2-22所示。酸式滴定管只能用来盛放酸性、中性或氧化性溶液，不能盛放碱液，避免磨口玻璃活塞被碱类溶液腐蚀，放置久了会粘连在一起。碱式滴定管用来盛放碱液，不能盛放氧化性溶液，如 $KMnO_4$、I_2 或 $AgNO_3$ 等，避免腐蚀橡胶管。

近年来耐酸耐碱的聚四氟乙烯滴定管应用逐渐增多，其旋塞是用聚四氟乙烯材料做成的，耐腐蚀、不用涂油、密封性好，如图2-23所示。

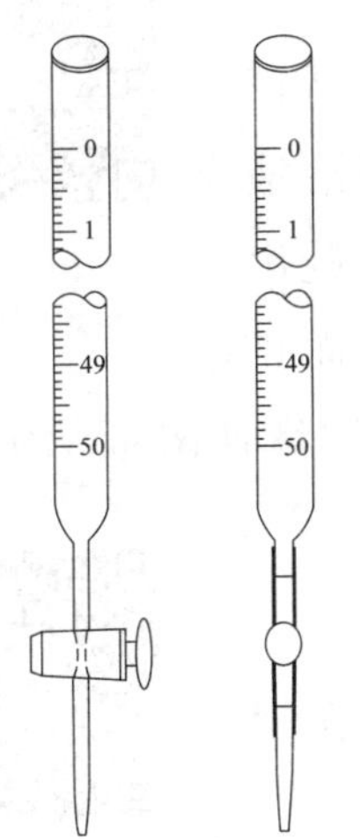

图2-22 滴定管

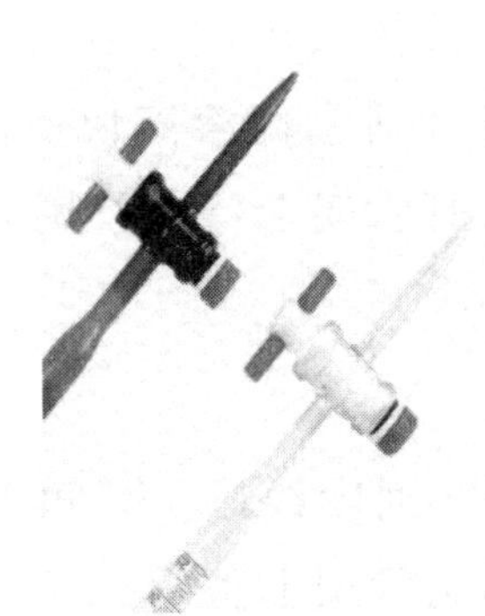
图2-23 聚四氟乙烯滴定管

码2-6 认识滴定管

二、滴定管使用前的准备

1. 洗涤

码2-7 滴定管的洗涤

无明显污渍的滴定管，直接使用自来水冲洗。若有油污，可使用洗液进行洗涤，洗涤后，先用自来水将管中附着的洗液冲净，再用蒸馏水冲洗3～4次，确保滴定管内壁无残留。

2. 检漏

酸式滴定管使用前，应检查活塞转动是否灵活，是否漏液。如不符合要求，则需要对活塞涂抹凡士林，确保活塞转动灵活，而且不漏液。碱式滴定管需检查胶管长度是否合适，是否老化变硬，检查玻璃珠大小是否合适，能灵活控制液滴，若发现不合要求，应更换橡胶管或玻璃珠，确保无漏水现象。

检漏时，将滴定管装满水，垂直夹在管架上，放置2min，观察酸式滴定管的管尖处是否有水滴下，活塞缝隙处是否有液体渗出，若不漏，将活塞转动180°，重复上述检查；碱式滴定管，只需观察滴定管的管尖处是否有水滴下。

码 2-8　酸式滴定管的涂油

若发现滴定管漏液，需要重新装配，直至不漏，滴定管才能使用。

码 2-9　滴定管的试漏

3. 润洗

用少量标准溶液润洗滴定管2～3次，每次溶液用量约10mL，以去除滴定管内的残留水分，确保溶液的浓度不变。操作时务必使溶液洗遍全管，与管壁充分接触，要冲洗滴定管出口管尖，并尽量放尽溶液。

4. 装入溶液和赶出气泡

装入溶液时，一手持滴定管无刻度处，稍微倾斜，一手持试剂瓶往滴定管中倒入溶液，让溶液沿着管内壁缓缓流下，直到溶液至“0”刻度线以上为止，注意避免液体溅出或流到管外壁上。赶出气泡时，酸式滴定管可通过快速打开活塞使溶液快速流出，从而排出下端的气泡。碱式滴定管则需将胶管向上弯曲，用力捏挤玻璃珠使溶液从尖嘴喷出，以排除气泡，如图2-24所示。

码 2-10　滴定管装填溶液和赶气泡

5. 调零

赶出气泡后，加溶液至“0”刻度线以上，再调节液面在“0”刻度线处，然后将滴定管置于滴定管架上备用。

码 2-11　滴定管的调零

三、滴定管的使用

1. 滴定管的操作

使用酸式滴定管时，左手控制滴定管的活塞，大拇指在前，食指和中指在后，手指略弯曲，轻轻向内扣住活塞，如图2-25所示。转动活塞时，注意勿使手心顶住活塞或用力向外拉，以防活塞被顶出，造成漏水。使用碱式滴定管时，左手拇指在前，食指在后，如图2-26所示，捏住橡胶管中玻璃珠所在部位的稍上处，捏挤橡胶管，使橡胶管和玻璃珠之间形成一条缝隙，溶液即可流出，利用空隙大小来控制滴定剂流出的快慢。注意不能捏玻璃珠下方的橡胶管，否则会造成空气进入形成气泡。

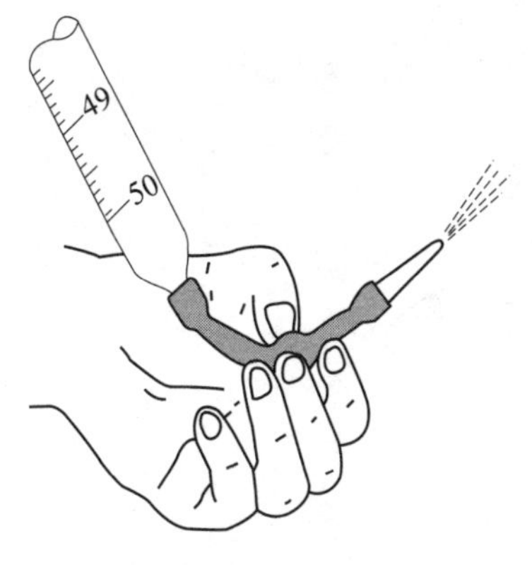

图 2-24 碱式滴定管赶出气泡

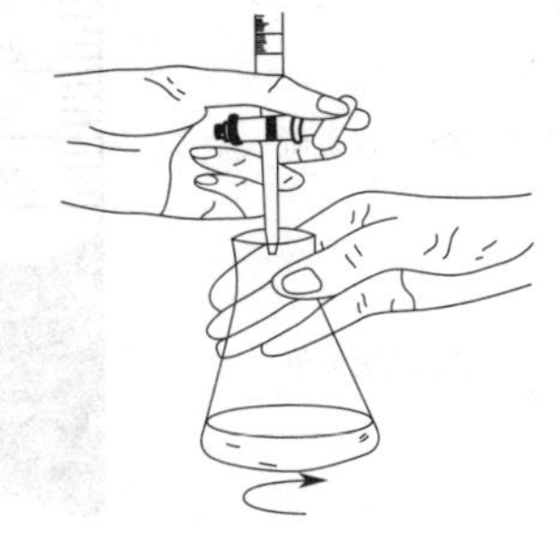

图 2-25 酸式滴定管操作

图 2-26 碱式滴定管操作

2. 滴定操作

滴定通常在锥形瓶中进行，调整滴定管高度，使管尖伸入瓶口约 1cm。左手操作滴定管，右手运用腕力摇动锥形瓶，使其向同一方向做圆周运动，边滴加溶液边摇动锥形瓶。

滴定速度要适中，开始时，速度可稍快，一般为每分钟 6～8mL，即约 3 滴/s。避免滴定过快形成水线。接近终点时，应放慢滴定速度，逐滴加入直至半滴加入，并用洗瓶吹入少量水冲洗锥形瓶内壁。直至溶液颜色发生突变，并且 30s 内不再变色为止，即达到滴定终点。每次滴定最好都从 0.00mL 开始，这样可减少误差，提高准确度。

滴定完毕，弃去滴定管内剩余的溶液，不得倒回原试剂瓶，并用纯水冲洗滴定管，装满纯水置于滴定管架上，或者倒置夹于滴定管架上。

码 2-12 滴定管的正式滴定

码 2-13 滴定管半滴滴定

码 2-14 滴定管三种滴定速度控制

3. 滴定管读数

读数时，滴定管放在滴定管架上，或者是拿在手中，但都要确保滴定管自然下垂；滴定管内的液面由于表面张力作用呈弯月形，一般是读取弯月面的最低点，对于有色溶液，如 $KMnO_4$、I_2 等，其弯月面不够清晰，可读取视线与液面两侧的最高点呈水平处的刻度。读数时，应使视线与读取点平齐，如图 2-27 所示。

也可借助读数卡读数，如图 2-28 所示。蓝色衬背的滴定管，液面呈现三角交叉点，应读取交叉点与刻度相交点的读数，如图 2-29 所示。

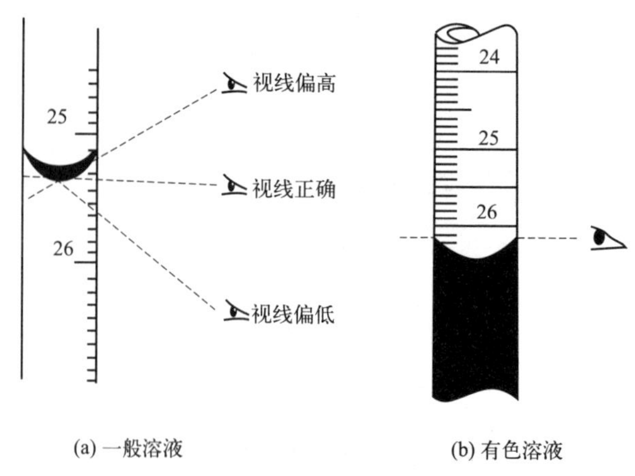

图 2-27　滴定管读数示意

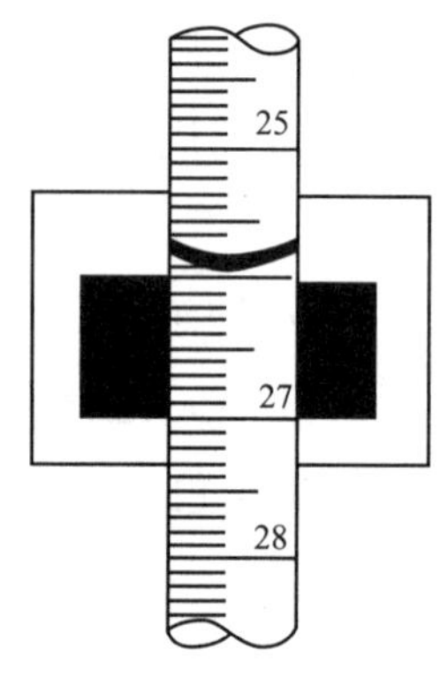

图 2-28　利用读数卡读数

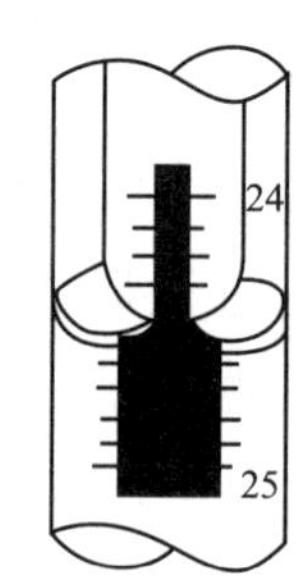

图 2-29　蓝色衬背滴定管读数

添加溶液后，不要立即调整零点。初读数和终读数应采用同一读数方法。滴定完毕，不要立即读数，要等待 30s，以减少操作和读数带来的误差。

【任务准备】

1. 仪器和试剂准备

操作练习所需的玻璃仪器、试剂，见表 2-13。

表 2-13　操作练习所需玻璃仪器、试剂

玻璃仪器	酸式滴定管 50mL（或聚四氟乙烯滴定管）
	碱式滴定管 50mL（或聚四氟乙烯滴定管）
	锥形瓶 250mL
	烧杯等
试剂	盐酸溶液[c_{HCl}=0.1mol/L]
	氢氧化钠溶液[c_{NaOH}=0.1mol/L]
	酚酞指示液（10g/L 乙醇溶液）

2. 实验室检查

检查水、电、通风情况以及实验条件。

【任务实施】 做中学

1. 滴定管的使用练习

① 酸式滴定管：洗涤→涂油→检漏→装溶液（以水代替）→赶气泡→调零→滴定→读数。

② 碱式滴定管：洗涤→检漏→装溶液（以水代替）→赶气泡→调零→滴定→读数。

2. 酸碱溶液体积比的测定

① 用0.1mol/L的盐酸溶液润洗酸式滴定管，装满溶液，赶出气泡，调好零点；用0.1mol/L氢氧化钠溶液润洗碱式滴定管，装满溶液，赶出气泡，调好零点。

② 从酸式滴定管中放出20.00mL HCl溶液于锥形瓶中，加2滴酚酞指示液，以碱式滴定管中的NaOH溶液滴定至溶液呈浅粉红色且30s不褪，读取NaOH溶液消耗的体积。

③ 再往锥形瓶中放入HCl溶液2.00mL（共22.00mL），再用NaOH溶液滴定。注意碱液应逐滴或半滴滴入，挂在瓶壁上的碱液可用洗瓶中的蒸馏水冲洗下去，直至被滴定溶液呈浅粉红色。如此，每次放出2.00mLHCl溶液，继续用NaOH溶液滴定，直到放出HCl溶液达30.00mL为止。记下每次滴定的终点读数，见表2-14所示。

表2-14 酸碱溶液的体积比

项目	1	2	3	4	5	6
V_{HCl}/mL						
V_{NaOH}/mL						
V_{HCl}/V_{NaOH}						
平均值						

【任务评价】

根据考核内容和评分标准，采取学生自评、同学互评和教师评价等方式，对任务完成情况进行考核，并给出综合评价。任务评价表，见表2-15。

表 2-15　任务评价表

序号	评价指标	考核内容和评分标准	配分	考核记录	得分
1	滴定管使用前的准备（30 分）	滴定管洗净	5		
		熟练检漏（或涂油）	5		
		熟练润洗滴定管三次	5		
		熟练装入滴定液	5		
		正确赶出气泡	5		
		“调零”规范准确	5		
2	滴定管的使用（40 分）	滴定操作熟练规范	10		
		规范控制滴定速度	10		
		滴定终点判断准确	10		
		“半滴”滴加至终点	10		
3	读数与记录（20 分）	读数熟练准确	10		
		规范记录数据	10		
4	HSE（10 分）	健康、安全和环保意识强	10		
合计			100	考核总分	
综合评价					
考核人	学生自评□同学互评□教师评价□		日期	月　　日	

【任务小结】

根据学习内容将图 2-30 所示思维导图补充完善。

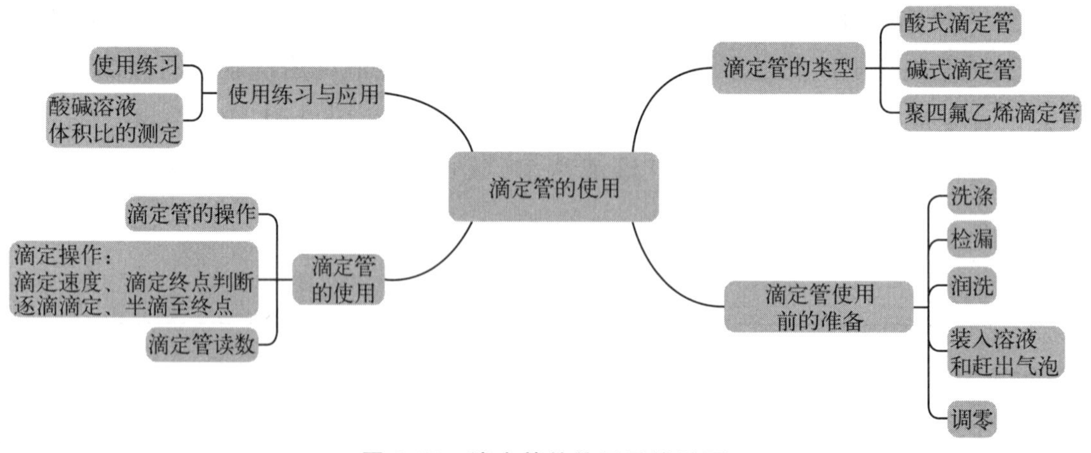

图 2-30　滴定管的使用思维导图

任务 5　滴定分析仪器的综合使用

【任务目标】

① 理解标准滴定溶液组成的表示方法，理解基本单元的概念和选择原则；

② 掌握等物质的量反应规则，并熟练应用于滴定分析的计算；

③ 熟练操作滴定管、容量瓶和吸量管，树立规范操作的意识。

【任务描述】

标准滴定溶液的组成、基本单元的概念和等物质的量反应规则，是滴定分析计算的基础，理解和掌握这些概念和规则，有助于处理滴定分析数据、计算分析结果。

在滴定分析中，滴定管、容量瓶和滴定管等分析仪器的使用，关乎滴定结果的准确度。通过测定白醋中的总酸，练习滴定管、容量瓶和吸量管的综合使用。通过综合练习，提高滴定分析仪器操作熟练程度、规范程度，为接下来的学习和实训打好基础。

【知识链接】 

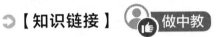

一、标准滴定溶液组成的表示方法

1. 物质的量浓度

滴定分析所用滴定溶液的组成通常用物质的量浓度表示。所谓物质的量浓度，指的是单位体积溶液中含有的溶质的物质的量。

$$c_{\mathrm{A}}=\frac{n_{\mathrm{A}}}{V}$$

式中 c_{A}——物质的量浓度，mol/L；

n_{A}——物质的量，mol；

V——溶液的体积，L。

2. 滴定度

在工厂化验室的例行分析，有时用滴定度表示标准溶液的组成，可以简化分析结果的计算。

滴定度是指 1mL 标准滴定溶液相当于被测组分的质量，用 $T_{\text{被测组分/滴定剂}}$ 表示。例如，$T_{\mathrm{Cl^-/AgNO_3}}=0.300\mathrm{mg/mL}$，表示 1mL $AgNO_3$ 标准滴定溶液相当于 0.300mg Cl^-。在测定水中氯化物的含量时，用滴定度乘以滴定消耗的标准滴定溶液体积，就可以得到分析结果。

二、基本单元

在化学分析计算中，“基本单元”是一个非常重要的概念。它指的是在进行化学反应或溶液配制时，用来表示物质的数量的基本单位。选择合适的基本单元对于确保计算的准确性和实验的成功至关重要。

1. 基本单元的概念

基本单元是指在化学分析计算中，用于表示参与反应的物质的最小可计量单位。它可以是分子、原子、离子或其他化学实体。在表示物质的量、物质的量浓度时，必须同时指明基本单元。

2. 选择原则

在滴定分析中，为了便于计算分析结果，规定了标准溶液和待测物质选取基本单元的原则：酸碱反应以给出或接受一个 H^+ 的特定组合作为基本单元；氧化还原反应以给出或接受一个电子的特定组合作为基本单元；EDTA 配位反应和氯化银沉淀反应通常以参与反应物质的分子或离子作为基本单元。如 $c_{\frac{1}{2}H_2SO_4}=0.1000mol/L$，$c_{\frac{1}{5}KMnO_4}=0.0500mol/L$。

应当指出，物质的基本单元与它参与的化学反应有关。同一物质在不同条件下可能具有不同的基本单元。如高锰酸钾在强酸性溶液中，其标准溶液基本单元为$\frac{1}{5}KMnO_4$；如果是在中性或弱碱性溶液中，高锰酸钾的氧化能力减弱，一分子的高锰酸钾只能接受 3 个电子，其基本单元就变为$\frac{1}{3}KMnO_4$。

三、等物质的量反应规则

在滴定分析中，通常采用等物质的量反应规则进行计算。如用氢氧化钠标准滴定溶液滴定硫酸溶液时，反应方程式为：

$$H_2SO_4+2NaOH \longrightarrow Na_2SO_4+2H_2O$$

按照选取基本单元的原则，一分子 H_2SO_4 给出 2 个 H^+，应以$\frac{1}{2}H_2SO_4$ 作为基本单元；一分子 NaOH 接受一个 H^+，基本单元就是其化学式。显然，参加反应的硫酸物质的量 $n_{\frac{1}{2}H_2SO_4}$ 等于参加反应的氢氧化钠的物质的量 n_{NaOH}。因此，在上述规定的选取基本单元原则下，滴定到化学计量点时，待测组分物质的量 n_B 与滴定剂物质的量 n_A 必然相等。这就是等物质的量反应规则。

以 c_A、c_B 分别代表滴定剂 A 和待测组分 B 两种溶液的浓度（mol/L），V_A、V_B 分别代表两种溶液的体积（L），则当反应到达化学计量点时：

$$n_A=n_B$$

$$c_AV_A=c_BV_B$$

以 m_B、M_B 分别代表物质 B 的质量（g）和摩尔质量（g/mol），当 B 与滴定剂 A 反应完全时：

$$c_A V_A = \frac{m_B}{M_B}$$

设试样质量为 m，则试样中 B 的质量分数为：

$$w_B = \frac{m_B}{m} = \frac{c_A V_A M_B}{m}$$

若试样溶液体积为 V，则试样中 B 的质量浓度（g/L）为：

$$\rho_B = \frac{m_B}{V} = \frac{c_A V_A M_B}{V}$$

在分析实践中，有时不是滴定全部试样溶液，而是取其中一部分进行滴定。这种情况应将 m 或 V 乘以适当的分数。如将质量为 m 的试样溶解后定容为 250.0mL，取出 25.00mL 进行滴定，则每份被滴定的试样质量应是 $m \times \frac{25}{250}$。如果滴定试液并做了空白试验，则 V_A 应减去空白值。

应当指出，等物质的量反应规则，也适用于某种溶液被稀释的计算。虽然稀释前后溶液浓度发生了变化，但溶质物质的量未变。

【任务准备】

1. 仪器和试剂准备

操作练习所需的仪器设备、试剂，见表 2-16。

表 2-16　操作练习所需仪器设备、试剂

仪器设备	分析天平(精度 0.1mg)
玻璃器皿	滴定管(50mL)
	移液管(25mL)
	容量瓶(250mL)
	烧杯、量筒、锥形瓶、玻璃棒
试剂	氢氧化钠标准溶液(500mL 0.1mol/L)
	邻苯二甲酸氢钾(基准试剂)
	酚酞指示液(10g/L)
	白醋样品(150mL)
	纯水(足量)

2. 实验室检查

检查水、电、通风以及实验实训条件。

【任务实施】 做中学

1. 移液管和容量瓶的使用练习

白醋试液制备：用移液管移取 25mL 白醋样品 3 份，分别放置在 3 个 250mL 容量瓶中，用纯水定容后摇匀。

2. 移液管和滴定管的使用练习

试液测定：用移液管移取制备好的白醋试液 25mL 置于锥形瓶中，加 2 滴酚酞指示剂，用 NaOH 标准溶液滴定至微红色且 30s 不褪色即为终点。读取和记录滴定初读数、终读数。

平行测定 3 份，并做空白试验。

码 2-15　滴定管校准

码 2-16　容量瓶的绝对校准

码 2-17　移液管的校正

实验数据填入表 2-17。

表 2-17　实验数据记录单

项目	1	2	3	备用
移取白醋样品的体积/mL				
稀释后体积/mL				
样品稀释倍数				
$V_{样}$（移取白醋试液的体积）/mL				
滴定管初读数/mL				
滴定管终读数/mL				
滴定消耗 NaOH 体积/mL				
体积校正值/mL				
溶液温度/℃				
温度补正值/(mL/L)				
溶液温度校正值/mL				
V_1（实际消耗 NaOH 体积）/mL				
V_2（空白值）/mL				

【任务评价】

根据考核内容和评分标准，采取学生自评、同学互评和教师评价等方式，对任务完成情况进行考核，并给出综合评价。任务评价表，见表 2-18。

表 2-18　任务评价表

序号	评价指标	考核内容和评分标准	配分	考核记录	得分
1	移液管和容量瓶使用练习（30 分）	移液管规范吸液	6		
		正确调移液管刻度线	6		
		移液管正确放液	6		
		容量瓶定容准确	6		
		反复摇匀，动作规范	6		
2	移液管和滴定管使用练习（50 分）	移液管规范吸液	4		
		正确调移液管刻度线	4		
		移液管正确放液	4		
		熟练向滴定管中装入溶液	5		
		熟练赶出气泡	5		
		滴定管调零准确	5		
		滴定手型正确操作规范	6		
		滴定速度符合规范	6		
		滴定终点判断正确	6		
		仪器使用后及时清洗	5		
3	读数记录（10 分）	读数熟练准确	5		
		规范记录数据	5		
4	HSE（10 分）	健康、安全和环保意识强	10		
合计		100		考核总分	
综合评价					
考核人		学生自评□同学互评□教师评价□	日期	月　　日	

【任务小结】

根据所学内容将图 2-31 所示思维导图补充完善。

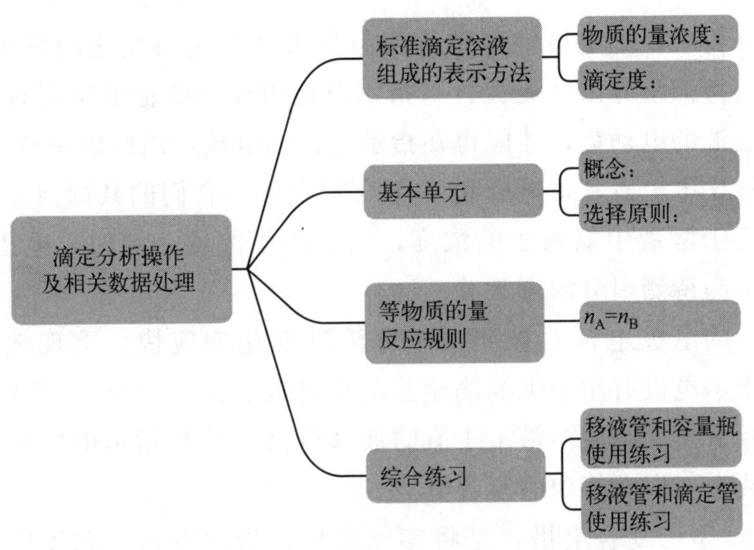

图 2-31　滴定分析操作综合练习思维导图

任务6　pH计的使用

【任务目标】

① 理解电极工作原理，掌握电极的使用及维护；

② 会选择标液组和标定电极，能组装pH计实验装置并进行酸度测量；

③ 提高设备操作技能，培养仪器分析的科学素养。

【任务描述】

pH计，又称酸度计，既可以精密测量液体介质的pH值，又可测量电极电动势mV值，在职业院校技能大赛的赛项中多有使用，也是一种化工企业应用广泛的检测仪器。测定酸度时，与pH玻璃电极、参比电极或复合电极配套使用。

使用配备了E-301-QC型三复合电极的PHSJ-3F型pH计，对未知水样进行酸（碱）度检测。通过操作练习，掌握电极标定方法、pH计使用技能和测量溶液酸度的操作流程。

【知识链接】 做中教

一、电极和标液组

1. 电极及其使用

在电位分析中，把电极电位随待测组分浓度变化而变化的电极称为指示电极，把电位与待测组分浓度无关、与指示电极组成原电池的电极称为参比电极。通过测量该电池的电动势，才能得知指示电极的电位，以此确定待测组分浓度。

常见的参比电极有甘汞电极和银-氯化银电极，它们的共同点是温度一定时，电极电位取决于溶液中氯离子的浓度，当氯离子浓度一定时，电极电位也就恒定，因此电位与待测组分浓度无关。

指示电极的电极电位对被测液组分浓度变化响应快、重现性好，常见的指示电极有用于沉淀滴定法的银电极、用于氧化还原滴定法的铂电极、用于测定溶液pH值的玻璃电极以及将指示电极和参比电极组装在一根套管中的复合电极。

码2-18　pH复合电极

E-301-QC型三复合电极，是将参比电极、指示电极、温度电极做成一体，如图2-32所示。该电极结构紧凑，使用方便。

使用前将 pH 电极注入电极补充液，液位至加液口处，每次使用前都应检查电极补充液液位，再将电极末端的温度电极插头和 pH 电极插头插在相应的插座上，电极线卡入支架中，整理好；使用时应先用去离子水清洗电极，再用滤纸轻轻吸干电极外部和球泡表面；测量时将电极浸入样品溶液，样品液面应在测量端以上，电极加液口以下，同时参比电解液液面应高于样品液面 10mm 以上，测量端不得触碰烧杯壁和底部；使用后应将电极插入保护瓶，没入氯化钾溶液中；酸度计长期不用应拆下电极，于室温下保存。

2. pH 标液组选择及电极标定

pH 电极需要使用标准缓冲溶液进行标定，不同国家和地区的 pH 标准缓冲溶液有所不同，常用的有 GB 标液组、DIN（德国标准化学会）标液组、NIST（美国国家标准与技术研究院）标液组，见表 2-19，我国常用标液组为 GB 标液组，如图 2-33 所示，可根据需要选择标液点，如“GB 标液组、pH6.86”表示 25℃时，中国标准缓冲液 pH 值为 6.86。

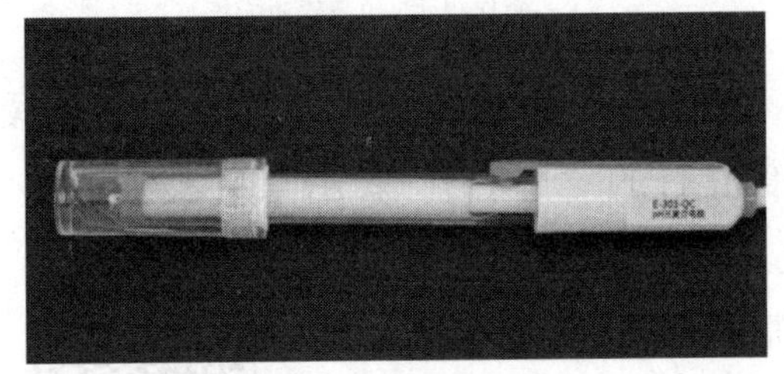

图 2-32 E-301-QC 型三复合电极

图 2-33 pH 缓冲溶液（GB 标液组）

表 2-19 常用标准缓冲溶液的分类及 pH 值

分类	pH 值
GB 标液组	pH1.68、pH3.56、pH4.00、pH6.86、pH7.41、pH9.18、pH12.46
DIN 标液组	pH1.68、pH2.00、pH3.56、pH3.78、pH4.01、pH6.87、pH7.00、pH7.42、pH9.18、pH10.01、pH12.45
NIST 标液组	pH1.68、pH4.01、pH6.86、pH7.00、pH7.42、pH10.01、pH12.47

选择标液组后，根据一点标定法或两点标定法选择标定使用的标准缓冲溶液。其中一点标定法默认 pH 电极的斜率为 100%，并以此构建校准曲线，适用于测量精度要求不高的情况；两点标定法是最常用的标定方法，可以提高 pH 值的测量精度，要求待测溶液的 pH 值最好位于两种标准缓冲溶液之间。

二、 pH 计

1. pH 计的组成

pH 计由电源适配器、主机和电极组成，可以搭配电化学工作站，在应用软件中实现仪器参数设置和检测。

以常见的 PHSJ-3F 型 pH 计为例，如图 2-34 所示。主机的正面为操作面板，有电源开关、功能选择按钮和显示屏，如图 2-35 所示。

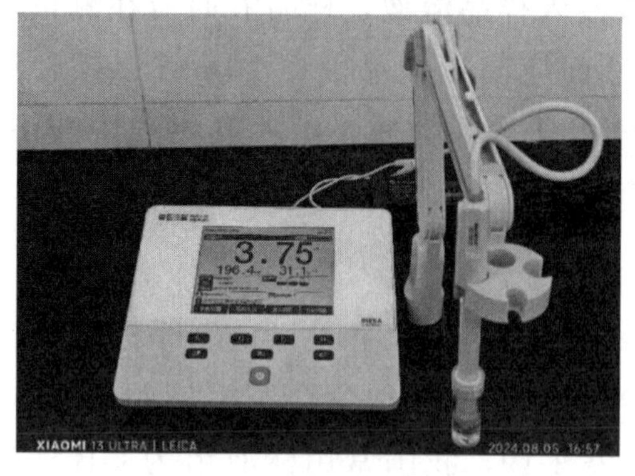

图 2-34　PHSJ-3F 型 pH 计

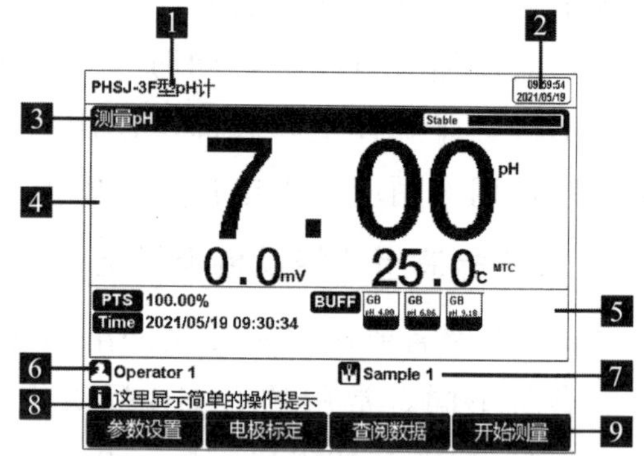

图 2-35　PHSJ-3F 型 pH 计主机面板

1—仪器型号；2—系统时间；3—测量参数及平衡状态；4—测量信息；5—标定信息；6—用户 ID；7—样品 ID；8—操作提示；9—软功能键

显示的“PTS”表示 pH 电极的斜率，“BUFF”表示标定电极使用的 pH 缓冲溶液，“Time”为标定电极的时间，温度值后的“MTC”表示手动温度补偿，若选择自动温度补偿则显示为“ATC”，需要注意的是，在测量参数及平衡状态一栏的最后，即平衡状态标识有“Reading”“Stable”和“Locked”三种，分别表示“平衡中”“已达到平衡”和“已锁定”，读数时需关注其状态。

码 2-19　PHSJ-3F 型酸度计

2. pH 计的基本操作

使用 pH 计前，先检查仪器和选择标液组，将缓冲溶液打开放在溶液架上，使用“电极标定”功能对 pH 电极进行标定，保存校正结果，结束标定，进入起始界面，在“参数设置”中选择读数方式为“连续读数方式”，返回主界面，点击“开始测量”进入测量界面。

将电极用去离子水冲洗干净，用滤纸轻轻吸干，检测端没入被测溶液中，等待数据稳定，“测量参数及平衡状态”显示“Stable”后，读取测量结果。如需再次测量，洗净后重复上述操作。如果有必要，可以按“存贮”键保存测量结果，或按“输出”键打印测量结果。后续还可以使用“查阅数据”功能进行数据查阅。

【任务准备】

1. 仪器和试剂准备

所需的仪器设备、试剂，见表 2-20。

表 2-20　仪器设备、试剂

主要设备	PHSJ-3F 型 pH 计(带工作站)
	E-301-QC 三复合电极
玻璃器皿	烧杯(100mL)
	洗瓶
试剂	pH4.00、pH6.86、pH9.18 缓冲溶液(准确度:±0.01pH)
	3.0mol/L 氯化钾溶液
	去离子水
	样品溶液

2. 实验室检查

检查水、电、通风以及实训条件。

【任务实施】做中学

1. pH 计使用前的准备

设备使用前先安装电极，再启动仪器，操作步骤，见表 2-21。

表 2-21　pH 计使用前的准备操作步骤

内容	步骤
安装支架	拉出仪器右侧电极架固定抽板
	将电极架固定在立轴上,拧紧固定螺丝
准备电极	将电极保护瓶盖旋开,依次拆下电极保护瓶及瓶盖
	将电极测量端向下,捏住电极帽空甩几次,使球泡内充满溶液,没有气泡
	使电极加液口保持开启状态,并将电极插头与 pH 计连接
	将电极、电极线卡入电极支架
	pH 电极插头和温度电极插头分别插入主机背面的 pH 电极插座和温度电极插座
启动仪器	按开机键,打开仪器,完成自检
	打开工作站,检查仪器状态:设备已连接;程序状态:程序已准备就绪

2. 标定操作

以使用 GB 标液组对 pH 电极进行标定为例，说明 pH 电极标定操作步骤，见表 2-22。

表 2-22　pH 电极标定操作步骤

内容	步骤
建立方法设置参数	按参数设置键进入测量参数设置界面,选择 pH 参数设置
	pH 标液组选择:GB 标液组;识别类型:自动识别;结果分辨率:0.01pH;mV 分辨率:0.1mV
	GB 标液组内选择:pH 4.00、pH 6.86、pH 9.18
	温度参数设置选择温度显示方式:**.*℃;温度补偿模式:自动补偿
	数据管理设置样品 ID 编码方式:手动设置样品 ID;样品 ID:Sample 1;自动保存结果:开;保存结果时自动覆盖:开

续表

内容	步骤
电极标定	用去离子水冲洗电极，再用吸水纸轻轻吸干电极外部和球泡表面的水
	将电极放入 pH4.00 的缓冲溶液中，注意电极浸入溶液的高度不得低于测量端，不得高于加液口，同时参比电解液液面高于样品液面 10mm 以上（测量端不得触底、触壁）
	按“电极标定”键进入标定状态，仪器自动识别当前溶液
	待读数稳定后，按“开始标定”键完成第一点标定，仪器显示当前标定结果
	按照提示清洗电极，继续标定
	清洗电极后，放入另一种标准缓冲液中（如 pH6.86、pH9.18 标液）
	待仪器识别成功、读数稳定后，按“下一点”完成第二点标定
	若要重复标定，重复上述步骤即可
完成标定	按“确认”键保存标定结果，退出标定
	仪器回到起始界面，并显示电极斜率

3. 测量操作

标定完成后，即可开始测量操作，操作步骤，见表 2-23。

表 2-23 使用 pH 计测量操作流程

序号	操作流程
1	清洗电极
2	将电极放入待测液中
3	按“开始测量”键进入测量状态
4	数据稳定后，读取测量结果
5	按“贮存”键保存测量结果
6	所有测量完成后，可按“查阅数据”键查阅数据
7	选择查阅方式：按存储编号查阅
8	点击“开始搜索”键查阅检索结果
9	使用“←”“→”键选择查阅结果，按“确认”键查阅结果报告

使用 pH 计测量操作完成后，需及时关闭设备，在电极保护瓶内添加适量 3.0mol/L 的氯化钾溶液，将电极插入并使电极测量端完全没入溶液，关闭加液口，将电极放回包装盒室温保存。

【任务评价】

根据考核内容和评分标准，采取学生自评、同学互评和教师评价等方式，对任务完成情况进行考核，并给出综合评价。任务评价表，见表 2-24。

表 2-24 任务评价表

序号	评价指标	考核内容和评分标准	配分	考核记录	得分
1	准备操作（25 分）	熟练安装支架，并固定好	5		
		正确完成电极检查及加入电极液	5		
		将电极正确安装在 pH 计上	10		
		正确启动 pH 计	5		

续表

序号	评价指标	考核内容和评分标准	配分	考核记录	得分
2	标定操作（25 分）	正确选择操作界面	5		
		正确输入标定参数	10		
		正确选择 pH 缓冲溶液	5		
		及时保存标定结果	5		
3	测量操作（30 分）	测量前清洗电极	5		
		检测端浸入待测液位置合适	10		
		及时读取数据	5		
		多次测量时能及时、正确清洗电极	5		
		正确读取保存数据	5		
4	结束操作（20 分）	会查阅数据	5		
		熟练拆卸电极并妥善保存	10		
		及时清理台面、处理废物和废液	5		
合计			100	考核总分	
综合评价					
考核人	学生自评□同学互评□教师评价□		日期	月　　日	

【任务小结】

根据所学内容将图 2-36 所示思维导图补充完善。

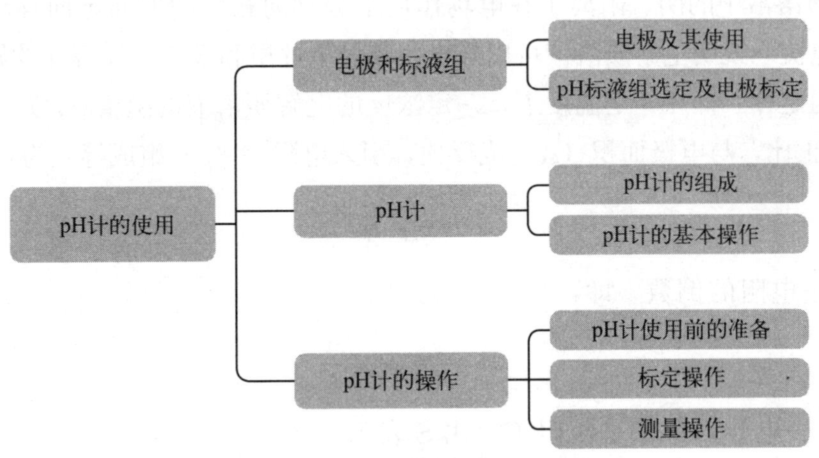

图 2-36　pH 计的使用思维导图

任务 7　电导率仪的使用

【任务目标】

① 理解电导率仪测量基础，认识电极和电导率仪的结构，会选用电极组装

实验装置；

② 做好设备使用前的准备，熟练完成电极的活化标定以及电导率的测量；

③ 建立电离与电导的微观认识，培养严谨细致的工作态度。

【任务描述】

电导率是描述实验用水级别的重要指标，电导率仪是检测电导率的设备。HZPD-T503 型电导率仪是一款智能型电导分析仪器，广泛应用于化工、环保以及制药、食品等领域。

通过研习电导率仪的使用方法，掌握电导率仪的操作技能。通过使用配备四环电导电极的 HZPD-T503 型电导率仪，对实验室纯水机的进、出口水进行纯度检测，掌握电极活化、标定和电导率测量操作流程。

【知识链接】 做中教

一、电导率测量基础

1. 电导率与摩尔电导率

电解质溶液中的阴、阳离子在电场作用下分别向相反的方向定向移动并传递电荷，形成电流，说明电解质溶液可以导电，其导电性质和金属一样遵守欧姆定律，阻值符合电阻定律，即在一定温度下，一定浓度的电解质溶液的阻值（R）与电极间距离（l）成正比，与电极面积（A）成反比，引入电阻率（ρ）组成等式为：

$$R=\rho\frac{l}{A}$$

电导是电阻的倒数，即：

$$\sigma=\frac{1}{R}=\kappa\times\frac{A}{l}$$

式中 σ——电导，单位是西门子，用 S 表示；

κ——电导率，电阻率的倒数，表示间距为 1cm、面积为 $1cm^2$ 的平行电极间电解质溶液的电导，单位为 S/cm。

实验证明，电导率与电解质溶液的种类、浓度和温度有关。在电解质溶液浓度不大时，电导率与浓度成正比，而浓度过高时，因为离子间引力增大，运动受阻，电导率反而下降。为了比较不同电解质溶液的导电能力，引入摩尔电导率的概念，即把 1mol 电解质的溶液置于相距 1cm 的平行电极之间所具有的电导，用符号 Λ_m 表示，其单位为 $(S\cdot cm^2)/mol$。若含有 1mol 溶质的电解质溶液体积为 $V(cm^3)$，电导率为 $\kappa(S/cm)$，物质的量浓度为 $c(mol/L)$，其摩尔电导率为：

$$\Lambda_m = \kappa V = \kappa \frac{1000}{c}$$

由上式可以看出，摩尔电导率随浓度的减小而升高，溶液无限稀释时有极限值，称为极限摩尔电导率，用 Λ^{∞} 表示，其不受其他共存离子影响，只取决于离子本身的性质，因此电导滴定适用于酸碱滴定、沉淀滴定等。

2. 电导率标准液

电导率标准液是一种已知电导率值的溶液，通常由高纯度的盐类（如 KCl）溶解于去离子水中制备而成。这些溶液的电导率值经过精确测定，并且具有较高的稳定性。电导率标准液用于校准和验证电导率仪的准确性。在化工分析中，使用电导率标准液可以确保测量结果的可靠性。

KCl 标准液是最常用的电导率标准液，常见的浓度有 0.01mol/L、0.1mol/L、1.0mol/L 等。此外 NaCl 标准液有时也用于特定的电导率测量，根据不同的应用需求，还可以使用其他类型的盐类标准液。

1989 年国家技术监督局发布了 4 种不同的氯化钾溶液在 5 个温度下的电导率值并沿用至今。中国标准液可按照《电导率测量用校准溶液制备方法》GB/T 27502—2011 配制，储存在玻璃容器中于室温保存，标定电极时选择与待测溶液电导相近的标准液，以减少误差。

二、电极及电导率仪

1. 电极的结构及选用

电导率仪的电极一般由铂片、玻璃架或塑料架、屏蔽导线、电极接头组成。两个面积相等的铂片平行固定在电极架上，如图 2-37 所示，通过引线和插头连接到电导率仪上。为了消除电极的极化误差，在测量高浓度液体时可以选用四环电导电极，如图 2-38 所示。

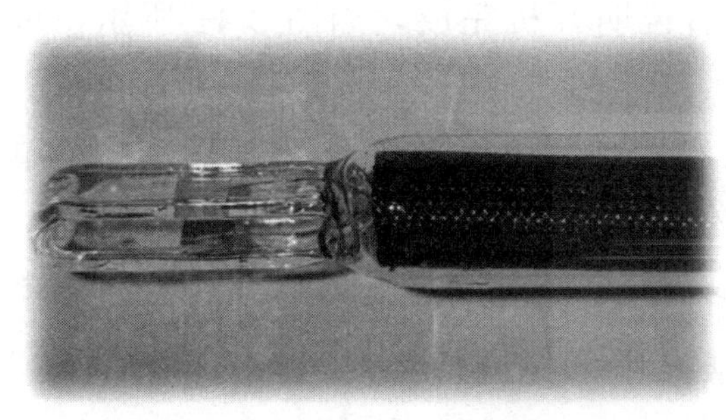

图 2-37　DJS-1C 型光亮电导电极检测端

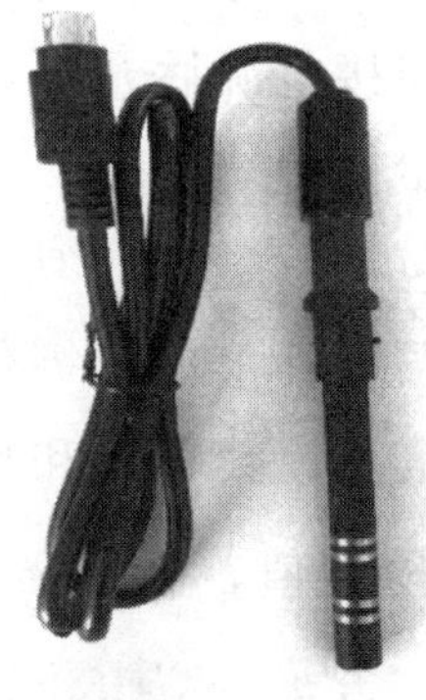

图 2-38　四环电导电极

根据 $\sigma=\frac{1}{R}=\frac{1}{\rho}\times\frac{1}{l/A}=\kappa\times\frac{1}{\theta}$ 可以看出，对于给定的电极，电极间距（l）和电极面积（A）一定。θ（$\theta=l/A$）称为电极常数，只与电极有关。有的电极常数会标记在电极上，如图 2-39 所示，未标记的可以用氯化钾溶液标定。有了电极常数后，就可以使用电导率仪直接测出试液的电导率。正确地选择电导电极常数对获得较高的测量精度是非常必要的，选择时可参考表 2-25。

表 2-25　电导率范围与推荐电极关系

试液电导率范围	推荐使用电导电极(电极常数)
0.01～2.00μS/cm	0.01、0.1
2～200μS/cm	0.1
200～2000μS/cm	1.0
2.00～20mS/cm	1.0、10
20～200mS/cm	10

2. 电导率仪的组成及操作

电导检测系统包括电导电极、电导率仪等，HZPD-T503 型电导率仪，如图 2-40 所示，由主机、显示屏、电极支架、电极卡扣和电源等组成，可连接工作站使用。

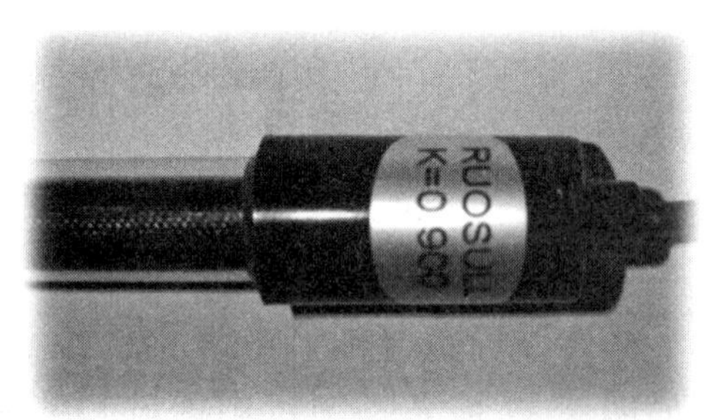

图 2-39　DJS-1C 型光亮电导电极标识

图 2-40　HZPD-T503 型电导率仪

使用前需安装好电极支架，将电极插头插入仪器背面插口，电极放入电极卡扣固定好；连接电源后开机，主界面稳定后说明开机完成，如图 2-41 所示，可直接触屏开始操作。

主界面包括读数区、功能键、信息区和菜单栏，读数区包括测量读数、单位、温度、温度补偿模式等信息；信息区包括电极常数、参比温度、温补系数、补偿方式等信息；菜单栏和功能键分别可以进行测量参数设定和操作选择。菜单栏内参数有预设值，在必要的情况下根据操作条件进行修改，点击“校准”选择标准液，点击“»”进行标定；标定完成后可在主界面点击“»”进行自动测量，测量完毕后点击“保存/输出”进行数据保存。

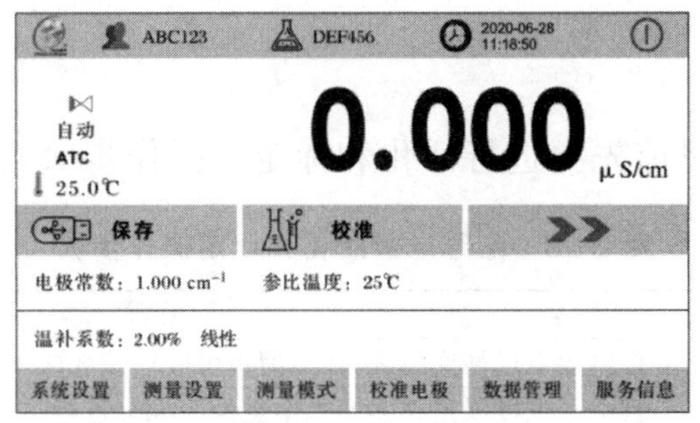

图 2-41 HZPD-T503 型电导率仪主界面

【任务准备】

1. 仪器和试剂准备

检测所需的仪器设备、试剂，见表 2-26。

表 2-26 检测所需仪器设备、试剂

主要设备	HZPD-T503 型电导率仪（带工作站）
	四环电导电极
玻璃器皿	烧杯
	试剂瓶等
试剂	146.5μS/cm、1408μS/cm、12.85mS/cm、111.3mS/cm（标准液）
	待测液（实验用纯水）
	蒸馏水

2. 实验室检查

检查水、电、通风以及实训条件。

【任务实施】 做中学

1. 使用准备

设备使用前，先组装好实验装置，然后启动仪器。操作步骤，见表 2-27。

表 2-27 使用准备

序号	内容	操作步骤
1	安装支架	取出主机、电极、支架和配件，放置于实验台
		将支架杆对准底座孔位插入，调整支架到合适位置，调旋钮进行适当固定
2	安装电极与电源	将电极放入任意卡扣
		将电极电线穿过支架杆上的滑块，滑动滑块梳理电极导线
		将电极调整至方便操作的位置，并调整旋钮至松紧适当
		将电极插头插入主机背面对应接口
		将电源 DC 端口插入主机直流电源接口
3	启动仪器	仪器接通电源后自动点亮，数秒后测量主界面稳定即开机完成

2. 标定操作

电导电极首次测量前先要进行活化和标定。操作步骤，见表 2-28。

表 2-28 电导电极活化和标定操作步骤

序号	内容	步骤
1	电极准备	将电导电极彻底清洗，在蒸馏水中搅拌漂洗两次
		将电导电极浸泡在蒸馏水中至少 30min 进行活化
2	标液准备与电极常数设定	点击菜单栏“测量模式”选择“电导率”
		点击菜单栏“校准点击”在“1. 选择/设定校正溶液”“a. 可选标准液”中根据待测液（实验用纯水）选择 146.5μS/cm，点击“确认”
		其余参数选择预设值
3	电极常数测定	在烧杯内倒入适量标准液
		在主界面点击“校准”键进入校正界面
		将洁净的电极（套上塑料套筒）插入标准液，使液面在金属圈以上、塑料套气孔以下，轻微搅动，点击“测量”键开始校正
		待达到并锁定终点后，仪器显示标准液在当前温度的电导率值，同时提示“电极常数校准完成”，点击“返回测量”键完成标定

3. 测量操作

标定操作完成后，即可进行测量，操作步骤，见表 2-29。

表 2-29 测量操作

序号	操作步骤
1	将标定的电极在蒸馏水中搅拌漂洗两次
2	用待测溶液冲洗电极
3	将电极套上塑料套筒，插入待测溶液，确保液面在金属圈以上、塑料套表面气孔以下
4	轻微搅动以排出空气，并使待测溶液均匀
5	在主界面点击“>>”开始测量，此时该键变成“II”，同时读数区显示“[⋈]”
6	待“[⋈]”变成“[⋈]”并显示“自动”，此时读数稳定，测量键重新显示为“>>”，表示测量完毕
7	点击“保存/输出”，待文字呈白色时“保存/输出”，表示当前测量结果已保存
8	点击菜单栏“数据管理”，选择“1. 测量数据”后可通过“全部数据”或“按日期”查看数据

使用电导率仪测量完成后，需及时关闭仪器，盖上防尘罩；拆下电极并用蒸馏水清洗。装上电极保护瓶等保护措施，置于干燥处保存。

【任务评价】

根据考核内容和评分标准，采取学生自评、同学互评和教师评价等方式，对任务完成情况进行考核，并给出综合评价。任务评价表，见表 2-30。

表 2-30 任务评价表

序号	考核指标	考核内容和评分标准	配分	考核记录	得分
1	电导率仪的使用准备（25 分）	支架安装准确，组装牢固	5		
		电极放置正确，整理电极导线	5		
		电极调至方便操作位置，用旋钮固定	5		
		正确连接电极插头、电源插头	5		
		正确判定开机状态	5		
2	标定操作（25 分）	正确清洗电极，电极活化时间足够	5		
		正确输入参数，选择主屏各功能和按键	5		
		正确选择标准液	5		
		正确使用电极，液面位置判断正确	5		
		正确判断标定结束状态	5		
3	测量操作（40 分）	正确清洗、润洗电极	8		
		正确使用电极，液面位置合适	8		
		正确输入参数，选择主屏各功能和按键	8		
		测量完毕状态判断正确	8		
		正确保存与查阅数据	8		
4	HSE(10 分)	健康、安全和环保意识强	10		
合计			100	考核总分	
综合评价					
考核人	学生自评□同学互评□教师评价□		日期	月　日	

【任务小结】

根据所学内容将图 2-42 所示思维导图补充完善。

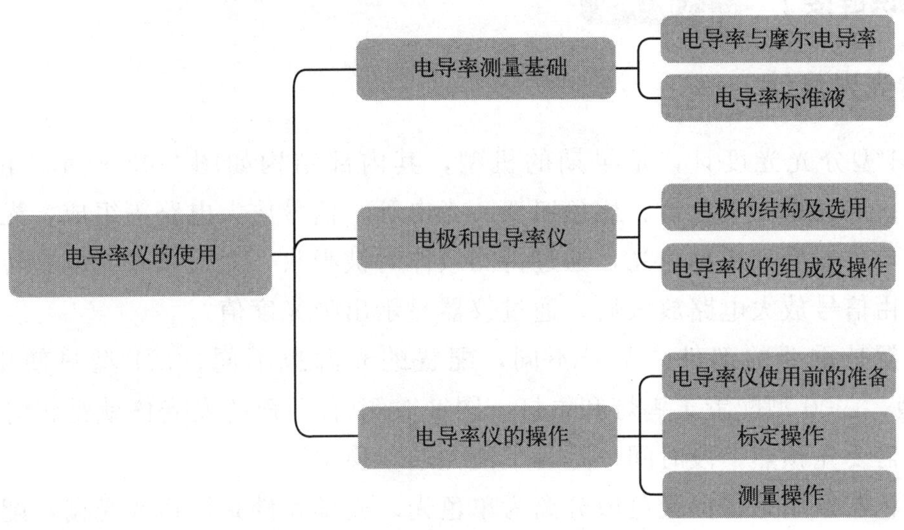

图 2-42 电导率仪的使用思维导图

任务 8　分光光度计的使用

【任务目标】

① 熟悉分光光度计的组成及功能，会选择光度测量的条件，会使用比色皿；

② 正确设置光谱扫描和测量参数，熟练操作光度计进行定性和定量测量；

③ 培养仪器分析能力和精益求精的工匠精神。

【任务描述】

分光光度计是用于测量物质对不同波长光的吸收或透过率的仪器，具有灵敏度高、波长范围广、操作简便、准确性高、功能强大和自动化程度高的优点，广泛运用于药物、金属、矿物和水中污染物的分析检验中。

在教学和技能大赛中，广泛使用 UV-1800 型紫外-可见分光光度计。通过研习 UV-1800PC-DS2 型紫外-可见分光光度计，熟悉分光光度计的组成及功能，熟悉其操作方法。通过对苯甲酸未知液的定性、定量测量，掌握紫外-可见分光光度计操作步骤。

【知识链接】 做中教

一、分光光度计

721 型分光光度计，是早期的机型，其内部结构如图 2-43 所示。由光源、反射镜、准直镜、单色器、比色皿架、光电管、信号放大电路等组成，光源发出的光经单色器后变成单色光，通过待测液体时被吸收，光通量被光电管转换成电信号，由信号放大电路放大后，通过仪器显示出吸光度值。

光源是重要的部件，型号不同，配置的光源也不同，721 型只使用钨灯，1800 型、1900 型配置了钨灯和氘灯。图 2-43 中右上角的发光体就是钨灯。仪器开机后需要先预热一段时间，是为了使光通量稳定。

单色器作用是将白光色散分离为单色光。光学元件是棱镜或光栅，配合聚光镜和狭缝获得某一波长的光。白光经单色器后，变为绿色光，透过狭缝射向吸收池，如图 2-44 所示。

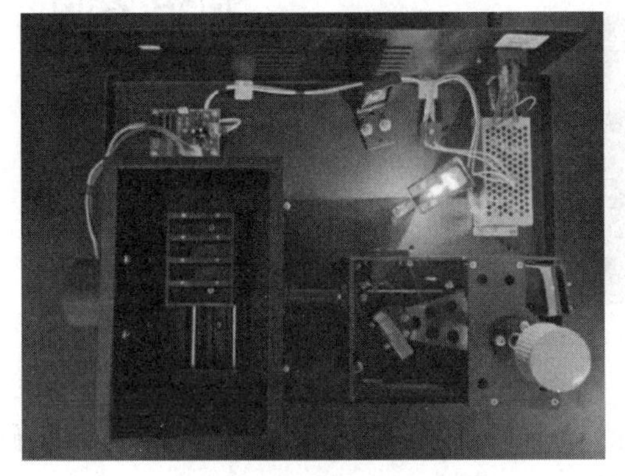

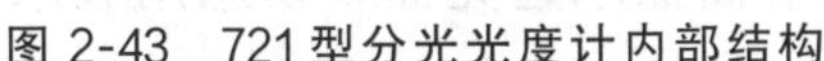

图 2-43　721 型分光光度计内部结构

图 2-44　绿色光透过狭缝射向吸收池

码 2-20　分光光度计波长校正

UV-1800PC-DS2 紫外-可见分光光度计，如图 2-45 所示，控制面板设有显示窗，分为功能区、数据输入区和控制区，通过光标上下键实现选定功能，“ENTER”键确认使用，“GOTOλ”执行波长“走到”功能，“ZERO”进行背景校正，完成光谱扫描和定量测量操作。

UV-1800PC-DS2 紫外-可见分光光度计通常配有外设工作站，如图 2-46 所示。使用工作站操作分光光度计进行测量，并对测得的数据进行处理、输出。

图 2-45　UV-1800PC-DS2 紫外-可见分光光度计

图 2-46　紫外-可见分光光度计及工作站

分析检测时，除对仪器进行预热外，还要将分光光度计与工作站进行连接。启动测试软件，波长、吸光度、透过率的数据窗口均有数字显示，表示联机成功。

二、比色皿

比色皿也叫吸收池，有 1cm、2cm、3cm、5cm 等多种规格，如图 2-47 所示。用来盛放参比溶液和待测溶液。透光面材质有玻璃和石英两种，玻璃比色皿只用于可见光区测量，石英比色皿用于紫外和可见光区测量。

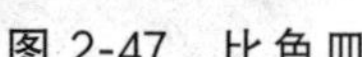
图 2-47　比色皿

码 2-21　分光光度计吸收池配套性检验

使用比色皿时，手指只可接触毛玻璃面，不可接触透光面；不要碰触到坚硬物体；用吸水纸吸干外壁水分，再用擦镜纸光滑面擦净透光面，切忌用吸水纸或滤纸擦拭透光面；使用完毕，应立即清洗比色皿，擦干或控干，不得烘烤。

三、测量条件

1. 测定波长

在定量测量中，一般取最大吸收波长作为测定波长。如果最大吸收波长接近深紫外区（如小于 210nm）或最大吸收波长处存在干扰物质（如显色剂）的吸收，则应选择灵敏度稍低的另一波长进行测定。但要尽量选择吸收曲线较平滑的部分，以保证测定精密度。

2. 参比溶液

参比溶液也叫空白溶液，用于调节被测物质吸光度的相对零点。当待测液体中有显色剂或其他共存组分时，可相应地改变参比溶液，以扣除其对被测物质光吸收的影响。参比溶液的选择，见表 2-31。

表 2-31　参比溶液的选择

试液中的其他组分	显色剂	参比溶液
无色	无色	溶液
无色	有色	显色剂
有色	无色	试液
有色	有色	将待测组分掩蔽后的试液加显色剂

3. 读数范围

根据朗伯-比尔定律和实践可知，被测溶液吸光度值太大或太小都会影响准确度，如吸光度太小，说明溶液中吸光物质浓度很低，测量的相对误差就比较大；若吸光度太大，说明溶液中吸光物质浓度太大，透射到光电接收器上的光通量就很小，也会造成较大的测量误差。因此通过调整溶液浓度或选择适当的光程，使吸光度在 0.1～1.0 之间，以提高测量的准确度。

【任务准备】

1. 仪器和试剂准备

所需的仪器设备、试剂，见表 2-32。

表 2-32 所需仪器设备、试剂

主要设备	UV-1800PC-DS2 紫外-可见分光光度计，带工作站
	石英比色皿(1cm)，2 只
玻璃器皿	吸量管(10mL)
	容量瓶(100mL)
	烧杯等
试剂	苯甲酸标准溶液：1.050μg/mL、2.100μg/mL、4.200μg/mL、6.300μg/mL、8.400μg/mL、10.500μg/mL
	未知样 3 份，浓度约为 5.5μg/mL
	纯水

2. 实验室检查

检查水、电、通风以及实验环境。

【任务实施】 做中学

1. 绘制光吸收曲线

绘制苯甲酸标准溶液吸收曲线，操作步骤见表 2-33。

表 2-33 绘制苯甲酸标准溶液吸收曲线

序号	操作步骤
1	打开紫外-可见分光光度计电源开关，主机进入自检和预热阶段
2	20min 后设备预热完成，打开电脑工作站，将仪器与工作站联机
3	在工具栏选择按钮，进入光谱扫描工作界面
4	在“操作”菜单中选择“设置”或点击工具栏，呼出设置界面
5	在设置界面填写参数：光度模式选择吸光度；填入起始波长 350nm，终止波长 200nm，间隔 1nm；扫描模式的重复次数选择 1；响应模式选择正常
6	分别将蒸馏水和 0.500mg/L 苯甲酸标准溶液倒入比色皿，放入比色皿架的 1 号、2 号槽
7	在工具栏点击“ Z ”进行背景校正
8	在工具栏点击“ ”进行光谱扫描，观察吸收曲线
9	点击“ ”保存数据
10	点击“ ”打印报告
11	将比色皿洗净，控干保存

2. 绘制标准曲线

绘制苯甲酸标准溶液标准曲线，操作步骤见表 2-34。

表 2-34 绘制苯甲酸标准溶液标准曲线

序号	操作步骤
1	在工具栏点击“ ”，打开定量测量操作界面
2	将比色皿加入蒸馏水放在 1 号、2 号槽，点击“设备”“槽差校正”，按光路通过的比色皿选择槽号
3	在“操作”菜单中选择“设置”或点击工具栏“ ”呼出设置界面
4	在设置界面填写参数：测量方法选择单波长法；波长填写 224.0nm，浓度单位选择 mg/L；拟合方式选择一阶；曲线建立方法选择标准样品标定法；标准样品数选择 0；浓度依次填入：0.000、1.050、2.100、4.200、6.300、8.400、10.500，勾选“扣除比色皿误差”
5	将一支比色皿倒入蒸馏水，放入 1 号槽作为参比
6	将清水倒入另一只比色皿，放入 2 号槽，点击“ ”进行吸光度检测，测得 $A=0.000$
7	取出 2 号槽比色皿倒入 1.050μg/mL 苯甲酸标准溶液，放回，点击“ ”进行吸光度检测，测得 $A=0.071$
8	其余标准溶液重复上述操作，分别得到吸光度：0.149、0.294、0.444、0.612、0.763，7 个点测完后自动拟合生成标准曲线和计算公式
9	点击“ ”保存数据

3. 定量测量

苯甲酸定量测量，操作步骤见表 2-35。

表 2-35 苯甲酸定量测量

序号	操作步骤
1	在工具栏点击“ ”，打开定量测量操作界面
2	点击“文件”“打开…”，导入保存的标准曲线
3	手动点击“结果”栏第一行，填写样品名称
4	将一支比色皿倒入蒸馏水，放入 1 号槽作为参比
5	将未知液倒入另一只比色皿，放入 1 号槽，点击“ ”进行吸光度检测，“结果”栏显示吸光度为 0.0401，浓度值为 5.5778
6	对其余平行样品进行测定，吸光度分别为 0.401、0.402，浓度值分别为 5.5778、5.5916
7	点击“ ”保存数据
8	点击“ ”打印报告，进行数据处理

定性测量和定量测量操作完成后，应及时将比色皿取出，洗净、控干保存，关闭设备，清理台面。

【任务评价】

根据考核内容和评分标准，采取学生自评、同学互评和教师评价等方式，对任务完成情况进行考核，并给出综合评价。任务评价表，见表 2-36。

表 2-36 任务评价表

序号	考核指标	考核内容和评分标准	配分	考核记录	得分
1	仪器开机（10 分）	能正确开机，预热仪器	5		
		打开工作站，与仪器联机，操作规范	5		
2	比色皿使用（20 分）	正确使用比色皿，手不触碰透光面	4		
		正确洗涤和擦拭比色皿，装入溶液至比色皿 3/4 处	4		
		将装有参比液和待测液的比色皿有序放入皿槽中	4		
		正确进行配套性检验	4		
		使用完后及时清洗、控干保存	4		
3	定性测量（25 分）	正确设置扫描范围及横、纵坐标	5		
		熟练进行背景校正	5		
		会稀释，使溶液最大吸收波长处吸光度小于 1.0	5		
		能分析测量数据，标出最大吸收峰	5		
		会保存、打印测量结果	5		
4	绘制标准曲线和定量测量（45 分）	正确进行槽差校正	5		
		正确建立方法，设置测量波长和横、纵坐标	5		
		参比液和待测液比色皿槽位选择正确	5		
		正确进行背景校正	5		
		会选用参比溶液	5		
		熟练进行吸光度测量	5		
		能绘制标准曲线和测量未知液吸光度	5		
		能完成数据保存、打印以及记录与处理	5		
		整理台面，恢复原状，正确处理废弃物	5		
合计			100	考核总分	
综合评价					
考核人	学生自评□同学互评□教师评价□		日期	月　日	

【任务小结】

根据所学内容将图 2-48 所示思维导图补充完善。

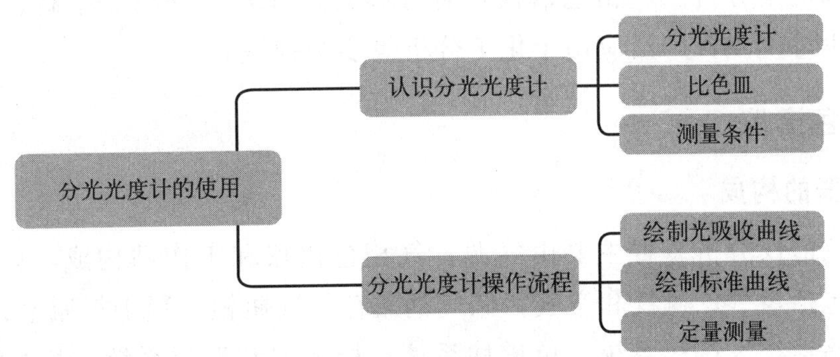

图 2-48 分光光度计的使用思维导图

任务 9　气相色谱仪的使用

【任务目标】

① 了解气相色谱仪的构成，熟悉其气路和分离系统、检测和记录系统；

② 熟练安装外部气路和色谱柱，会气密性检测，会手动进样，理解分离操作的选择；

③ 熟练操作气相色谱仪完成定性和定量测量操作，培养敬业创新的品质。

【任务描述】

气相色谱仪是一种集分离、分析功能于一体的精密仪器。它在环境监测、食品分析、药品分析和石油化工分析领域，有着广泛的应用。

HN-200DS 型气相色谱仪，因其性能参数优异、操作方便、数据稳定等优点，在职业院校的教学和技能大赛中广泛使用。

通过研习，熟悉气相色谱仪的组成和各部分的作用；通过操作练习，掌握色谱柱的安装、外部气路的安装、气密性检测、手动进样等基本技能；通过使用 FID（氢火焰离子化检测器）检测有机合成的乙酸乙酯试样，掌握使用气相色谱仪进行定性、定量分析的操作。

【知识链接】 做中教

气相色谱仪的工作原理是基于不同物质在固定相（如固体或液体）和流动相（通常是气体）之间的分配差异。通过这种差异，可以实现对样品中不同组分的有效分离和定量分析。气相色谱仪具有分离稳定性好、分离效率高、灵敏度高、试样用量少等优点，广泛应用于化工分析等多个领域。

一、气相色谱仪

1. 仪器的构成

气相色谱仪分析装置主要由气源、气相色谱仪和工作站构成，如图 2-49 所示。气源包括氢气、氮气和空气，储气钢瓶存于气瓶柜，置于气瓶室；气相色谱仪包括气路系统、进样系统、色谱柱系统、检测器和温控系统；检测器有多种，常用的是热导检测器（TCD）和氢火焰离子化检测器（FID）。

气相色谱仪是气相色谱分析装置的核心仪器。HN-200DS 型气相色谱仪，如

图 2-50 所示。其因高质量的产品和服务而受到实验室、研究机构和工业界的广泛认可。

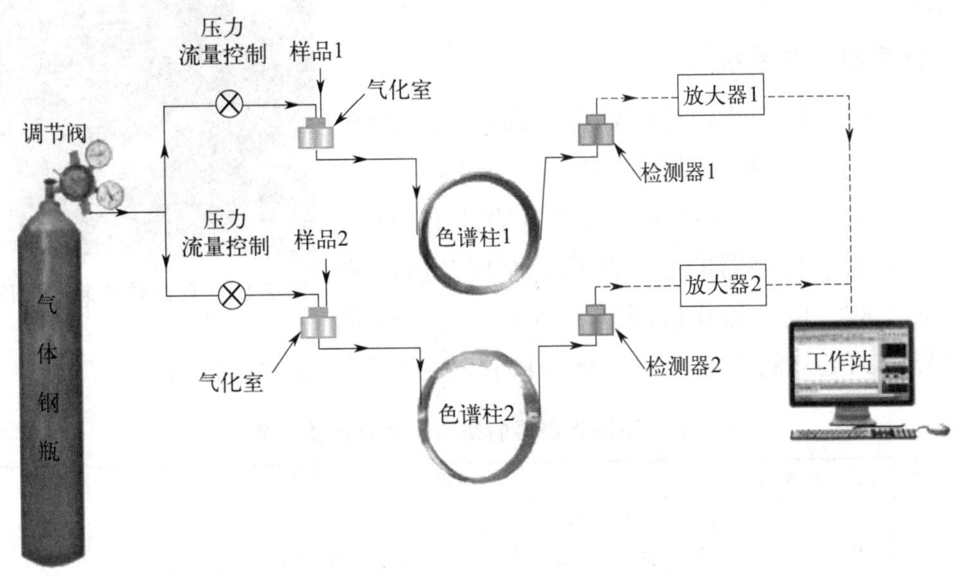

图 2-49　气相色谱仪分析装置简图

2. 气路和分离系统

（1）气源和载气控制系统

气相色谱仪以气体作流动相，气源有气体发生器和储气钢瓶两种，不论使用何种气源，气体需达到必要的纯度。因钢瓶储存的气源稳定，纯度有保障，所以多以储气钢瓶作为气源。

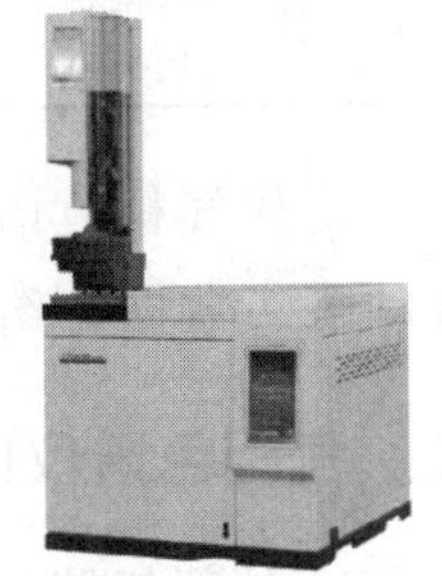

图 2-50　HN-200DS 型气相色谱仪

气路分为内外两部分。外部气路主要由气瓶、减压阀、净化管、连接管组成；内部气路由载气控制系统、气化室、色谱柱、检测器组成。

载气控制系统是气相色谱仪的重要组成部分，决定了气相色谱仪的自动化程度。通过控制流速比，达到最佳分离效果，从而实现分析精度和稳定性的提升。载气控制系统有电子压力控制（EPC）和电子流量控制（EFC）两种类型，有恒流、恒压和分流三种操作模式，其中恒压模式稳定性相对更高，应用最广泛。

（2）色谱柱和柱箱

色谱柱是重要的分离元件，常见的色谱柱有填充柱和毛细管柱两种。填充柱常用内径 2～4mm 的不锈钢管，弯成螺旋状，内部填充固体吸附剂或使用涂渍在载体上的固定液作为固定相。气体试样经色谱柱分离为单一组分，进入检测器。

色谱柱安装在柱箱中，如图 2-51 所示。柱箱是控制分离温度的主要部件，内置大功率电热丝和散热风扇。

图 2-51　色谱柱安装在柱箱中

3. 检测和记录系统

气相色谱仪检测器按选择性分为通用型和选择型两种，通用型检测器对所有物质均有响应，如 TCD 检测器；选择性检测器只对特定物质有响应，如 FID 检测器。检测器的基本结构、原理及适用情况，见表 2-37。电子捕获检测器（ECD）和火焰光度检测器（FPD）的详细介绍，请查阅仪器分析相关资料。

表 2-37　不同检测器的结构、原理及适用情况

检测器类型	基本结构	原理	适用情况
TCD 检测器	热导池、热敏元件	组分的热导率与载气不同，热敏电阻温度变化，电阻值随之变化，惠斯通电桥输出电压不平衡的信号，从而实现检测	适用于所有类型的化合物分析
FID 检测器	石英喷嘴、极化极、收集极、气体通道、金属外罩	氢气和空气燃烧产生的火焰将物质离子化，在电场内形成离子流，记录电流经过高电阻时的分压信号实现检测	对有机物有较大的响应

现代气相色谱仪与计算机相连，通过工作站软件自动控制色谱仪的操作，并自动采集数据，给出定量分析结果。

二、气相色谱仪操作技术

1. 外部气路安装及检查

将氢气减压阀安装到氢气钢瓶，两个氧气减压阀分别安装到氮气钢瓶和空气钢瓶，通过连接管、气体净化管连接到色谱仪入口，如图 2-52 所示。

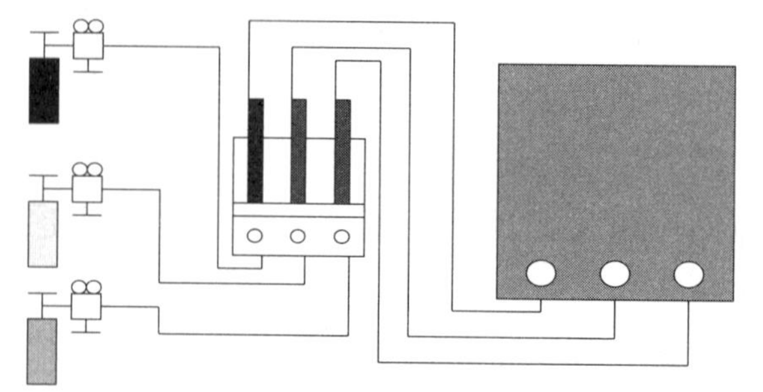

图 2-52　HN-200DS 型气相色谱仪外部气路连接示意

码 2-22　气路安装与检漏

外部气路安装完成后，使钢瓶低压调节杆处于松开状态，开启钢瓶高压阀，再缓慢调节低压调节杆，使载气、空气、氢气压力分别为 0.5MPa、0.5MPa、0.4MPa，关闭钢瓶高压阀，关闭色谱仪上的载气、氢气、空气、尾吹、分流、吹扫阀，使钢瓶低压调节杆处于松开状态，维持 10min，查看压力表指示，若压力指示不变为合格，否则表明气路存在漏气，应仔细分段检查并予以排除。外部气路末端也可涂肥皂水，打开低压调节杆，观察是否产生气泡。

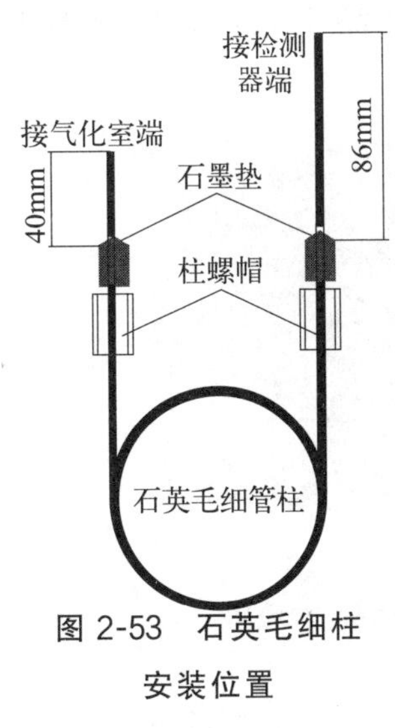

图 2-53 石英毛细柱安装位置

2. 色谱柱的安装及气密性检查

毛细管柱安装前要套上螺帽、密封垫后绕在毛细管柱支架的金属框上，柱两端由框底部伸出，平顺弯曲朝向进样器接口和检测器接口。气化室端柱头和检测器端柱头，须预留长度，安装时再切割合适长度，然后向上推入气化室和检测器底部，拧紧螺帽，如图 2-53 所示。

码 2-23 气相色谱仪毛细管色谱柱的安装

毛细管柱安装后，打开载气，调节气相色谱仪载气压力到 0.4MPa，关闭载气稳压阀，维持 30min，压力下降小于 0.005MPa，说明气密性良好。

3. 进样技术

手动进样是常用的液体进样方式，如图 2-54 所示。手动进样需要使用微量注射器，如图 2-55 所示。微量注射器使用前应先用溶剂抽洗三次以上，再用待测样品抽洗三次，然后缓慢抽取样品至进样量以上。将针头向上，排出空气和多余液体，用滤纸吸取针外壁的试样立即进样。进样时注射器要垂直于进样器口，左手扶针防止弯曲，右手持针迅速刺穿进样口硅胶垫，平稳推针迅速进样，完成后立即拔出。

码 2-24 气相色谱仪进样操作

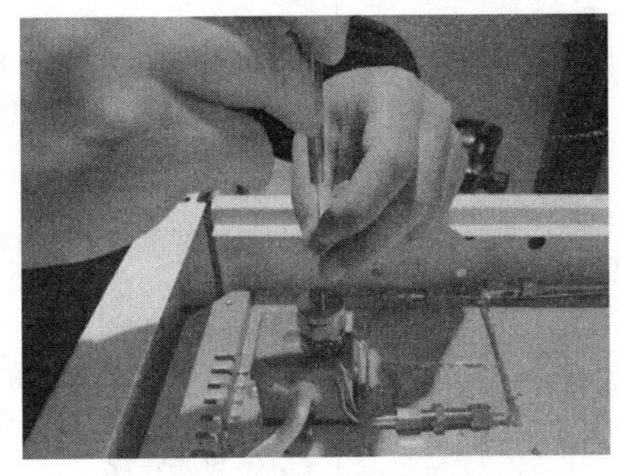
图 2-54 手动进样

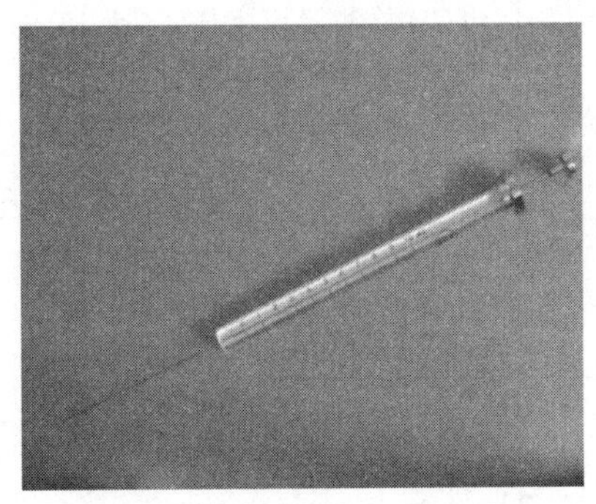
图 2-55 微量注射器

HN-200DS 型气相色谱仪配备了自动进样器，如图 2-56 所示，能够自动将样品送入色谱柱进行检测。自动进样器主要由进样臂、进样针、样品盘、清洗系统、驱动系统和控制系统等组成，通过进样臂和进样针将样品从样品盘中吸取，然后注入气相色谱仪进行检测。

码 2-25 六通进样阀结构及使用

气体一般用球胆取样，六通阀定量进样。手柄位置不同连通气道不同，旋钮指向取样时定量管连接气样，此时气体进入定量管，转动旋钮至进样位置时，定量管连通气路，载气将样品带入色谱柱完成进样。六通阀，如图 2-57 所示。

图 2-56 自动进样器

图 2-57 六通阀

三、分离条件的选择

试样组分在色谱柱中进行分离，影响分离效果的因素主要有柱长、载气及其流速、柱温和进样条件。以广泛使用的气液色谱填充柱为例，讨论其操作条件，见表 2-38。

表 2-38 分离操作条件

影响因素	操作条件	负偏离过大的影响	正偏离过大的影响
柱长	一般填充柱长 1～5m	流出时间短，不利分离	有利于分离，流出时间长
载气及流速	TCD 检测器用氢气，气速 15～20cm/s FID 检测器用氮气，气速 10～12cm/s	样品分子自身扩散作用明显，柱效率低	加剧分配过程不平衡引起的谱峰展宽，不利分离
柱温	气态样品：50℃左右 液态样品：低于或接近样品组分平均沸点、沸程较宽的多组分混合物，采用程序升温	峰形展宽，分析时间延长	分析时间缩短，但分离度降低
进样条件	气化温度：一般比柱温高 30～70℃	样品不能完全气化，影响分析结果的准确性	样品可能会发生分解，产生额外的峰，影响色谱图的分辨率和准确性
	进样量：液态样品一般 0.1～5μL，气态样品一般 0.1～10mL	微量组分检测不出来，也可能峰高和峰面积与进样量不成线性关系，无法准确定量	色谱峰形变差，柱效降低，分离度变小，峰变宽，甚至出现峰形不对称的情况

【任务准备】

检测所需的仪器设备、试剂，见表 2-39。

表 2-39 检测所需仪器设备、试剂

主要设备	HN-200DS 型气相色谱仪(带工作站)
	PEG-20M/D 毛细色谱柱
	分析天平
玻璃器皿	安瓿瓶
	50mL 容量瓶、滴管、洗瓶等
试剂	乙酸乙酯标准品溶液(1.2g/L、2.4g/L、3.6g/L、4.8g/L、6.0g/L)
	乙酸乙酯待测样
	无水乙醇

【任务实施】 做中学

1. 气相色谱仪的使用准备

设备使用前，要安装好色谱柱和外部气路，做好气密性检查。操作步骤，见表 2-40。

表 2-40 气相色谱仪的使用准备

内容	步骤
外部气路安装及检查	将氢气减压阀、氧气减压阀分别安装在氢气、空气、氮气钢瓶上
	使用连接管将气瓶连接到净化管上
	使用连接管将净化管连接到气相色谱仪上
	关闭气相色谱仪所有阀门,开启钢瓶低压阀进行外部气路气密性检查
毛细色谱柱选择、安装及检查	根据被测物质乙酸乙酯,选用 PEG-20M/D 毛细色谱柱
	将螺帽套入色谱柱两端,垫上石墨圈
	对柱端进行切割,气化室端和检测室端分别留 40mm、86mm
	色谱柱两端分别向上推入气化端和检测端底部,调整色谱柱高低,旋紧螺帽
	打开气相色谱仪载气阀,用中性肥皂液检测,连接处不应有漏气现象
打开气源	关闭柱色谱箱门
	调节氮气、空气、氢气气瓶减压阀,压力分别为 0.5MPa、0.5MPa、0.4MPa

2. 定性分析操作

气相色谱仪的定性分析可以通过对比未知物和纯净物的保留时间来确定，若保留时间一致，则二者可能是同一种物质。操作步骤，见表 2-41 和表 2-42。

表 2-41　定性分析操作

内容	步骤
启动气相色谱仪、升温	通载气，设置减压阀压力为 0.3～0.4MPa
	通空气和氢气，设置载气流量 0.8mL/min，色谱柱参数 0.25mm×50m，分流 40mL/min，吹扫 5mL/min
	打开气相色谱仪电源和工作站，双击图标“”，联机检查
	设置进样器温度 200℃，柱温 140℃，检测器 200℃ 设置检测器流量 H_2 30mL/min，空气 300mL/min，尾吹 30mL/min
设置参数、点火	进样器、柱箱及检测器温度稳定后，自动点火。手动点火方式：点击检测器设置“”，点火时长 6s，点击“点火”
	点火成功后，基线会有跳跃
	校准基线(需要时)
定性测量	将无水乙醇装入安瓿瓶，放在自动进样器上(可取任意标准品)
	移取适量 1.2g/L 的乙酸乙酯标准品到安瓿瓶，放在自动进样器上
	设置自动进样器参数(操作步骤见表 2-42)
	启动检测，工作站显示标样保留时间为 5.847min 的色谱峰是乙酸乙酯

表 2-42　自动进样器参数设置

序号	操作步骤
1	进入高级页面，点击“进样口高度”，系统自动寻找进样口顶部位置，并记录从原点位置到进样口顶部位置的距离
2	检查当前安装的注射器和选择注射器规格(10μL)
3	进入溶剂页面，检查当前溶剂及废液
4	进入方法页面，设置清洗值、延时及泵样、进样模式(常规)、取样速度(慢速)、进样速度(快速)、泵样速度(快速)
5	进入序列页面，添加相应的序列号，输入每行的数据，包括开始瓶位、结束瓶位、方法
6	返回到信息页面，点击开始按钮，仪器按照用户设置的参数进行序列行进样

3. 定量分析操作

定量分析操作步骤，见表 2-43。

表 2-43　定量分析操作

序号	步骤
1	将无水乙醇、乙酸乙酯系列标准液依次放置在自动进样器上
2	准确称取 0.1800g 乙酸乙酯到 50mL 容量瓶，用无水乙醇定容、摇匀，平行配制 3 份
3	移取适量上述溶液到 3 个安瓿瓶，放置在自动进样器上
4	设置自动进样器参数，启动自动进样器开始检测
5	得到 8 个试样的色谱图，根据保留时间，得到 8 个试样的峰面积
6	保存数据，打印报告
7	使用 Excel 拟合线性方程，计算试样中乙酸乙酯的浓度

使用气相色谱仪测量完成后，先关氢气钢瓶总阀，压力回零后关减压阀、主机上的氢气阀；然后按照上述顺序停空气；之后关闭工作站，关加热系统，关总电源；最后关闭氮气总阀、氮气减压阀、气相色谱仪氮气稳压阀。

【任务评价】

根据考核内容和评分标准，采取学生自评、同学互评和教师评价等方式，对任务完成情况进行考核，并给出综合评价。任务评价表，见表 2-44。

表 2-44　任务评价表

序号	考核指标	考核内容和评分标准	配分	考核记录	得分
1	气相色谱仪的使用准备（30 分）	减压阀选用及安装正确	6		
		连接管连接气体净化管、气相色谱仪正确	6		
		毛细色谱柱选用正确	6		
		毛细色谱柱切割、安装正确	6		
		气密性检查操作正确且气密性良好	6		
2	定性测量操作（30 分）	气体启用顺序正确，压力设置正确	6		
		与工作站连接正常	6		
		参数设置正确	6		
		点火成功	6		
		准确识别乙酸乙酯峰	6		
3	定量测量操作（40 分）	溶液配制正确	8		
		自动进样器使用正确	8		
		参数设置正确	8		
		正确打印分析报告	8		
		关机顺序正确	8		
合计			100	考核总分	
综合评价					
考核人		学生自评□同学互评□教师评价□	日期	月　　日	

【任务小结】

根据所学内容将图 2-58 所示思维导图补充完善。

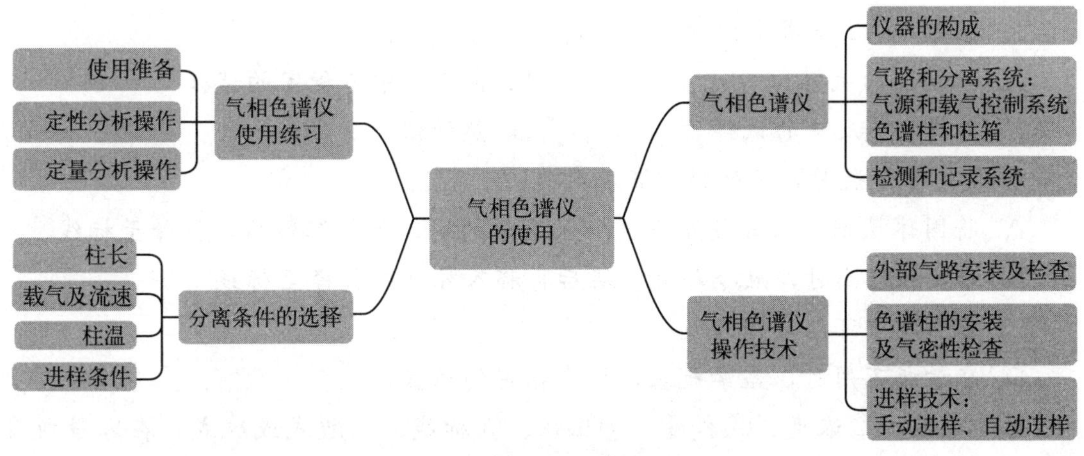

图 2-58　气相色谱仪的使用思维导图

项目拓展

学校承办职业院校技能大赛化学实验技术赛项的比赛，化工学院承担比赛的组织和实施工作，为比赛提供竞赛场地和赛项服务。

在项目一的“项目拓展”中，同学们已经拟定了组织比赛的初步方案，完成了部分基础工作。

请根据拟好的市赛组织方案，运用所学的知识和技能，在老师的指导下，完成比赛的准备工作。市赛准备工作实施细目表，见表2-45。

表 2-45 市赛准备工作实施细目表

序号	准备事项	具体内容	备注
1	滴定分析仪器的准备	滴定管、容量瓶、吸管及烧杯等玻璃仪器	数量规格，根据比赛人数来确定
2	制备纯水	制备300L纯水，并分装到水瓶中	
3	制备标准溶液	制备0.1mol/L NaOH溶液10L	
4	制备指示剂	制备10g/L酚酞指示剂1L	
5	准备化学试剂及样品	备用基准试剂邻苯二甲酸氢钾、样品食醋 备用对乙酰氨基酚片和基准试剂	
6	分析天平的检测	检测分析天平，处于适用状态	
7	分光光度计的检测	检测分光光度计，处于适用状态	
8	其他比赛物品准备	防护用品、废液废物回收装置等	

思考与练习

一、单项选择题

1. 递减称样法适用于称量（　　）。

A. 不吸潮的试样　　B. 在空气中不稳定的试样

C. 不与空气反应的试样　　D. 热的试样

2. 使用容量瓶时，下列操作正确的是（　　）。

A. 将固体试剂放入容量瓶中，加入适量的水，加热溶解后，稀释至标线

B. 溶液温度高时，应冷却至室温后再移入容量瓶稀释至标线

C. 容量瓶中可以贮存溶液

D. 容量瓶不用时，盖紧瓶塞，放在指定的位置

3. ①温度、②浓度、③容量、④压强、⑤标线、⑥酸式或碱式，在容量瓶身出现的标识有（　　）。

A. ①③⑤　　B. ③⑤⑥　　C. ①②④　　D. ②④⑥

4. 吸量管的用途是（　　）。

A. 准确移取一定体积的液体　　B. 分离固体混合物

C. 加热液体　　D. 在反应中加入试剂

5. 滴定管的功能是（　　）。

A. 准确测量流出的滴定剂的体积　　B. 分离固体混合物

C. 加热液体　　D. 在反应中加入试剂

6. 下列哪种缓冲溶液，不属于GB标液组的是（　　）。

A. pH 1.68　　B. pH 3.56　　C. pH 4.00　　D. pH 10.01

7. 电极检测端浸入被测液体后，待“测量参数及平衡状态”显示（　　）后方可读数。

A. Reading　　B. Stable　　C. Locked　　D. Ending

8. 电极检测端与被测液的位置关系描述正确的是（　　）。

A. 抵在被测液烧杯底部　　B. 靠在被测液烧杯壁上

C. 被测液面刚没过玻璃泡　　D. 参比电解液液面高于样品液面10mm以上

9. 使用紫外光检测无色溶液时需启用（　　）。

A. 钨灯　　B. 碘钨灯　　C. 氘灯　　D. 荧光灯

10. 棱镜（或光栅）是分光光度计的（　　）。

A. 光源　　B. 单色器　　C. 放大器　　D. 信号输出装置

11. 调节光程可以获得适合的吸光度，光程指的是（　　）。

A. 比色皿两个透光面之间的距离　　B. 比色皿磨砂面之间的距离

C. 狭缝到光电接收器的距离　　D. 比色皿的高度

二、判断题

1. 使用电子分析天平称量试样时，不能用手直接拿取称量瓶。（　　）

2. 酸式滴定管只能装酸液。（　　）

3. 放出移液管内溶液，当液面下降到管尖后，需等待15s，再取出移液管。（　　）

4. 酸度计长期不用时，可将电极保持干燥保存。（　　）

5. 标定电极时，使用pH 4.00缓冲溶液标定后，可直接将电极插入pH 9.18缓冲溶液。（　　）

6. 长期干燥保存的电导电极取出后可直接用于电导率测量。（　　）

7. 测量硬水的电导率时，标定电极可选用146.5μS/cm标准液。（　　）

8. 使用电导电极进行测量前，除了用蒸馏水清洗电极外还要用待测液冲洗。（　　）

9. 比色皿使用前，应先用吸水纸擦净其表面。 （ ）

10. 紫外-可见分光光度计在使用前无需预热。 （ ）

11. 气化温度过高会使样品不能气化，影响检测。 （ ）

12. 气体试样可以用微量注射器来进样。 （ ）

13. 使用微量注射器进样前，应先用溶剂抽洗三次以上，再用待测样品抽洗三次。 （ ）

三、填空题

1. 对于易挥发的液体试样，一般将试样放入________中，采用递减称量法称量。

2. 吸量管分为________吸量管和________吸量管。

3. 使用移液管移取溶液时，将吸量管尖插入液面下________处。

4. 滴定管分为________滴定管和________滴定管。

5. 酸式滴定管若有油污，可使用________进行清洗。

6. 指示电极电位和测量液体浓度之间关系可用__________方程表示。

7. 电极保护瓶中的液体是________。

8. E-301-QC 型三复合电极检测端有______、______和______。

9. 电解质溶液中的________在电场作用下定向移动形成________，说明电解质溶液可以导电。

10. pH 计校准时选择与待测溶液电导________的标准液进行标定，以减少误差。

11. 极限摩尔电导率________其他共存离子影响，只取决于离子本身的性质。

12. 绘制标准曲线一般需要________个点。

13. 比色皿的规格以________为标志。

14. 一套完整的分光光度检测系统由____________和________组成。

15. 气相色谱仪包含______、______、______、______、______。

16. 使用 FID 检测器时通空气的作用是________。

四、简答题

1. 固体试样称量方法有哪几种？分别适用于什么情况？

2. 容量瓶如何检漏？

3. 如何配制一定物质的量浓度的溶液？

4. 吸量管如何调整液面？

5. 滴定管如何排出气泡？

6. 如何配制 3.0mol/L 氯化钾溶液？

7. 为什么电解质溶液浓度升高时电导率反而下降？

8. 如何配制 1408μS/cm 标准液？

9. 简述气相色谱仪载气控制系统的功能、类型和控制模式。

五、计算题

码 2-26 思考与练习参考答案

1. 滴定 25.00mL 氢氧化钠溶液，用去 0.1050mol/L HCl 标准溶液 26.50mL。求该氢氧化钠溶液物质的量浓度和质量浓度。

2. 现有 2000mL 浓度为 0.1024mol/L 的某标准溶液。欲将其浓度调整为 0.1000mol/L，需加入多少毫升水？

大国工匠——谭文波

谭文波，中国石油集团西部钻探工程有限公司试油工。坚守大漠戈壁 20 多年，他领衔发明的具有自主知识产权的新型桥塞坐封工具，投入使用上千井次。他解决一线生产难题 30 多项，技术革新转化成果 4 项，获得国家发明专利 4 项，实用新型专利 8 项。他培养了一大批青年技术骨干，为企业创收近亿元，被誉为油田里的“发明家”。

当年技校毕业时，父亲对他说：“作为年轻人，你要到祖国最需要的地方去”。在父亲的鼓励下，他毅然去到荒凉的戈壁滩当起了石油工人。

工作几十年以来，他勤学善思、敢闯难关、勇于技术革新，努力解决一线生产难题，提高了生产效率，降低了生产作业风险。

环境保护是油田作业时的重中之重。在油井抽汲求产施工中，由于防喷盒密闭不严，抽出的油水飞洒井场，会造成严重的环境污染。他看在眼里，急在心里，决心改造防喷盒。施工之余他日夜忙碌，先后尝试四种改造方案，仅用十天时间，“新型防喷盒”便大获成功。在现场的公司领导握住他的手激动地说：“太棒了，真是好样的！这个发明解决了咱们公司的环保大问题呀！”

如今，他被同事们亲切地称为“石油诸葛”。他把所有的业余时间用来解决工艺难题，他的发明为石油技术带来一次又一次的革新，他的匠心和匠艺，为他带来无数赞誉。对他来说，工作室里琳琅满目的机械设备就是勋章，大家的认可就是奖赏。

项目三
化学分析技术

项目描述

学生将在学校实训室完成化学分析技术专项训练，以更好地适应分析检测岗位，为今后的实习与工作打好基础。学校的化学分析实训室，如图 3-1 所示。

图 3-1　化学分析实训室

化学分析技术专项训练包括乙酸含量的测定、烧碱中 NaOH 与 Na_2CO_3 含量的分析、工业用水硬度的测定、水中氯离子含量的测定、过氧化氢含量的测定和硫酸钠含量的测定，共六个训练任务。这些任务涵盖了化学分析技术中的酸碱滴定法、配位滴定法、沉淀滴定法、沉淀称量法、氧化还原滴定法等常用的化学分析方法和操作技能。

化学分析包括滴定分析法和称量分析法。称量分析法准确度高，但操作烦琐费时，在中间控制分析中应用较少。滴定分析法操作简便、快速，准确度也比较高，应用非常广泛。无论是定量分析物质的浓度，还是监控化工生产过程，滴定分析都发挥着不可或缺的作用。滴定分析技术以其独特的优势，在化学、生物、医药、环境等多个领域中发挥着重要作用。随着科学技术的不断进步和分析方法的快速发展，滴定分析技术也在不断发展和完善，以适应更高精度和更复杂的样品分析需求。

任务 1　乙酸含量的测定

【任务目标】

① 掌握酸碱电离平衡原理、强碱滴定弱酸的原理和指示剂选择方法；

② 能用氢氧化钠标准溶液测定乙酸的含量，完成数据分析及处理；

③ 强化安全防护和环境保护意识，遵守实验规范，培养严谨的科学态度。

【任务描述】

乙酸，也称醋酸，是一种重要的有机化合物，广泛应用于多个行业和领域。乙酸是重要的化工原料，用于生产溶剂、塑料、纤维素酯、染料等；乙酸是食醋的主要成分，广泛用于调味品、防腐剂和食品添加剂；乙酸及其衍生物还用于生产阿司匹林等多种药物；乙酸还用于生产某些农药，如除草剂、杀虫剂；在实验室中乙酸常用作溶剂和酸化剂。

通过研习水溶液中酸碱的电离平衡和滴定过程溶液酸碱度的变化规律，掌握酸碱滴定法的原理，通过测定白醋中乙酸含量，理解滴定曲线和 pH 值突跃，了解酸碱指示剂的知识，会选择合适的指示剂。

白醋样品中乙酸含量的测定采用酸碱滴定法，以氢氧化钠为标准滴定溶液，选用酚酞指示剂指示滴定终点。

【知识链接】

一、酸碱电离平衡

1. 溶液的酸度

一般用字母 c 表示酸（或碱）的分析浓度，用 $[H^+]$ 和 $[OH^-]$ 表示溶液中 H^+ 和 OH^- 的平衡浓度，单位都是 mol/L。酸度通常用 pH 值表示，$pH=-lg[H^+]$。碱度通常用 pOH 值表示，$pOH=-lg[OH^-]$。对于水溶液，则 $pH+pOH=14.0$（25℃）。

2. 酸碱电离平衡

根据电离理论，强酸和强碱在水溶液中完全电离，溶液中 H^+（或 OH^-）的平衡浓度就等于强酸（或强碱）溶液的分析浓度。弱酸和弱碱在水溶液中只有少部分电离，电离的离子与未电离的分子间保持着平衡关系，其电离平衡常数通常叫作解离常数，用 $K_a(K_b)$ 表示。根据 $K_a(K_b)$ 值的大小，可以判断各种酸碱的强弱。$K_a(K_b)$ 越小，酸（碱）的强度越弱。

一种弱酸溶液的酸度，可由弱酸的分析浓度和解离常数计算出来。同理，一种弱碱的强度可用碱的解离常数和分析浓度来计算。

二、酸碱指示剂

码 3-1　酸碱理论

在一定介质条件下，酸碱指示剂颜色能发生变化、能产生混浊或沉淀以及有荧光现象等。常用它检验溶液的酸碱性，在滴定分析中则用来指示滴定终点。

1. 指示剂的变色原理

酸碱指示剂一般是结构复杂的有机弱酸或弱碱，它们在溶液中能部分电离成指示剂的离子和氢离子（或氢氧根离子），并且电离的同时，本身结构也发生改变，使它们的分子和离子具有不同的颜色。例如，甲基橙是一种有机弱碱，它在溶液中存在以下电离平衡：

$$(CH_3)_2\overset{+}{N}{=}C_6H_4{=}N{-}\underset{H}{N}{-}C_6H_4{-}SO_3^- \rightleftharpoons (CH_3)_2N{-}C_6H_4{-}N{=}N{-}C_6H_4{-}SO_3^- + H^+$$

酸式（红色）　　　　碱式（黄色）

在酸度较高时（pH＜3.1），甲基橙主要以酸式体存在，显红色；在酸度较低时（pH＞4.4），主要以碱式体存在，显黄色；而在 pH＝3.1～4.4 时显示过渡的橙色。指示剂颜色的改变不是在某一确定的 pH 值，而是在一定 pH 值范围内发生。指示剂由酸式色（碱式色）转变为碱式色（酸式色）的 pH 值范围，叫作指示剂的变色范围。一般指示剂的变色范围为 1～2 个 pH 值单位。

由于指示剂具有一定的变色范围，只有当溶液 pH 值的改变超过一定数值，即在酸碱滴定化学计量点附近具有一定的 pH 值突变时，指示剂才能从一种颜色突变为另一种颜色。

2. 常用的酸碱指示剂

指示剂的种类很多，表 3-1 列出了常用的酸碱指示剂，并列出了它们的变色范围、颜色变化、质量浓度和用量。

表 3-1 常用的酸碱指示剂

指示剂	变色范围	颜色变化	质量浓度	用量/（滴/10mL 试液）
甲基黄	2.9～4.0	红色→黄色	1g/L 乙醇溶液	1
溴酚蓝	3.0～4.4	黄色→紫色	1g/L 乙醇(1+4)溶液或其钠盐水溶液	1
甲基橙	3.1～4.4	红色→黄色	1g/L 水溶液	1
溴甲酚绿	3.8～5.4	黄色→蓝色	1g/L 乙醇(1+4)溶液或其钠盐水溶液	1～2
甲基红	4.4～6.2	红色→黄色	1g/L 乙醇(3+2)溶液或其钠盐水溶液	1
溴百里酚蓝	6.2～7.6	黄色→蓝色	1g/L 乙醇(1+4)溶液或其钠盐水溶液	1
中性红	6.8～8.0	红色→橙黄色	1g/L 乙醇(3+2)溶液	1
酚酞	8.0～9.8	无色→红色	10g/L 乙醇溶液	1～2
百里香酚酞	9.4～10.6	无色→蓝色	1g/L 乙醇溶液	1～2

三、滴定曲线及指示剂的选择

码 3-2 指示剂的配制方法

滴定过程中溶液酸度的变化，因酸碱的强弱而有所不同，只有了解不同类型酸碱滴定过程中溶液酸度的变化规律，才能选择合适的指示剂，正确指示滴定终点。

1. 强酸或强碱的滴定

现以 0.1000mol/L 的 NaOH 溶液滴定 20.00mL 0.1000mol/L 的 HCl 溶液为例，讨论强碱滴定强酸过程中溶液 pH 值的变化规律。

① 滴定前。由于 HCl 是强酸，溶液的 pH 值取决于 HCl 的分析浓度，即 pH＝1.00。

② 滴定开始后至化学计量点前。随着 NaOH 溶液的滴入，不断发生中和反应，溶液中的 $[H^+]$ 逐渐降低，pH 值逐渐升高。这一阶段溶液的 pH 值取决于剩余 HCl 的量。当加入 19.98mLNaOH 溶液时（尚有 0.1%HCl 未反应），此时溶液 pH＝4.30。

③ 化学计量点时。加入了 20.00mLNaOH 溶液，HCl 完全被中和生成 NaCl 溶液，溶液呈中性，此时溶液 pH＝7.00。

④ 化学计量点后。这一阶段溶液的 pH 值取决于过量的 NaOH 溶液。如加入 20.02mLNaOH 溶液时，NaOH 溶液过量 0.02mL，此时溶液的 pH＝9.70。

如此逐点计算，可以求出滴定过程中各点的 pH 值。

若以 NaOH 溶液加入量为横坐标，对应溶液的 pH 值为纵坐标，绘制关系曲线，则得如图 3-2 所示的曲线，称为滴定曲线。

2. 弱酸或弱碱的滴定

现以 0.1000mol/L 的 NaOH 溶液滴定 20.00mL0.1000mol/L 的 HAc 溶液（以酚酞为指示剂）为例，讨论强碱滴定弱酸过程中溶液 pH 值的变化。滴定反

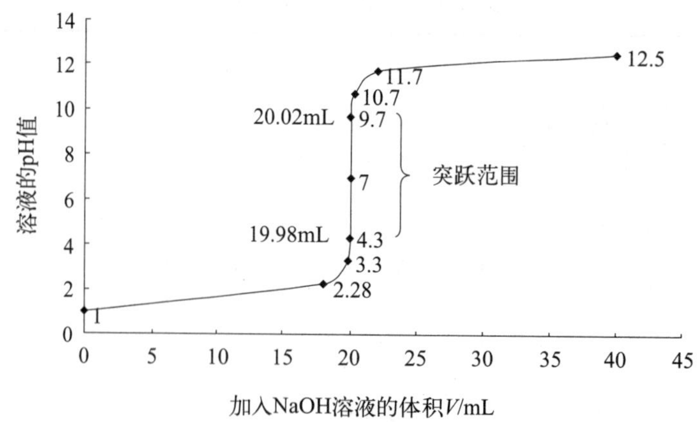

图 3-2　0.1000mol/L NaOH 溶液滴定 20.00mL 0.1000mol/L HCl 溶液的滴定曲线

应为：

$$NaOH + HAc \rightleftharpoons NaAc + H_2O$$

① 滴定前。由于 HAc 是弱酸，与相同浓度的 HCl 相比，酸度较小，0.1000mol/L HAc 溶液的 pH=2.88。

② 滴定开始后至化学计量点前。这一阶段未反应的 HAc 与反应产物 NaAc 同时存在，组成一个缓冲体系，溶液 pH 值变化缓慢。当加入 19.98mLNaOH 溶液时，剩余 HAc 为 0.02mL（尚有 0.1% HAc 未反应），此时溶液 pH=7.76。

③ 化学计量点时。加入 20.00mL NaOH 溶液，HAc 全部被中和生成 NaAc。由于 NaAc 水解使溶液呈碱性，此时溶液的 pH=8.73。

④ 化学计量点后。由于过量 NaOH 溶液的滴入，抑制了 NaAc 的水解，溶液的 pH 值由过量的 NaOH 决定，其数据与强碱滴定强酸时相同。如加入 NaOH 溶液 20.02mL 时，pH=9.70。

通过逐点计算，所得数据绘制成滴定曲线，如图 3-3 所示。

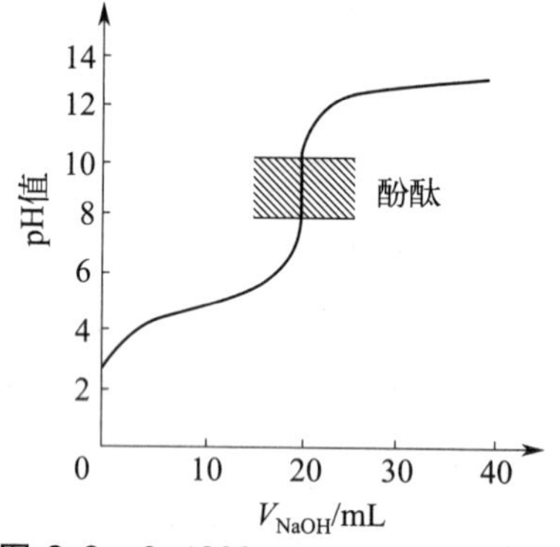

图 3-3　0.1000mol/L NaOH 滴定 20.00mL 0.1000mol/L HAc

3. 指示剂的选择

选择指示剂的一种简便方法是，根据化学计量点附件的 pH 值突跃，选择适当的指示剂。能在此 pH 值突跃范围内变色的指示剂，原则上都可以选用。

由图 3-2 可见，用 NaOH 溶液滴定 HCl 溶液的滴定突跃范围是 4.3～9.7，在此 pH 值突跃范围内变色的指示剂，包括酚酞和甲基橙（其变色范围有一部分在 pH 值突跃范围内）等，原则上都可以选用。

由图 3-3 可见，用 NaOH 溶液滴定 HAc 溶液的滴定突跃范围较小（pH 值为 7.76～9.70），且处在碱性范围内，因此指示剂的选择受到较大限制。在酸性范围内变色的指示剂如甲基橙、甲基红等都不适用，只能选择在弱碱性范围内变色的指示剂，如酚酞等。

在分析工作中，选择指示剂时还应考虑人的眼睛对颜色的敏感性。用强碱滴定强酸时，习惯选用酚酞作指示剂，因为酚酞由无色变为粉红色易于辨别。相反，用强酸滴定强碱时，常选用甲基橙或甲基红作指示剂，滴定终点颜色由黄变橙或红，颜色由浅到深，人的视觉较为敏锐。

4. 弱酸弱碱的滴定条件

如果被滴定的酸比乙酸更弱，则 pH 值突跃的起点更高，pH 值突跃范围更小，甚至化学计量点附近无 pH 值突跃出现。若无 pH 值突跃出现，则不能用酸碱指示剂指示滴定终点。

由于化学计量点附近 pH 值突跃的大小不仅和被测酸的 K_a 值有关，还和溶液的浓度有关。一般地说，当弱酸溶液的浓度 c_a 和弱酸的解离常数 K_a 的乘积 $c_a K_a \geqslant 10^{-8}$ 时，可观察到滴定曲线上的 pH 值突跃，可以用指示剂变色判断滴定终点。因此，弱酸可以用强碱溶液直接滴定的条件为：$c_a K_a \geqslant 10^{-8}$。

可以推断，用强酸滴定弱碱时，其滴定曲线与强碱滴定弱酸相似，只是 pH 值变化相反，即化学计量点附近 pH 值突跃范围较小且处在酸性范围内。类似地，弱碱可以用强酸溶液直接滴定的条件为：$c_b K_b \geqslant 10^{-8}$。

【任务准备】

1. 仪器和试剂准备

检测所需的仪器设备、试剂，见表 3-2。

表 3-2 检测所需仪器设备、试剂

主要设备	分析天平（精度 0.0001g）
玻璃器皿	聚四氟乙烯滴定管（50mL）
	移液管（25mL）、分度吸量管（10mL）
	容量瓶（100mL）、锥形瓶（250mL）、烧杯（100mL）
	其他玻璃仪器
试剂	NaOH 标准滴定溶液（0.5mol/L）
	乙酸试样
	酚酞指示剂、无 CO_2 水

2. 实验室检查

检查水、电、通风以及实验环境。确保分析检测的安全、高效和规范。

【任务实施】做中学

乙酸含量的测定如下。

1. 操作步骤

用分度吸量管准确移取 10.00mL 乙酸试样，放入 100mL 容量瓶中，用无 CO_2 水稀释至标线，摇匀。用移液管准确移取 25.00mL 稀释好的乙酸试液，放入 250mL 锥形瓶中，加 2 滴酚酞指示液，用 NaOH 标准溶液滴定至溶液呈淡粉色，并保持 30s 不褪色。记录 NaOH 标准滴定溶液所消耗体积 V。平行测定 3 次，同时做空白试验。

2. 结果计算

按下式计算出样品中乙酸的含量（g/L）。取 3 次测定结果的算术平均值作为最终结果，结果保留 4 位有效数字。

$$\rho_{HAc}=\frac{c_{NaOH}(V_1-V_0)\times M}{V\times\frac{25.00}{100.0}}$$

式中 ρ_{HAc}——试样中乙酸的含量，g/L；

c_{NaOH}——氢氧化钠标准溶液的浓度，mol/L；

V_1——乙酸样品所消耗的氢氧化钠标准溶液的体积，mL；

V_0——空白消耗氢氧化钠标准溶液的体积，mL；

V——移取乙酸样品的体积，mL；

M——乙酸的摩尔质量，60.05g/mol。

对结果的精密度进行分析，以相对极差（A）表示，结果精确至小数点后 2 位。

计算公式如下：

$$A(\%)=\frac{x_{max}-x_{min}}{\bar{x}}\times100$$

式中 x_{max}——平行测定的最大值；

x_{min}——平行测定的最小值；

$\bar{x}$——平行测定的平均值。

3. 数据记录及处理。

乙酸含量测定的记录表，见表 3-3。

表 3-3 乙酸含量测定的记录表

项目		1	2	3	备用
乙酸试样制备	移取样品体积/mL				
	定容体积/mL				
乙酸试液测定	移取试液体积/mL				
滴定管初读数/mL					
滴定管终读数/mL					
滴定消耗 NaOH 体积/mL					
体积校正值/mL					
溶液温度/℃					
温度补正值/(mL/L)					
溶液温度校正值/mL					
实际消耗 NaOH 体积/mL					
空白/mL					
c/(mol/L)					
$\bar{c}$/(mol/L)					
相对极差/%					

【任务评价】

根据考核内容和评分标准，采取学生自评、同学互评和教师评价等方式，对任务完成情况进行考核，并给出综合评价。任务评价表，见表 3-4。

表 3-4 任务评价表

序号	考核指标	考核内容和评分标准	配分	考核记录	得分
1	HSE(10 分)	操作规范安全，满足 HSE 要求	10		
2	基本操作(50 分)	分度吸量管操作规范，无失误	10		
		移液管操作规范，无失误	10		
		滴定操作规范，无失误	10		
		终点判断准确，操作规范	10		
		空白试验规范，无失误	10		
3	数据记录及处理(10 分)	原始数据及时记录、规范	5		
		数据处理与计算正确	5		
4	测定结果精密度(15 分)	相对极差≤0.25%	15		
		0.25%<相对极差≤0.50%	12		
		0.50%<相对极差≤0.75%	10		
		0.75%<相对极差≤1.0%	8		
		相对极差>1.0%	6		
5	测定结果准确度(15 分)	相对误差≤1.0%	15		
		1.0%<相对误差≤1.5%	12		
		1.5%<相对误差≤2.0%	10		
		2.0%<相对误差≤2.5%	8		
		相对误差>2.5%	6		
合计			100	考核总分	
综合评价					
考核人		学生自评□同学互评□教师评价□	日期	月 日	

【任务小结】

根据所学内容将图 3-4 所示思维导图补充完善。

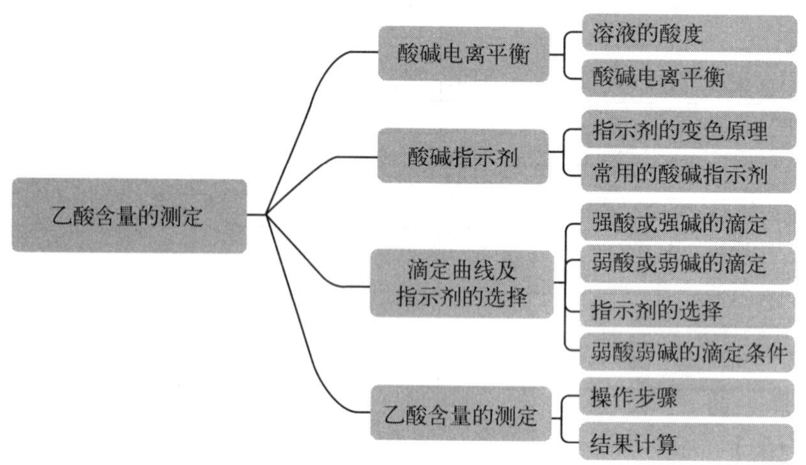

图 3-4　乙酸含量的测定思维导图

任务 2　烧碱中 NaOH 与 Na_2CO_3 含量的分析

【任务目标】

① 掌握双指示剂法测定烧碱中 NaOH 与 Na_2CO_3 含量的原理及方法；

② 熟练完成 HCl 标准溶液滴定烧碱中 NaOH 与 Na_2CO_3 的操作，完成数据分析及处理；

③ 采取安全防护，增强环保意识，遵守实验规范，培养严谨的科学态度。

【任务描述】

氢氧化钠俗称烧碱，是常用的实验室试剂，用于酸碱滴定、溶液配制等实验。也是广泛应用的工业原料，是制造肥皂、洗涤剂的重要原料之一，在石油产品的精炼过程中，用于去除杂质和酸性物质。作为催化剂或中和剂，用于合成树脂和塑料的生产。还应用在金属加工、水处理以及制药工业中。

在生产和存储过程中，常因吸收空气中的 CO_2 而含少量碳酸钠，从而影响氢氧化钠的纯度。烧碱中 NaOH 与 Na_2CO_3 含量的检测，以盐酸为标准滴定溶液，根据滴定过程中 pH 值的变化情况，选用两种不同指示剂，分别指示第一、第二滴定终点，从而求出各组分含量，这种测定方法称为“双指示剂法”。两种指示剂分别选用酚酞和甲基橙。

【知识链接】做中教

一、水解性盐溶液

1. 盐的水解

强碱和强酸生成的盐，在水中完全电离，溶液呈中性。而有些盐类的水溶液却呈碱性或酸性，这是由于这些盐类的离子与水中 H^+ 或 OH^- 作用生成弱酸或弱碱，破坏了水的电离平衡，从而使溶液中 H^+ 和 OH^- 的相对浓度发生了改变，这种现象称为盐的水解。

2. 水解性盐溶液的酸碱度

强碱弱酸所生成的盐，例如 NaAc，水解后溶液呈弱碱性，溶液中 $[OH^-]$ 可按下式求出：

$$[OH^-]=\sqrt{\frac{K_w}{K_a}\times c_s}$$

酸越弱，K_a 越小，所生成的盐越容易水解，溶液中 $[OH^-]$ 也越高。

强酸弱碱所生成的盐，例如 NH_4Cl，水解后溶液呈弱酸性，溶液中 $[H^+]$ 可按下式求出：

$$[H^+]=\sqrt{\frac{K_w}{K_b}\times c_s}$$

碱越弱，K_b 越小，水解就越剧烈，溶液中的 $[H^+]$ 也越高。

二、水解性盐的滴定

强碱弱酸盐和强酸弱碱盐在水溶液中发生水解，呈现不同程度的碱性或酸性，能否用强酸或强碱溶液进行直接滴定，取决于组成盐的弱酸或弱碱的相对强度。

较强的弱酸与强碱所生成的盐，如 NaAc，当用 HCl 标准溶液滴定时，由于滴定终点（生成 HAc）溶液的酸度较高，滴定终点后稍过量的 HCl 所引起的酸度改变不显著，pH 值突跃极小，指示剂的选择有困难。只有那些极弱的酸（$K_a \leqslant 10^{-6}$）与强碱所生成的盐，如 $Na_2B_4O_7 \cdot 10H_2O$（硼砂）、Na_2CO_3 及 KCN 等，才能用标准酸溶液直接滴定。

同样，极弱的碱（$K_b \leqslant 10^{-6}$）与强酸所生成的盐，如盐酸苯胺（$C_6H_5NH_2 \cdot$

HCl)，可以用标准碱溶液直接滴定。而较强的弱碱与强酸所生成的盐，如 NH_4Cl，就不能用标准碱溶液直接滴定。铵盐一般需用间接法加以测定。

三、酸碱缓冲溶液

酸碱缓冲溶液是一种能对溶液酸度起稳定作用的溶液。许多化学反应需要在一定的酸度下进行，因此缓冲溶液应用非常广泛。

1. 缓冲溶液的作用原理

现以 HAc 和 NaAc 所组成的缓冲体系为例，说明缓冲溶液的作用原理。在这种溶液中，NaAc 完全电离成 Na^+ 和 Ac^-，HAc 则部分地电离为 H^+ 和 Ac^-。

$$NaAc \longrightarrow Na^+ + Ac^-$$

$$HAc \rightleftharpoons H^+ + Ac^-$$

如果在溶液中加入少量 HCl，强酸 HCl 全部电离，加入的 H^+ 就与溶液中的 Ac^- 结合成难以电离的 HAc，HAc 的电离平衡向左移动，使溶液中的 $[H^+]$ 增加不多，pH 值变化很小。如果加入少量 NaOH，则加入的 OH^- 与溶液中的 H^+ 结合成 H_2O 分子，引起 HAc 分子继续电离，即平衡向右移动，使溶液中 $[H^+]$ 的降低也不多，pH 值变化仍很小。如果加水稀释，虽然 HAc 的浓度降低了，但它的电离度却相应增大，也使溶液中 $[H^+]$ 基本不变。因此缓冲溶液具有调节控制溶液酸度的能力。

根据弱酸的电离平衡，可以推导出由弱酸和弱酸盐所组成缓冲溶液的 pH 值，即 $pH = pK_a - \lg(c_a/c_s)$。可见，这种缓冲溶液的 pH 值主要取决于对应弱酸的电离常数 K_a 和缓冲混合物的浓度比。当 $c_a/c_s = 1$ 时，$pH = pK_a$，该溶液具有最大缓冲能力。适当改变浓度比，可在一定范围内配制不同 pH 值的缓冲溶液。通常缓冲溶液中各组分浓度为 0.1～1.0mol/L，混合物的浓度比大致控制在 1/10～10 范围内，超过这个范围缓冲能力就很小了。

2. 常用的缓冲溶液

缓冲溶液一般由弱酸和弱酸盐、弱碱和弱碱盐以及不同碱度的酸式盐等组成。在化工分析中，常用的缓冲溶液有以下几种。

① 乙酸-乙酸钠溶液。这是由弱酸及其盐组成的酸性缓冲溶液，可供调节的 pH 值缓冲范围一般为 3.8～5.8。

② 氨水-氯化铵溶液。这是由弱碱及其盐组成的碱性缓冲溶液，适当调节浓度比，可供调节的 pH 值缓冲范围为 8.3～10.3。

码 3-3 缓冲溶液的作用

③ 多元酸的酸式盐溶液。如邻苯二甲酸氢钾溶液、酒石酸氢钾溶液。它们属于两性物质，既可给出 H^+，又可接受 H^+，其本身就构成缓冲

体系。

四、酸碱滴定法的应用——混合碱的分析

制碱工业中经常遇到 NaOH、Na_2CO_3 和 $NaHCO_3$ 混合碱的分析问题。这三种成分通常以两种混合物的形式存在：NaOH-Na_2CO_3、Na_2CO_3-$NaHCO_3$。

烧碱中 NaOH 和 Na_2CO_3 含量的分析，采用酸碱滴定法。滴定过程中，有两个滴定终点，需要两种指示剂分别指示滴定终点，所以称为双指示剂法。

1. NaOH 和 Na_2CO_3 的混合物

滴定 Na_2CO_3 时有两个滴定终点，因此可用双指示剂法。用 HCl 直接滴定 NaOH 和 Na_2CO_3 的混合物。第一滴定终点用酚酞作指示剂，当滴定到酚酞褪色时，NaOH 已完全被中和，而 Na_2CO_3 反应生成 $NaHCO_3$，这时消耗标准酸体积记为 V_1；然后用甲基橙或溴甲酚绿-甲基红混合指示剂，继续用 HCl 滴定到第二滴定终点，使 $NaHCO_3$ 完全转化 H_2CO_3（即 CO_2+H_2O），第二步消耗标准酸的体积记为 V_2，按照化学计量关系，Na_2CO_3 被滴定到 $NaHCO_3$ 和 $NaHCO_3$ 被滴定到 H_2CO_3 所消耗 HCl 物质的量相等。因此，净消耗于 NaOH 的 HCl 溶液体积为 V_1-V_2；消耗于 Na_2CO_3 的 HCl 溶液体积为 $2V_2$。由此求出混合试样 NaOH 和 Na_2CO_3 的含量。

2. Na_2CO_3 和 $NaHCO_3$ 的混合物

双指示剂法同样可以测定 Na_2CO_3 和 $NaHCO_3$ 的混合物。在第一滴定终点，Na_2CO_3 被滴定至 $NaHCO_3$，此时消耗标准酸的体积记为 V_1；在第二滴定终点，混合物中的 $NaHCO_3$ 和由 Na_2CO_3 生成的 $NaHCO_3$ 都被滴定至 H_2CO_3，第二步消耗标准酸的体积记为 V_2，则消耗于 Na_2CO_3 的 HCl 标准溶液体积为 $2V_1$，而净消耗于 $NaHCO_3$ 的 HCl 标准溶液体积为 V_2-V_1，由此即可求出试样中 Na_2CO_3 和 $NaHCO_3$ 的含量。

【任务准备】

1. 仪器和试剂准备

检测所需的仪器设备、试剂，见表 3-5。

表 3-5 检测所需仪器设备、试剂

主要设备	分析天平(精度 0.0001g)
	电炉

续表

玻璃器皿	聚四氟乙烯滴定管(50mL)
	移液管(25mL)、容量瓶(250mL)
	锥形瓶(250mL)、烧杯(100mL)
	其他玻璃仪器
试剂	盐酸标准滴定溶液(0.1mol/L)
	烧碱试样
	酚酞指示剂、甲基橙指示剂

2. 实验室检查

检查水、电、通风以实验环境。确保分析检测的安全、高效和规范。

【任务实施】 做中学

烧碱中 NaOH 与 Na_2CO_3 含量的测定如下。

1. 操作步骤

准确称取烧碱试样 2.6g，溶解后转移至 250mL 容量瓶中，用水稀释至标线，摇匀。准确移取 25.00mL 稀释好的烧碱试液，注入 250mL 锥形瓶中，加 2 滴酚酞指示液，用盐酸标准溶液滴定至溶液由粉红色变为无色，即为第一滴定终点，记录滴定所消耗的盐酸标准滴定溶液的体积 V_1。然后再加入 1 滴甲基橙指示剂，用盐酸标准滴定溶液滴定至溶液由黄色变为橙色时，煮沸 2min，冷却后继续滴定至溶液再呈橙色，即为第二滴定终点，记录滴定所消耗的盐酸标准溶液的体积 V_2。

平行测定 3 次，判断烧碱组成并计算各组分的含量（以质量分数表示）。

2. 结果计算

按下式计算烧碱中 NaOH 与 Na_2CO_3 的含量。取 3 次测定结果的算术平均值作为最终结果，结果保留 4 位有效数字。

$$\omega_{NaOH}(\%)=\frac{c_{HCl}(V_1-V_2)\times M_{NaOH}}{m\times\frac{25.00}{250.0}}\times100$$

$$\omega_{Na_2CO_3}(\%)=\frac{c_{HCl}\times2V_2\times M_{\frac{1}{2}Na_2CO_3}}{m\times\frac{25.00}{250.0}}\times100$$

式中 ω_{NaOH}——烧碱中 NaOH 的质量分数，%；

$\omega_{Na_2CO_3}$——烧碱中 Na_2CO_3 的质量分数，%；

c_{HCl}——盐酸标准滴定溶液的浓度，mol/L；

V_1——第一滴定终点实际消耗盐酸标准滴定溶液的体积，mL；

V_2——第二滴定终点实际消耗盐酸标准滴定溶液的体积，mL；

m——烧碱试样的质量，g；

M_{NaOH}——烧碱的摩尔质量，40.00g/mol；

$M_{\frac{1}{2}Na_2CO_3}$——$\frac{1}{2}Na_2CO_3$ 的摩尔质量，52.99g/mol。

对结果的精密度进行分析，以相对极差表示，结果精确至小数点后 2 位。

3. 数据记录及处理

烧碱样品测定记录单，见表 3-6。

表 3-6 烧碱样品测定记录单

项目		1	2	3	备用
烧碱试样制备	称取试样质量/g				
	定容体积/mL				
烧碱试液测定	移取试液体积/mL				
滴定管初读数/mL					
第一滴定终点读数/mL					
第一滴定终点消耗体积/mL					
体积校正值/mL					
溶液温度/℃					
温度补正值/(mL/L)					
溶液温度校正值/mL					
V_1(第一滴定终点实际消耗体积)/mL					
第二滴定终点读数/mL					
第二滴定终点消耗体积/mL					
体积校正值/mL					
溶液温度/℃					
温度补正值/(mL/L)					
溶液温度校正值/mL					
V_2(第二滴定终点实际消耗体积)/mL					
c_{HCl}/(mol/L)					
碳酸钠的含量 ω/%					
碳酸钠的平均浓度 $\bar{\omega}$/%					
碳酸钠的相对极差/%					
氢氧化钠的浓度 ω/%					
氢氧化钠的平均浓度 $\bar{\omega}$/%					
氢氧化钠的相对极差/%					

【任务评价】

根据考核内容和评分标准，采取学生自评、同学互评和教师评价等方式，对任务完成情况进行考核，并给出综合评价。任务评价表，见表 3-7。

表 3-7 任务评价表

序号	考核指标	考核内容和评分标准	配分	考核记录	得分
1	HSE(10 分)	操作规范安全，满足 HSE 要求	10		
2	基本操作 (50 分)	移取操作规范，无失误	10		
		使用容量瓶配制溶液操作规范	10		
		滴定终点判断准确，操作规范	10		
		判断烧碱组成正确	10		
		空白试验规范，无失误	10		
3	数据记录及处理 (10 分)	原始数据及时记录、规范	5		
		数据处理与计算正确	5		
4	测定结果精密度 (15 分)	相对极差≤0.20%	15		
		0.20%＜相对极差≤0.50%	12		
		0.50%＜相对极差≤0.80%	10		
		0.80%＜相对极差≤1.0%	8		
		相对极差＞1.0%	6		
5	测定结果准确度 (15 分)	相对误差≤1.0%	15		
		1.0%＜相对误差≤1.5%	12		
		1.5%＜相对误差≤2.0%	10		
		2.0%＜相对误差≤2.5%	8		
		相对误差＞2.5%	6		
合计			100	考核总分	
综合评价					
考核人		学生自评□同学互评□教师评价□	日期	月 日	

【任务小结】

根据所学内容将图 3-5 所示思维导图补充完善。

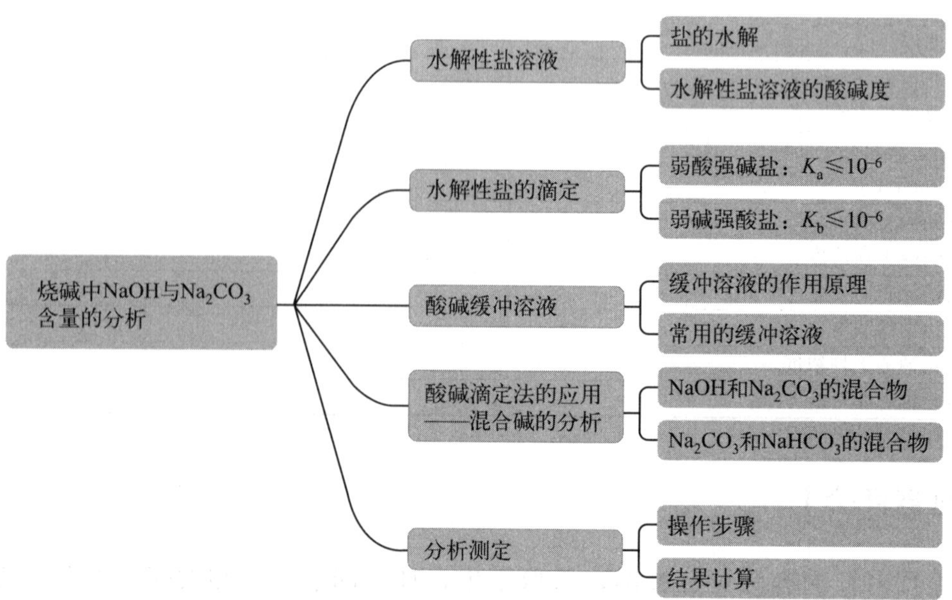

图 3-5 烧碱中 $NaOH$ 与 Na_2CO_3 含量的分析思维导图

任务3　工业用水硬度的测定

【任务目标】

① 理解配位反应原理、金属指示剂作用原理；

② 掌握 EDTA 滴定测水硬度的原理和方法，用 EDTA 标准溶液熟练测定水样硬度，正确记录并处理数据；

③ 实验中做好安全防护，保护环境，遵守实验操作规范。

【任务描述】

水中钙镁含量俗称水的“硬度”，是水质分析的重要指标，测定水的硬度通常是指测定水中 Ca^{2+}、Mg^{2+} 的含量。无论是生活用水还是工业用水，对钙镁含量都有一定要求。若水的硬度过高，会在工业设备中形成水垢，影响设备的正常运行，影响生产效率，甚至降低设备的使用寿命，增加维护成本。

工业用水硬度的测定，采用配位滴定法，以 EDTA 作标准滴定溶液，用铬黑 T 作指示剂。水样采集来自工业锅炉用水。

【知识链接】

一、 EDTA 及其分析特性

1. EDTA 与金属离子的配位反应

乙二胺四乙酸英文缩写为 EDTA，常用 H_4Y 表示。由于它在水中溶解度很小，故常用其二钠盐（$Na_2H_2Y \cdot 2H_2O$），也称为 EDTA。通常配制成 0.01～0.1mol/L 的标准溶液用于滴定分析。

EDTA 是一个多基配位体，其分子中的 2 个 N（氮原子）和 4 个羧基中的 O（氧原子）能与金属离子形成配位键，构成环状配合物（螯合物），其配位反应有以下特点。

① EDTA 与不同价态的金属离子生成配合物时，化学反应计量系数一般为 1∶1。因此，EDTA 配位滴定反应以 EDTA 分子和被滴定金属离子作为基本单元，符合等物质的量反应规则，定量计算非常方便。

② EDTA 与多数金属离子生成稳定的配合物，配位反应进行完全。该配位反应的平衡常数可表示为：

$$\frac{[MY]}{[M][Y]}=K_{MY}$$

K_{MY} 称为金属离子与 EDTA 配合物的稳定常数或形成常数。除一价金属离子外，其余金属离子配合物的 $\lg K_{MY}$ 值一般大于 8，适宜进行配位滴定。

③ EDTA 与大多数金属离子的配位反应速率快，生成的配合物易溶于水，滴定可以在水溶液中进行，且容易找到适用的指示剂指示滴定终点。

2. 酸度对配位滴定的影响

乙二胺四乙酸是多元弱酸，在水溶液中分级电离，酸度的大小直接影响配位反应中配合物的稳定性，因此 EDTA 滴定中选择合适的酸度十分重要。

将金属离子的 $\lg K_{MY}$ 值与用 EDTA 滴定时最低允许 pH 值绘制成关系曲线，就得到 EDTA 的酸效应曲线，如图 3-6 所示。利用酸效应曲线，可以选择滴定金属离子的酸度条件，还可判断共存的其他金属离子是否产生干扰。

（1）选择滴定的酸度条件

在酸效应曲线上找出被测离子的位置，由此作水平线，所得 pH 值就是单独滴定该金属离子的最低允许 pH 值。如果曲线上没有直接标明被测离子，可由被测离子的 $\lg K_{MY}$ 值处作竖直线，与曲线的交点即为被测离子的位置，然后按上述方法可找出滴定的最低允许 pH 值。

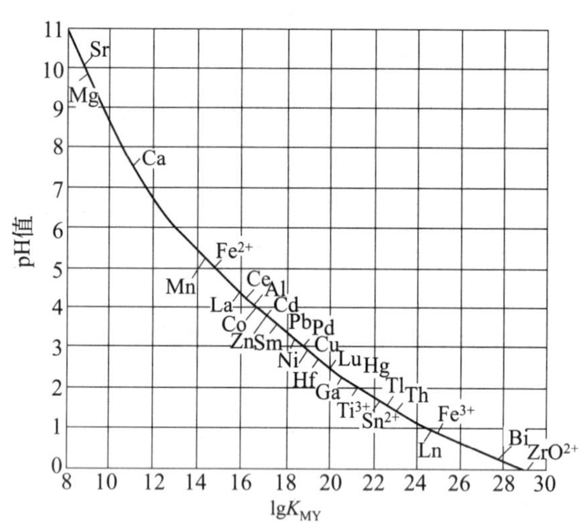

图 3-6 EDTA 滴定金属离子所允许的最低 pH 值

（2）判断干扰情况

酸效应曲线上，位于被测离子下方的其他离子干扰被测离子的滴定，因为它们也符合被定量滴定的酸度条件。位于被测离子上方的其他离子是否有干扰，要看它们与 EDTA 形成配合物的稳定常数相差多少以及所选的酸度是否适宜。经验表明，在酸效应曲线上，一种离子由开始部分被配位到全部定量配位的过程，大约相当于 5 个 $\lg K_{MY}$ 单位。当两种离子浓度相近，若其配合物的 $\lg K_{MY}$ 之差小于 5，位于上方的离子由于部分被配位而干扰被测离子的滴定。

二、金属指示剂

配位滴定指示终点的方法比较多，其中最常用的是使用金属指示剂来确定滴定终点。

1. 金属指示剂的作用原理

金属指示剂是一种能与金属离子配位的配合剂，一般为有机染料。由于它与金属离子配位前后颜色不同，所以能作为指示剂来确定终点。金属指示剂，必须具备下列条件：

① 在滴定的 pH 值范围内，指示剂本身的颜色与它和金属离子生成配合物的颜色应有显著的差别。这样在滴定终点时颜色变化明显，便于判断终点的到达。

② 指示剂与金属离子生成配合物的稳定性要比 EDTA 与金属离子生成配合物的稳定性略小一些。否则，滴定终点时会出现终点延迟或者指示剂的封闭现象。

③ 指示剂与金属离子形成的配合物应易溶于水，如果形成胶体溶液或沉淀，会使滴定终点拖长，这种现象称为指示剂的僵化。

码 3-4　金属指示剂变色演示

码 3-5　金属指示剂封闭现象

码 3-6　金属指示剂僵化现象

2. 常用的金属指示剂

常用的金属指示剂及其主要应用列于表 3-8。

表 3-8　常用的金属指示剂及其主要应用

指示剂	可直接滴定的金属离子	使用 pH 值范围	与金属配合物颜色	指示剂本身颜色
铬黑 T(EBT)	Mg^{2+}、Cd^{2+}、Zn^{2+}、Hg^{2+}、Pb^{2+}	9～10	紫红色	蓝色
二甲酚橙(XO)	Zr^{4+} Bi^{3+} Th^{4+} Sc^{3+}	<1 1～2 2.5～3.5 3～5	红紫色	黄色
1-(2-吡啶偶氮)-2-萘酚(PAN)	Cd^{2+} In^{3+} Zn^{2+}(加入乙醇) Cu^{2+}	6 2.5～3.5 5.7 3～10	红色	黄色
钙指示剂(NN)	Ca^{2+}	12～13	红色	蓝色
酸性铬蓝 K	Ca^{2+}、Mg^{2+}、Mn^{2+}、Zn^{2+}	9～10	红色	蓝灰色
磺基水杨酸(SSal)	Fe^{3+}	2～3	紫红色	无色
偶氮胂(Ⅲ)	稀土元素	4.5～8	深蓝色	红色

三、水硬度的测定

测定水的硬度，选用 NH_3-NH_4Cl 缓冲溶液（pH≈10）调节溶液酸碱度，用 EDTA 标准滴定溶液直接滴定。由于 $K_{CaY}>K_{MgY}$，EDTA 首先和溶液中 Ca^{2+} 配位，再与 Mg^{2+} 配位，故选用对 Mg^{2+} 灵敏的指示剂铬黑 T 来指示终点。为提高终点指示的灵敏度，可在缓冲溶液中加入少量的 EDTA 二钠镁盐。

【任务准备】

1. 仪器和试剂准备

检测所需的玻璃仪器、试剂，见表 3-9。

表 3-9　检测所需玻璃仪器、试剂

玻璃仪器	聚四氟乙烯滴定管(50mL)
	移液管(25mL)
	锥形瓶(250mL)、量筒(5mL)
	烧杯(100mL)、其他玻璃仪器
试剂	EDTA 标准滴定溶液(0.02mol/L)
	锅炉水样
	氨-氯化铵缓冲溶液(pH≈10)
	铬黑 T 指示剂(5g/L)

2. 实验室检查

检查水、电、通风以及实验环境。确保分析检测的安全、高效和规范。

【任务实施】 做中学

水样硬度的测定如下。

1. 操作步骤

用 25mL 移液管准确移取透明水样（如果水样浑浊，取样前应过滤），注入 250mL 锥形瓶中，加入 5mL 氨-氯化铵缓冲溶液和 2 滴铬黑 T（5g/L）指示剂，在不断摇动下，用 0.02mol/L EDTA 标准滴定溶液滴定至溶液由酒红色变为蓝色即为终点，记录 EDTA 标准滴定溶液所消耗体积 V。

平行测定 3 次，同时做空白试验。

2. 结果计算

水样的硬度 YD（mg/L）计算公式如下：

$$YD_{CaCO_3}=\frac{c(V-V_0)\times M\times 10^3}{V_s}$$

式中 YD_{CaCO_3}——以 $CaCO_3$ 计的水的总硬度，mg/L；

c——EDTA 标准滴定溶液的浓度，mol/L；

V——消耗 EDTA 标准滴定溶液的体积，mL；

V_0——空白试验消耗 EDTA 标准滴定溶液的体积，mL；

M——$CaCO_3$ 的摩尔质量，为 100.09g/mol；

V_s——水样体积，mL。

对结果的精密度进行分析，以相对极差 A 表示，结果精确至小数点后 2 位。

3. 数据记录及处理

水样硬度的测定记录表，见表 3-10。

表 3-10 水样硬度的测定记录表

项目	1	2	3	备用
移取水样体积/mL				
滴定管初读数/mL				
滴定管终读数/mL				
滴定消耗 EDTA 体积/mL				
体积校正值/mL				
溶液温度/℃				
温度补正值/(mL/L)				
溶液温度校正值/mL				
实际消耗 EDTA 体积/mL				
空白试验/mL				
c_{EDTA}/(mol/L)				
YD/(mg/L)				
$\overline{YD}$/(mg/L)				
相对极差/%				

【任务评价】

根据考核内容和评分标准，采取学生自评、同学互评和教师评价等方式，对任务完成情况进行考核，并给出综合评价。任务评价表，见表 3-11。

表 3-11 任务评价表

序号	考核指标	考核内容和评分标准	配分	考核记录	得分
1	HSE(10 分)	操作规范安全，满足 HSE 要求	10		
2	基本操作(40 分)	移液管操作规范、熟练	10		
		滴定操作规范、熟练	10		
		滴定终点判断准确，操作规范	10		
		空白试验规范	10		
3	数据记录及处理(20 分)	原始数据及时记录、规范	10		
		数据处理与计算正确	10		

续表

序号	考核指标	考核内容和评分标准	配分	考核记录	得分
4	测定结果精密度（15 分）	相对极差≤0.20%	15		
		0.20%<相对极差≤0.50%	12		
		0.50%<相对极差≤0.80%	10		
		0.80%<相对极差≤1.0%	8		
		相对极差>1.0%	6		
5	测定结果准确度（15 分）	相对误差≤1.0%	15		
		1.0%<相对误差≤1.5%	12		
		1.5%<相对误差≤2.0%	10		
		2.0%<相对误差≤2.5%	8		
		相对误差>2.5%	6		
合计			100	考核总分	
综合评价					
考核人		学生自评□同学互评□教师评价□	日期	月　　日	

【任务小结】

引导学生根据所学内容将图 3-7 所示思维导图补充完善。

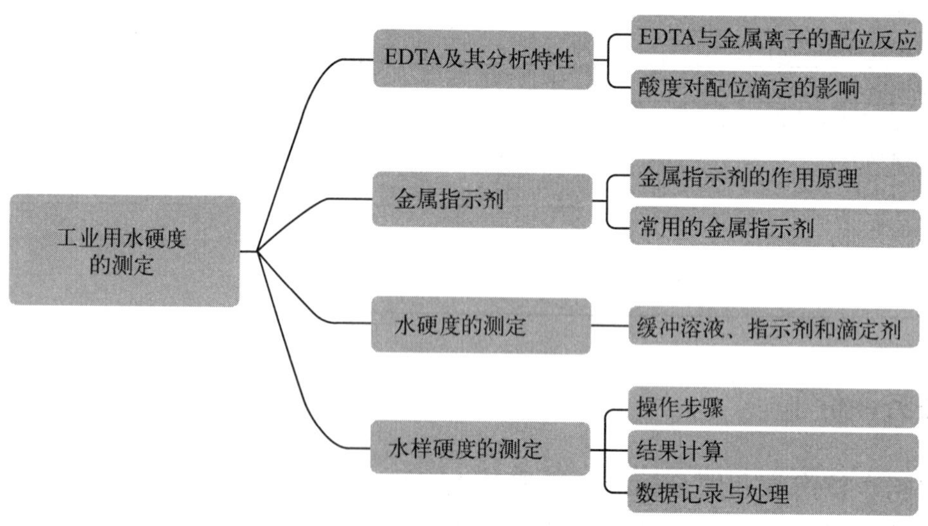

图 3-7　工业用水总硬度的测定

任务 4　水中氯离子含量的测定

【任务目标】

① 了解沉淀滴定法、银量法，理解莫尔法的测定原理、滴定条件和应用范围；

② 熟练完成水样中氯离子含量的测定及数据的处理；

③ 规范操作，培养严谨的规则意识和认真的学习态度。

【任务描述】

天然水中含有氯化物，自来水厂用漂白粉消毒处理时，也会带入一定量的氯化物，生活饮用水中氯化物含量不得超过250mg/L。工业上，工业循环冷却水、锅炉用水中氯离子含量也是常见的监控指标，水中浓度过高的氯离子会加速设备、管道的腐蚀。氯离子含量测定时，通常根据干扰物质的成分、氯化物的含量等选择合适的方法。

本次任务水试样中氯离子含量的测定，选用莫尔法。水样采自锅炉用水。引用标准：《工业循环冷却水和锅炉用水中氯离子的测定》(GB/T 15453—2018)。

【知识链接】 做中教

一、沉淀滴定法概述

1. 沉淀滴定法

沉淀滴定法是以沉淀反应为基础的滴定分析方法。能生成沉淀的反应很多，但能用于滴定分析的反应并不多，沉淀滴定对化学反应的要求如下：

① 沉淀反应有明确的计量关系，沉淀组成恒定；

② 沉淀的溶解度要小；

③ 沉淀反应迅速；

④ 有适当的方法指示终点；

⑤ 沉淀的吸附现象不影响滴定终点的确定。

2. 银量法

目前，沉淀滴定法中应用较为广泛的是生成难溶性银盐的反应，例如：

码 3-7 佛尔哈德法

$$Ag^{+}+Cl^{-} \rightleftharpoons AgCl\downarrow$$

这种利用生成难溶性银盐反应的沉淀滴定法称为银量法。银量法根据确定终点的指示剂不同，分为三种方法。以铬酸钾作为指示剂的银量法，称为莫尔法，如水中氯化物含量的测定；以铁铵矾作为指示剂的银量法，称为佛尔哈德法；以及使用吸附指示剂的法扬斯法。以莫尔法为例讨论银量法的原理及应用，其他方法可参考相关的分析化学资料。

码 3-8 法扬斯法

二、莫尔法

1. 测定原理

在中性或弱碱性条件下，以铬酸钾（K_2CrO_4）为指示剂，用 $AgNO_3$ 标准溶液直接滴定 Cl^-（或 Br^-）。以 Cl^- 为例，反应如下：

化学计量点前　　$Ag^+ + Cl^- \rightleftharpoons AgCl\downarrow$（白色）

化学计量点后　$2Ag^+ + CrO_4^{2-} \rightleftharpoons Ag_2CrO_4\downarrow$（砖红色）

由于 AgCl 的溶解度比 Ag_2CrO_4 小，在滴定过程中，首先析出 AgCl 白色沉淀，当 Cl^- 完全沉淀后，稍过量的 $AgNO_3$ 标准溶液与指示剂 K_2CrO_4 反应，生成砖红色的 Ag_2CrO_4 沉淀，以指示滴定终点。

2. 滴定条件

（1）指示剂用量

指示剂用量直接影响莫尔法的准确度。指示剂的加入量应当控制在化学计量点附近恰好生成 Ag_2CrO_4 沉淀为宜。若用量过多，不仅终点提前，而且 CrO_4^{2-} 本身的黄色也会影响终点观察；若用量过少，则终点滞后。实践证明，滴定中 CrO_4^{2-} 浓度控制在 0.003～0.005mol/L 较为合适，即在 100mL 溶液中加入 50g/L 的 K_2CrO_4 溶液 1～2mL。

（2）溶液的酸度

莫尔法滴定所需的适宜酸度条件为中性或弱碱性。在酸性（或 pH≤6.5）溶液中，因为 Ag_2CrO_4 易溶于酸，会降低 CrO_4^{2-} 的浓度，使 Ag_2CrO_4 沉淀出现过迟，甚至不产生沉淀。在强碱性（或 pH≥10.5）溶液中，会有褐色的 Ag_2O 沉淀析出。因此，滴定时溶液的 pH 值控制在 6.5～10.5 为宜。

（3）充分摇动试液

由于沉淀吸附的原因，生成的卤化银沉淀容易吸附卤素离子，导致滴定终点提前出现。因此，滴定时必须充分摇动试液，释放出被 AgCl 或 AgBr 沉淀吸附的 Cl^- 或 Br^-。

（4）干扰离子

能与 Ag^+ 生成沉淀的阴离子，如 PO_4^{3-}、AsO_4^{3-}、SO_3^{2-}、S^{2-}、CO_3^{2-}、CrO_4^{2-} 等，能与 CrO_4^{2-} 生成沉淀的阳离子，如 Ba^{2+}、Pb^{2+} 等对滴定都有干扰。大量的 Cu^{2+}、Ni^{2+}、Co^{2+} 等有色离子的存在也会影响终点观察。在中性或弱碱性溶液中易发生水解反应的离子，如 Fe^{3+}、Al^{3+}、Bi^{3+}、Sn^{4+} 等均会干扰测定。因此，必须预先将其掩蔽或分离。

3. 应用范围

莫尔法主要用于测定 Cl^-、Br^- 和 Ag^+。当 Cl^- 和 Br^- 共存时，测得结果是它们的总量。测定 Ag^+ 时，需用返滴定法，即向试液中加入过量的 NaCl 标准溶液，然后加入指示剂，再用 $AgNO_3$ 标准溶液滴定剩余量的 Cl^-。

莫尔法不宜测定 I^- 和 SCN^-。这是因为滴定生成的 AgI 和 AgSCN 沉淀会强烈吸附 I^- 和 SCN^-，即使剧烈摇动也无法释放出被吸附的 I^- 和 SCN^-。

【任务准备】

1. 仪器和试剂准备

检测所需的玻璃仪器、试剂，见表 3-12。

表 3-12 检测所需仪器设备、试剂

玻璃仪器	棕色聚四氟乙烯滴定管(50.00mL)
	移液管(25.00mL)、锥形瓶(250mL)
	烧杯(100mL)、其他玻璃仪器
试剂	锅炉用水试样
	0.02mol/L $AgNO_3$ 标准溶液
	50g/L K_2CrO_4 指示液

2. 实验室检查

检查水、电、通风以及实验环境。确保分析检测的安全、高效和规范。

【任务实施】 做中学

水中氯离子含量的测定如下。

1. 操作步骤

准确移取含氯化物的水样 25.00mL 于锥形瓶中；加入 1mL K_2CrO_4 指示剂；在不断摇动下，用 $AgNO_3$ 标准溶液滴定至溶液呈砖红色即为终点；记录消耗 $AgNO_3$ 标准溶液的体积。

平行测定 3 次，同时做空白试验。

计算水样中氯离子含量（mg/L)。

氯的质量浓度计算公式：

$$\rho_{Cl^-}=\frac{c_{AgNO_3}V_{AgNO_3}M_{Cl^-}}{V}\times 1000$$

式中 ρ_{Cl^-}——水样中氯的质量浓度，mg/L；

c_{AgNO_3}——$AgNO_3$ 标准溶液的浓度，mol/L；

V_{AgNO_3}——实际消耗 $AgNO_3$ 标准溶液的体积，mL；

M_{Cl^-}——氯的摩尔质量，g/mol；

V——含氯水样的体积，mL。

2. 数据记录及处理

记录实验数据并处理，完成表 3-13。

表 3-13 水中氯离子含量测定记录表

项目	1	2	3	备用
移取水样体积/mL				
滴定管初读数/mL				
滴定管终读数/mL				
体积校正值/mL				
溶液温度/℃				
溶液温度校正值/(mL/L)				
空白值/mL				
实际消耗 $AgNO_3$ 标准溶液的体积/mL				
Cl^- 质量浓度/(mg/L)				
Cl^- 质量浓度/(mg/L)				
相对极差/%				

【任务评价】

根据考核内容和评分标准，采取学生自评、同学互评和教师评价等方式，对任务完成情况进行考核，并给出综合评价。任务评价表，见表 3-14。

表 3-14 任务评价表

序号	评价指标	考核内容和评分标准	配分	考核记录	得分
1	基本操作(50 分)	移液管的使用正确，移液操作规范	10		
		滴定管的使用正确	10		
		滴定操作规范	10		
		终点判断准确，滴加半滴至终点	10		
		滴定管读数规范、读数准确	10		
2	数据记录及处理(10 分)	原始数据及时记录、规范	5		
		数据处理与计算正确	5		
3	精密度(15 分)	相对极差≤0.20%	15		
		0.20%<相对极差≤0.50%	12		
		0.50%<相对极差≤0.80%	10		
		0.80%<相对极差≤1.00%	8		
		相对极差>1.00%	6		
4	准确度(15 分)	相对误差≤1.0%	15		
		1.0%<相对误差≤1.5%	12		
		1.5%<相对误差≤2.0%	10		
		2.0%<相对误差≤2.5%	8		
		相对误差>2.5%	6		

续表

序号	评价指标	考核内容和评分标准	配分	考核记录	得分
5	HSE(10分)	操作规范安全,满足HSE要求	10		
合计			100	考核总分	
综合评价					
考核人		学生自评□同学互评□教师评价□	日期	月　　日	

【任务小结】

引导学生根据所学内容将图3-8所示思维导图补充完善。

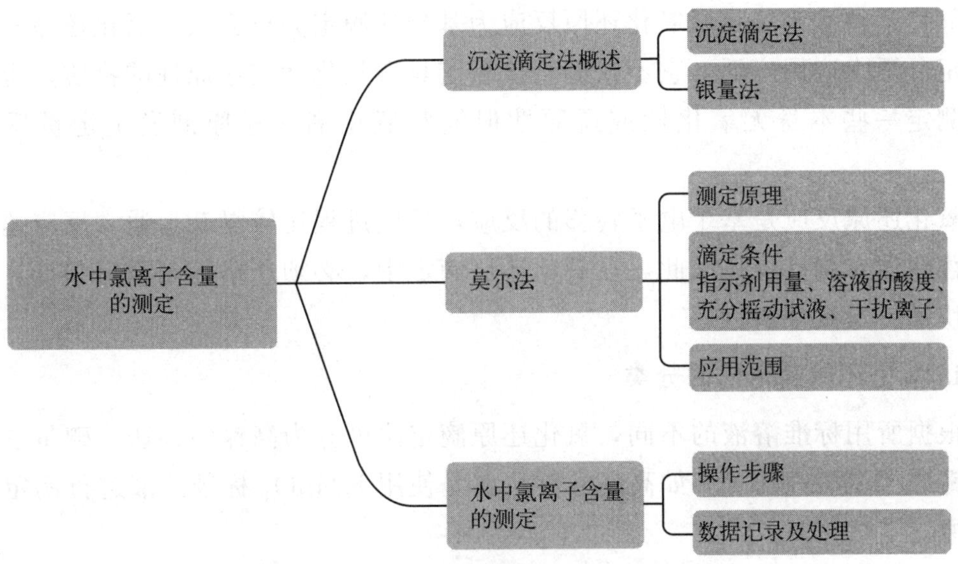

图3-8　水中氯离子含量的测定思维导图

任务5　过氧化氢含量的测定

【任务目标】

① 了解氧化还原滴定法、高锰酸钾法，理解高锰酸钾法的测定原理；

② 熟练完成过氧化氢含量的测定及数据处理；

③ 培养求真务实的科学探究精神和环境保护意识。

【任务描述】

过氧化氢俗称双氧水，分子式为 H_2O_2。主要用作氧化剂、漂白剂和清洗剂等，在纺织、化工、造纸、电子、环保、采矿、医药、航空航天及军事工业等领域广泛应用。

双氧水中过氧化氢含量一般为30%左右。过氧化氢的检验方法有多种，常见的有碘量法、高锰酸钾法、二甲酚橙法等。本次任务选用高锰酸钾法测定双氧水样品中的过氧化氢含量。试样来自市售的化学试剂双氧水。

【知识链接】 做中教

一、氧化还原滴定法概述

氧化还原滴定法是以氧化还原反应为基础的滴定分析方法。氧化还原滴定法在滴定分析中应用广泛，它不仅能直接测定具有氧化性或还原性的物质，也能间接地测定一些本身无氧化性或还原性但能与氧化剂或还原剂发生定量反应的物质。

氧化还原反应是基于电子转移的反应，反应过程比较复杂，通常反应速率较慢，往往伴有副反应。因此，在氧化还原滴定中，必须严格控制滴定条件，确保反应快速、定量完成。

1. 氧化还原滴定法的分类

根据所用标准溶液的不同，氧化还原滴定法可分为高锰酸钾法、碘量法、重铬酸钾法、溴酸钾法等。如高锰酸钾法就是使用 $KMnO_4$ 标准溶液进行滴定的氧化还原滴定法。

本任务以应用广泛的高锰酸钾法作为学习重点。碘量法在项目五中学习，重铬酸钾法、溴酸钾法的原理及应用，可参考相关的分析化学资料。

2. 氧化还原滴定指示剂

能在氧化还原滴定化学计量点附近，使溶液颜色发生改变，指示滴定终点到达的一类物质称为氧化还原滴定指示剂。常用的氧化还原滴定指示剂有以下几个类型。

码 3-9　重铬酸钾法

(1) 氧化还原指示剂

氧化还原指示剂本身是弱氧化剂或弱还原剂，其氧化态和还原态具有不同的颜色。在滴定过程中因指示剂被氧化或被还原而发生颜色变化来指示终点。

氧化还原指示剂是氧化还原滴定法的通用指示剂。由于氧化还原指示剂本身具有氧化还原作用，也要消耗一定量的滴定液，测定时需做空白试验以校正指示剂误差。

（2）自身指示剂

有些标准溶液或被滴定物质本身具有很深的颜色，而滴定产物无色或颜色很浅，滴定时就不需要另加指示剂，利用它们本身的颜色变化指示终点。这类指示剂称为自身指示剂。

例如，在酸性溶液中用 $KMnO_4$ 标准溶液滴定无色或浅色的还原剂（如 H_2O_2、$H_2C_2O_4$ 等）溶液时，$KMnO_4$ 在反应中被还原为近似无色的 Mn^{2+}，在化学计量点后稍微过量的 $KMnO_4$ 溶液可使溶液呈现粉红色，指示终点的到达。

（3）专属指示剂

本身不具有氧化还原性，但能与氧化剂或还原剂反应，产生特殊颜色来确定终点的指示剂称为专属指示剂。

例如，在碘量法中，可溶性淀粉溶液遇碘生成深蓝色吸附化合物。借助蓝色的出现和消失来判断化学计量点。淀粉就是碘量法的专属指示剂。

3. 提高氧化还原反应速率的方法

在氧化还原滴定中，为使某些速率缓慢的反应满足滴定分析的需求，可以采用以下方法来加快化学反应速率。

（1）增大反应物的浓度

根据质量作用定律，增大反应物的浓度，可以加快氧化还原反应的速度，反应物浓度越大，反应速率越快。

（2）提高溶液的温度

升高温度可加快化学反应速率。实验表明，温度每升高 10℃，反应速率增大 2～4 倍。例如，在酸性溶液中 $KMnO_4$ 与 $Na_2C_2O_4$ 的反应，室温下反应速率很慢，若将溶液加热至 75～85℃，反应速率显著提高。

需要注意的是，对于容易挥发的物质（如 I_2）或加热会促进空气氧化的物质（如 Fe^{2+}、Sn^{2+} 等），不能用加热的方法来提高反应速率。因此，在分析工作中，要根据具体情况确定适宜的温度条件。

（3）使用催化剂

使用催化剂是提高反应速率的有效方法。例如，在酸性溶液中，$KMnO_4$ 与 $C_2O_4^{2-}$ 的反应，在滴定的初始阶段反应速率相当缓慢，若加入催化剂 Mn^{2+}，则反应立即加速。此滴定操作，一般不另加催化剂，而是靠反应产生的 Mn^{2+} 起催化作用。这样，只是在滴定开始时反应缓慢，随着滴定的进行，Mn^{2+} 量逐渐增多，反应速率会越来越快。

二、高锰酸钾法

高锰酸钾法是利用高锰酸钾标准溶液进行滴定的氧化还原滴定法。

1. 基本原理及滴定条件

$KMnO_4$ 是一种强氧化剂，其氧化能力与溶液的酸度有关。其在强酸性溶液中氧化能力最强，MnO_4^- 被还原为无色的 Mn^{2+}，有利于终点的观察。

由于 $KMnO_4$ 在弱酸性、中性、弱碱性溶液中被还原为棕色的 MnO_2，影响滴定终点的观察。因此，$KMnO_4$ 法一般都选择在强酸性溶液中进行，酸度以 1～2mol/L 为宜。酸度太高，$KMnO_4$ 易分解，酸度过低，反应速率慢且会生成 MnO_2 沉淀。调节溶液酸度常用硫酸，应避免使用盐酸和硝酸，因为盐酸中的 Cl^- 具有还原性，能被 MnO_4^- 氧化，而硝酸具有强氧化性，它可能氧化被测定物质。

2. 应用范围

高锰酸钾法应用广泛，在强酸性条件下，利用 $KMnO_4$ 标准滴定溶液作氧化剂，能够直接滴定许多还原性物质，如 $C_2O_4^{2-}$、H_2O_2、Fe^{2+}、NO_2^-、Sb(Ⅲ)、As(Ⅲ) 等。$KMnO_4$ 与另一还原剂相配合，可用返滴定法测定许多氧化性物质，如 $Cr_2O_7^{2-}$、ClO_3^-、BrO_3^-、PbO_2 及 MnO_2 等。

某些不具有氧化还原性的物质，若能与还原剂或氧化剂定量反应，也可用间接法加以测定。例如钙盐的测定：将试样处理成溶液后，用 $C_2O_4^{2-}$ 将 Ca^{2+} 沉淀为 CaC_2O_4，以稀硫酸溶解沉淀，用 $KMnO_4$ 标准溶液滴定溶液中的 $C_2O_4^{2-}$，从而间接求出钙的含量。

另外，在强碱性条件下，过量的 $KMnO_4$ 能够定量氧化某些有机物，如甘油、甲酸、甲醇等。故常在强碱性溶液中测定有机物的含量。

例如，高锰酸钾法测定甲醇，将一定过量的 $KMnO_4$ 标准滴定溶液加到碱性试样中，发生如下反应：

$$CH_3OH + 6MnO_4^- + 8OH^- \longrightarrow CO_3^{2-} + 6MnO_4^{2-} + 6H_2O$$

待反应完全后，再将溶液酸化，用 $FeSO_4$ 标准溶液滴定，使所有高价锰还原为 Mn^{2+}，算出消耗 $FeSO_4$ 的物质的量，再算出反应前加入的 $KMnO_4$ 标准溶液相当于 $FeSO_4$ 的物质的量，根据两者差值即可求出甲醇含量。应用该法还可测定水中有机污染物的含量。

3. 指示剂

用高锰酸钾滴定无色或浅色溶液时，通常用 $KMnO_4$ 作自身指示剂。当高锰酸钾溶液浓度较低（小于 0.002mol/L）时，也可选用二苯胺等氧化还原指示剂。

三、高锰酸钾法测定过氧化氢含量的原理

在硫酸的酸性条件下，用 $KMnO_4$ 标准溶液直接滴定 H_2O_2 试样，以 $KMnO_4$ 自身为指示剂。根据 $KMnO_4$ 溶液的浓度和所消耗的体积，计算出 H_2O_2 含量。化学方程式如下：

$$5H_2O_2 + 2KMnO_4 + 3H_2SO_4 = 2MnSO_4 + K_2SO_4 + 8H_2O + 5O_2 \uparrow$$

码 3-10　高锰酸钾溶液的制备

码 3-11　高锰酸钾标准溶液标定

【任务准备】

1. 仪器和试剂准备

检测所需的仪器设备、试剂，见表 3-15。

表 3-15　检查所需仪器设备、试剂

仪器准备	棕色聚四氟乙烯滴定管(50mL)
	容量瓶(250mL)
	吸量管(10mL)、移液管(2.00mL、25mL)
	锥形瓶(250mL)、量筒(20mL)
	烧杯(500mL、100mL)、其他玻璃仪器
试剂	过氧化氢试样(约 30%)
	$KMnO_4$ 标准溶液(0.02mol/L)
	硫酸溶液(3mol/L)

2. 实验室检查

检查水、电、通风以及实验环境。确保分析检测的安全、高效和规范。

【任务实施】 做中学

码 3-12　双氧水中过氧化氢含量的测定

过氧化氢含量的测定如下。

1. 操作步骤

准确移取 2.00mL 浓度约 30% 的过氧化氢试样，注入装有 150mL 蒸馏水的 250mL 容量瓶中，平摇一次，稀释定容，充分摇匀。

用移液管准确移取上述试液 25.00mL，放于锥形瓶中；锥形瓶中加入 3mol/L 的 H_2SO_4 溶液 20mL；用 0.02mol/L 的 $KMnO_4$ 标准溶液滴定（注意

滴定速度)，溶液至粉红色，保持 30s 不褪色即为终点；记录消耗 $KMnO_4$ 标准溶液的体积。

平行测定 3 次。同时做空白试验。计算样品中过氧化氢含量。

2. 结果计算

过氧化氢含量计算公式如下：

$$\rho_{H_2O_2}=\frac{c_{\frac{1}{5}KMnO_4}(V-V_0)\times10^{-3}\times M_{\frac{1}{2}H_2O_2}}{V\times\frac{25}{250}}\times1000$$

式中 $\rho_{H_2O_2}$——过氧化氢的质量浓度，g/L；

$c_{\frac{1}{5}KMnO_4}$——$\frac{1}{5}KMnO_4$ 标准溶液的浓度，mol/L；

V——实际消耗 $KMnO_4$ 标准溶液的体积，mL；

V_0——空白试验消耗 $KMnO_4$ 标准溶液的体积，mL；

$M_{\frac{1}{2}H_2O_2}$——以 $\frac{1}{2}H_2O_2$ 为基本单元的 H_2O_2 摩尔质量，为 17.01g/mol；

V——过氧化氢试样体积，mL。

3. 数据记录及处理

记录实验数据并处理，完成表 3-16。

表 3-16 过氧化氢含量测定记录表

项目	1	2	3	备用
过氧化氢试样体积/mL				
滴定管初读数/mL				
滴定管终读数/mL				
体积校正值/mL				
溶液温度/℃				
溶液温度校正值/(mL/L)				
空白值/mL				
实际消耗 $KMnO_4$ 标准溶液的体积/mL				
$\rho_{H_2O_2}$/(g/L)				
$\overline{\rho_{H_2O_2}}$/(g/L)				
相对极差/%				

【任务评价】

根据考核内容和评分标准，采取学生自评、同学互评和教师评价等方式，对任务完成情况进行考核，并给出综合评价。任务评价表，见表 3-17。

表 3-17 任务评价表

序号	评价指标	考核内容和评分标准	配分	考核记录	得分
1	基本操作（50 分）	正确使用试剂瓶	5		
		正确使用烧杯	5		
		正确使用容量瓶，定容操作规范	10		
		正确使用移液管，移液操作规范	10		
		正确使用滴定管，滴定操作规范	10		
		滴定终点准确，读数准确	10		
2	数据记录及处理（10 分）	原始数据及时记录、规范	5		
		数据处理与计算正确	5		
3	精密度（15 分）	相对极差≤0.20%	15		
		0.20%<相对极差≤0.50%	12		
		0.50%<相对极差≤0.80%	10		
		0.80%<相对极差≤1.00%	8		
		相对极差>1.00%	6		
4	准确度（15 分）	相对误差≤1.0%	15		
		1.0%<相对误差≤1.5%	12		
		1.5%<相对误差≤2.0%	10		
		2.0%<相对误差≤2.5%	8		
		相对误差>2.5%	6		
5	HSE(10 分)	操作规范安全，满足 HSE 要求	10		
合计			100	考核总分	
综合评价					
考核人		学生自评□同学互评□教师评价□	日期	月　日	

【任务小结】

根据所学内容将图 3-9 所示思维导图补充完善。

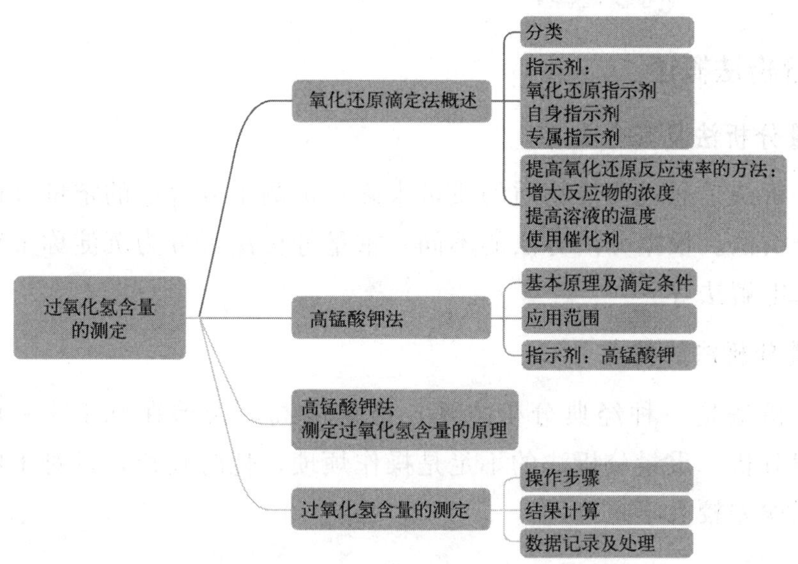

图 3-9 过氧化氢含量的测定思维导图

任务 6　硫酸钠含量的测定

【任务目标】

① 了解重量分析法，理解沉淀称量法的操作过程及影响因素；

② 掌握沉淀、过滤、洗涤、干燥和灼烧等沉淀称量法的基本技能，完成硫酸钠含量的测定；

③ 培养耐心细致的科学态度和规范操作的工作习惯。

【任务描述】

硫酸钠是一类重要的化学物质，广泛应用于工业生产。硫酸钠是制造合成洗涤剂的原料，还是生产玻璃的澄清剂和助熔剂，还用作纸浆漂白剂和造纸过程中的辅助剂，以及用于染料的制备和染色过程。

煤中硫元素含量是评价煤炭质量的重要指标之一，煤炭分析中，通常是将煤中的硫元素先转化为硫酸盐，再进一步测定。硫酸盐的测定方法主要有沉淀称量法、氧化还原法、离子交换法等。

本次任务选择重量分析法中应用较多的的沉淀称量法测定样品中的硫酸钠含量。试样采自工业产品——无水硫酸钠。

【知识链接】

一、重量分析法概述

1. 重量分析法及其分类

重量分析法是通过称量物质的质量来确定被测组分含量的定量分析方法，又称为称量分析法。根据分离方法的不同，重量分析法可分为沉淀称量法、气化法（挥发法）、电解法等。

2. 重量分析法的特点

重量分析法是一种经典分析方法，准确度高，误差在 0.1%～0.2%之间，常用于仲裁分析。重量分析法的不足是操作烦琐，耗时较长，且对于低含量组分的测定，因误差较大不宜选用。

二、沉淀称量法

沉淀称量法是利用沉淀反应使被测组分生成难溶性的沉淀，将沉淀过滤、洗涤、烘干或灼烧后称其质量，再通过计算得到被测组分含量。

1. 沉淀形式和称量形式

向待测试样中加入适当的沉淀剂，使被测组分沉淀析出，所得沉淀的化学组成称为沉淀形式。将沉淀经过滤、洗涤、烘干或灼烧后称量时的形式称为称量形式。称量形式与沉淀形式可以相同，也可以不同。例如：

$$Fe^{3+} \xrightarrow{OH^-} \underset{\text{沉淀形式}}{Fe(OH)_3\downarrow} \xrightarrow{\text{过滤、洗涤、灼烧}} \underset{\text{称量形式}}{Fe_2O_3}$$

$$SO_4^{2-} \xrightarrow{Ba^{2+}} \underset{\text{沉淀形式}}{BaSO_4\downarrow} \xrightarrow{\text{过滤、洗涤、灼烧}} \underset{\text{称量形式}}{BaSO_4}$$

（1）对沉淀形式的要求

沉淀的溶解度要小，沉淀必须纯净，沉淀应易于过滤和洗涤，沉淀形式易于转化为称量形式。

（2）对称量形式的要求

称量形式组成固定，有确定的化学式，称量形式有足够的化学稳定性，称量形式应具有尽可能大的摩尔质量。

2. 影响沉淀溶解度的因素

沉淀称量分析中，通常要求沉淀溶解损失不超过称量误差 0.2mg。但是很多沉淀不能满足这一要求。因此需了解影响沉淀溶解度的因素，从而优化沉淀条件，使沉淀达到分析要求。

（1）同离子效应

组成沉淀的离子称为构晶离子。当沉淀反应达到平衡后，适量增加构晶离子的浓度，使沉淀溶解度降低的现象称为同离子效应。在分析中，常加入适当过量的沉淀剂，利用同离子效应使沉淀完全。

（2）酸效应

溶液酸度的改变对沉淀溶解度产生影响的现象称为酸效应。发生酸效应的原因是溶液中的 H^+ 对沉淀解离平衡的影响。酸效应对弱酸盐类沉淀的溶解度影响较大。

（3）配位效应

当溶液中存在能与沉淀构晶离子形成配合物的配位剂时，沉淀溶解度增大的现象称为配位效应。

（4）盐效应

沉淀溶解度随溶液中离子强度增大而增大的现象称为盐效应。利用同离子效应降低沉淀溶解度的同时，应该综合考虑配位效应、盐效应的影响。

3. 影响沉淀纯度的因素

（1）共沉淀

当沉淀从溶液中析出时，溶液中的某些其他可溶性组分被沉淀带出来而混杂于沉淀之中的现象称为共沉淀。

（2）后沉淀

在沉淀析出后，溶液中原本难以析出的某些离子也在沉淀表面沉积下来的现象称为后沉淀。后沉淀产生的原因是沉淀表面的吸附作用。

4. 沉淀称量法基本操作

（1）试样的溶解与沉淀

沉淀称量法应确保待测组分全部溶解，试样溶解操作必须十分小心，避免溶液损失。

沉淀时应根据沉淀的性质采用不同的沉淀条件和操作方式。晶形沉淀，要求在适当稀的热溶液中进行。将试液在水浴或电炉上加热，一边搅拌，一边滴入沉淀剂。沉淀完全后，盖上表面皿在水浴中陈化 1h 以上或放置过夜陈化。

（2）沉淀的过滤与洗涤

过滤的目的是将沉淀从母液中分离出来，使其与过量沉淀剂、共存组分等分开，再通过洗涤获得纯净的沉淀。对于需要灼烧的沉淀常用滤纸过滤；对于过滤后只需烘干即可称量的沉淀，可采用微孔玻璃坩埚过滤。

码 3-13　沉淀称量法的基本操作之样品溶解与沉淀制备

码 3-14　沉淀称量法的基本操作之沉淀过滤（滤纸过滤）

码 3-15　沉淀称量法的基本操作之倾泻法过滤

码 3-16　沉淀称量法的基本操作之沉淀转移

码 3-17　沉淀称量法的基本操作之沉淀洗涤与检验

码 3-18　沉淀称量法的基本操作之微孔玻璃坩埚的使用

（3）沉淀的烘干与灼烧

烘干是指在250℃以下进行的热处理。凡是用微孔玻璃坩埚过滤的沉淀都需用烘干的方法处理。

灼烧是指在250℃以上温度下进行的热处理。凡是用滤纸过滤的沉淀都需用灼烧方法处理。灼烧需在预先已烧至恒重的瓷坩埚中进行。

码3-19 沉淀称量法的基本操作之沉淀的干燥和灼烧

【任务准备】

1. 仪器和试剂准备

检测所需的仪器设备、试剂，见表3-18。

表3-18 检测所需仪器设备、试剂

仪器设备	电子天平	工作状态正常
	电炉、马弗炉	工作状态正常
玻璃器皿	移液管（25.00mL）、容量瓶（500mL）	
	烧杯、表面皿、漏斗、玻璃棒、瓷坩埚	
	定量滤纸（中速、慢速）	
试剂	工业无水硫酸钠（试样）	
	0.5mol/L 氯化钡溶液	
	6mol/L 盐酸溶液、20g/L 硝酸银溶液	

2. 实验室检查

检查水、电、通风以及实验环境。确保分析检测的安全、高效和规范。

【任务实施】 做中学

硫酸钠含量的测定如下。

1. 操作步骤

准确称取5g工业硫酸钠试样，置于烧杯中，加入100mL水，加热溶解。将溶液用中速定量滤纸过滤至500mL容量瓶中，滤器用水洗涤至无SO_4^{2-}为止（用$BaCl_2$溶液检验）。冷却滤液，用水稀释至标线，摇匀。

准确移取试液25.00mL于500mL烧杯中，加入5mL 6mol/L盐酸溶液，加入270mL水，加热至微沸。在不断搅拌下，滴加10mL 0.5mol/L $BaCl_2$溶液，滴加时间为约1.5min，继续搅拌并保持微沸2～3min，然后盖上表面皿，保持微沸5min，再将烧杯置于沸水浴中保温2h。

取出烧杯冷却至室温，用慢速定量滤纸过滤，用温水洗涤沉淀至无Cl^-为止（取5mL洗液，加5mL 20g/L $AgNO_3$溶液混匀，放置5min不出现浑浊）。

将沉淀连同滤纸转移至已于（800±20）℃恒重的瓷坩埚中，在电炉上烘干并灰化。再将瓷坩埚置于马弗炉中，如图 3-10 所示，在（800±20)℃下灼烧至恒重。

图 3-10　马弗炉

码 3-20　马弗炉的使用

冷却至室温，称重，记录坩埚与沉淀的总质量。

平行测定两次。计算试样中硫酸钠的含量。

2. 硫酸钠含量计算公式

$$\omega_{Na_2SO_4}(\%)=\frac{(m_2-m_1)\times\frac{M_{Na_2SO_4}}{M_{BaSO_4}}}{m\times\frac{25.00}{500.0}}\times100$$

式中　$\omega_{Na_2SO_4}$——试样中硫酸钠的质量分数，%；

m_1——空坩埚质量，g；

m_2——灼烧恒重后（坩埚+$BaSO_4$）质量，g；

m——试样质量，g；

M_{BaSO_4}——硫酸钡摩尔质量，g/mol；

$M_{Na_2SO_4}$——硫酸钠摩尔质量，g/mol。

3. 数据记录及处理

数据记录单，见表 3-19。

表 3-19　数据记录单

项目		1	2	备用
称量试样	倾出前称量瓶质量/g			
	倾出后称量瓶质量/g			
	试样质量 m/g			
空坩埚质量 m_1/g	第一次			
	第二次			
	第三次			

续表

项目		1	2	备用
灼烧恒重后(坩埚+$BaSO_4$)质量 m_2/g	第一次			
	第二次			
	第三次			
试样中硫酸钠的质量分数 ω/%				
试样中硫酸钠的平均质量分数$\bar{\omega}$/%				
相对极差/%				

【任务评价】

根据考核内容和评分标准，采取学生自评、同学互评和教师评价等方式，对任务完成情况进行考核，并给出综合评价。任务评价表，见表 3-20。

表 3-20 任务评价表

序号	评价指标	考核内容和评分标准	配分	考核记录	得分
1	基本操作(50 分)	熟练使用电子天平，称量规范	10		
		正确使用容量瓶，定容操作规范	5		
		熟练使用移液管，移液操作规范	5		
		酸化、煮沸、沉淀、过滤操作规范	10		
		干燥、灰化、灼烧操作规范	10		
		熟练使用电炉	5		
		正确使用马弗炉	5		
2	数据记录及处理(10 分)	原始数据及时记录、规范	5		
		数据处理与计算正确	5		
3	精密度(15 分)	相对极差≤0.20%	15		
		0.20%<相对极差≤0.50%	12		
		0.50%<相对极差≤0.80%	10		
		0.80%<相对极差≤1.00%	8		
		相对极差>1.00%	6		
4	准确度(15 分)	相对误差≤1.0%	15		
		1.0%<相对误差≤1.5%	12		
		1.5%<相对误差≤2.0%	10		
		2.0%<相对误差≤2.5%	8		
		相对误差>2.5%	6		
5	HSE(10 分)	操作规范、安全，满足 HSE 要求	10		
合计			100	考核总分	
综合评价					
考核人		学生自评□同学互评□教师评价□	日期	月　日	

【任务小结】

根据所学内容将图 3-11 所示思维导图补充完善。

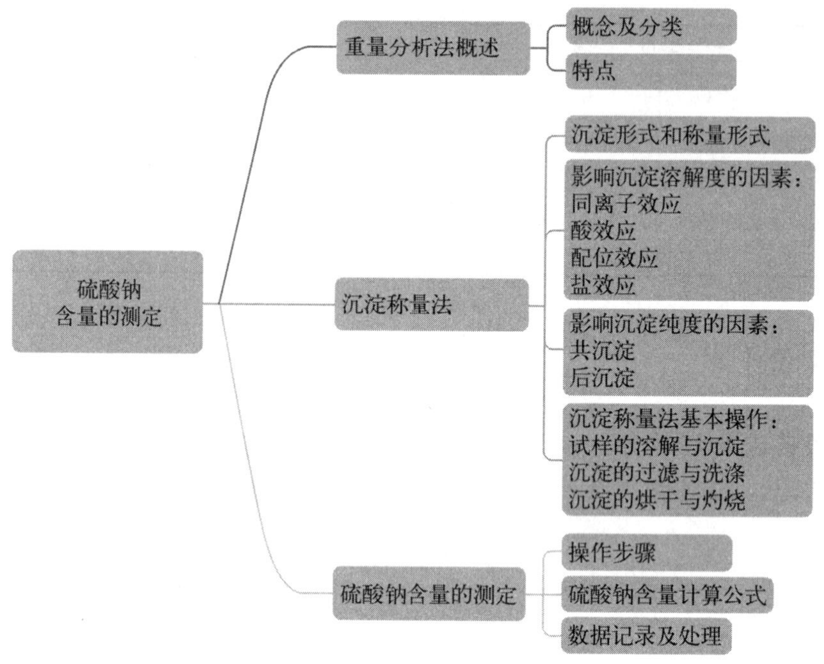

图 3-11　硫酸钠含量的测定思维导图

项目拓展

生活中的化学分析技术——测定食品的含酸量

日常生活中，许多食品都含酸，如调味品醋和酱油中含酸，柠檬汁、果酒、啤酒中也都含有酸。

食醋的主要成分是乙酸且酸味十足。酱油在发酵过程中也会产生多种有机酸，如乳酸、乙酸等，这些酸不仅能够增加酱油的味道，还有助于防腐。酱油中的酸主要来源于原料的发酵过程，通过微生物的作用生成。啤（果）酒中也含有少量的有机酸，比如乳酸、琥珀酸等。这些酸主要是在啤（果）酒酿造发酵过程中由酵母产生的。啤酒中的酸度对于其风味和稳定性都有一定的影响。

为什么食醋酸味十足，而啤酒却基本感觉不到酸味呢？主要原因是食品中酸的浓度不同。食醋、酱油和啤酒中，酸的含量究竟是多少呢？

同学们可自愿组成分析实验创新团队开展第二课堂活动。参考如下资料，通过实验来探究食品中的含酸量。实验方案应包括：实验目的、实验原理、仪器准备、试剂准备、操作步骤、实验数据处理、报告分析结果等。

参考资料如下：

① 食醋酸度测定：食醋约含3%～5%的乙酸（HAc），此外还含有少量其他

有机酸。当用氢氧化钠（NaOH）滴定时，所得结果为食醋的总酸度。到达化学计量点时溶液显碱性，因此常选酚酞作为指示剂。通过酸碱滴定，可以准确测定食醋中的酸度，从而评估其品质。

② 酱油酸度测定：酱油的酸度是决定其品质的重要指标之一，通过酸碱中和滴定法测定酱油中的总酸含量。以酚酞为指示剂，用氢氧化钠标准溶液滴定一定量的酱油样品溶液，用酸度计（pH 计）确定滴定终点，通过计算消耗的氢氧化钠标准溶液的体积来确定酱油的总酸含量。

③ 啤酒总酸度测定：啤酒酸度的测定是啤酒生产过程中质量控制的重要一环。啤酒的总酸度是衡量啤酒中各种酸总量的指标。利用酸碱中和原理，用氢氧化钠标准溶液直接滴定一定量的啤酒样品溶液，用酸度计（pH 计）确定滴定终点，通过计算消耗的氢氧化钠标准溶液的体积来确定啤酒的总酸含量。

思考与练习

一、单项选择题

1. 配制 NaOH 标准溶液使用了未加热赶出 CO_2 的水，用 $H_2C_2O_4 \cdot 2H_2O$ 标定该溶液，然后用此标准滴定溶液测定 CH_3COOH 含量，其测定结果（　　）。

A. 偏低　　B. 偏高　　C. 无影响　　D. 无法确定

2. 使用双指示剂法进行混合碱的分析，如果 $V_1>0$，$V_2=0$ 则样品含有（　　）。

A. NaOH　　B. $NaHCO_3$　　C. Na_2CO_3　　D. $Na_2CO_3+NaHCO_3$

3. 物质的量浓度相同的下列盐的水溶液，pH 值最大的是（　）。

A. NaCl　　B. NH_4Cl　　C. NH_4Ac　　D. Na_2CO_3

4. EDTA 与大多数金属离子是以（　　）的化学计量关系生成配位化合物。

A. 1∶5　　B. 1∶4　　C. 1∶2　　D. 1∶1

5. EDTA 的有效浓度 $[Y^{4-}]$ 与酸度有关，它随着溶液 pH 值增大而（　　）。

A. 增大　　B. 减小　　C. 不变　　D. 先增大后减小

6. 莫尔法测定水样中氯离子时，选用的滴定方式是（　　）。

A. 直接滴定　　B. 间接滴定　　C. 返滴定　　D. 置换滴定

7. 莫尔法测定水样中氯离子时，pH 值控制在（　　）。

A. 2.0～4.0　　B. 6.5～10.5　　C. 4.0～6.5　　D. 10.0～12.0

8. 高锰酸钾法测定样品中的过氧化氢含量时，选用的滴定方式是（　　）。

A. 直接滴定　　B. 间接滴定　　C. 返滴定　　D. 置换滴定

9. 高锰酸钾法测定样品中的过氧化氢时，溶液酸度控制在（　　）。

A. 中性　　　　B. 强酸性　　　　C. 强碱性　　　　D. 都可以

10. 沉淀称量法测定工业无水硫酸钠含量，灼烧沉淀时马弗炉温度控制在（　　）。

A. 500℃±20℃　B. 600℃±20℃　C. 800℃±20℃　D. 1000℃±20℃

二、判断题

1. 在水溶液中，弱酸给出质子的能力越强，表示电离常数 K_a 越大。（　　）

2. 强酸滴定弱碱，到化学计量点时 pH>7。（　　）

3. 酸碱指示剂选择依据是指示剂变色点在滴定突跃范围之内。（　　）

4. 酸越强，K_a 越大，所生成的盐越容易水解，溶液中 $[OH^-]$ 也越高。（　　）

5. 双指示剂法测定混合碱含量，已知试样消耗盐酸的体积 $V_1>V_2$，V_1 为酚酞作指示剂消耗盐酸体积，V_2 为甲基橙作指示剂消耗盐酸体积，则混合碱的组成为 Na_2CO_3+NaOH。（　　）

6. 强碱滴定弱酸达到滴定终点时 pH>7。（　　）

7. NaAc 溶解于水中，溶液的 pH>7。（　　）

8. 金属指示剂的僵化现象是指滴定时终点没有出现。（　　）

9. 配位滴定中，通常用 EDTA 的二钠盐，是因为 EDTA 的二钠盐比 EDTA 溶解度小。（　　）

10. 溶液的 pH 值愈小，金属离子与 EDTA 配位反应能力愈低。（　　）

11. 莫尔法主要用于测定 Cl^-、Br^-、Ag^+，测定 Ag^+ 时，需用返滴定法。（　　）

12. 莫尔法不宜测定 I^-，因为滴定生成的 AgI 会强烈吸附 I^-，使滴定终点过早出现，造成较大的滴定误差。（　　）

13. $KMnO_4$ 标准溶液需装在棕色滴定管中。（　　）

14. H_2O_2 与 $KMnO_4$ 反应较慢，可以通过加热溶液来提高化学反应速率。（　　）

15. 重量分析法可用于仲裁分析。（　　）

16. 重量分析法中，称量形式与沉淀形式可以相同，也可以不同。（　　）

三、填空题

1. 酸度是指溶液中______的浓度，衡量溶液酸度常用______表示，碱度常用______来表示。

2. 酸碱指示剂一般是有机______酸或______碱，随溶液______改变，指示剂由于______改变而______改变。

3. 乙二胺四乙酸是______元弱酸，分子式习惯用______表示；通常使用它的二钠盐，分子式用______表示，习惯上将二者都称作______。

4. EDTA配合物的稳定性与其溶液的酸度有关，酸度越______，稳定性越______。

5. 沉淀滴定法是以________为基础的滴定分析方法。

6. Ag_2CrO_4 沉淀的颜色为__________。

7. 氧化还原滴定法以____________为基础的滴定分析方法。

8. 高锰酸钾直接滴定法测定过氧化氢含量，化学计量点时，稍过量的 $KMnO_4$ 使溶液呈______色，保持30s不褪色即为终点。

9. 沉淀称量法测定硫酸钠含量时，向酸化煮沸后的试样中加入氯化钡溶液，此时得到的沉淀形式是________。

四、简答题

1. 酸碱指示剂的变色原理是什么？举例说明常用的酸碱指示剂。

2. 在常温下，酚酞、甲基橙的pH值变色范围各为多少？

3. 怎样判断酸或碱溶液是否能采用直接滴定方式来测定？

4. 为什么配位滴定的金属离子指示剂只能在一定的pH值范围内使用？

5. 根据选择指示剂的不同，银量法可以分为哪三种？

6. 高锰酸钾法测定过氧化氢含量时，强酸介质通常采用 H_2SO_4，避免使用HCl和 HNO_3，为什么？

7. 影响沉淀溶解度的因素有哪些？

五、综合计算题

1. 用酸碱滴定法测定工业硫酸的含量。称取硫酸试样7.6521g，配成250mL的溶液，移取25mL该溶液，以甲基橙为指示剂，用浓度为0.7500mol/L的NaOH标准滴定溶液滴定，到终点时消耗NaOH标准滴定溶液20.00mL，试计算该工业样品中硫酸的质量分数。

2. 称取混合碱试样0.8719g，加酚酞指示剂，用0.3000mol/L盐酸标准溶液滴定至终点，用去盐酸28.60mL，再加甲基橙指示剂，继续滴定至终点，用去盐酸24.10mL，求试样中各组分的含量。

3. 测定某装置冷却用水中钙镁总量时，吸取水样100mL，以铬黑T为指示剂，pH值为10，用0.02005mol/L EDTA标准滴定溶液滴定至终点，消耗EDTA标准滴定溶液7.20mL。求以 $CaCO_3$（mg/L）表示的钙镁总量。

4. 准确移取含氯化物的水样25.00mL于锥形瓶中，加入1mL K_2CrO_4 指示剂；在不断摇动下，用浓度为0.1000mol/L的 $AgNO_3$ 标准溶液滴定至溶液呈砖红色即为终点；消耗 $AgNO_3$ 标准溶液 30.00mL，计算水样中氯离子含量（mg/L）。

5. 移取过氧化氢试样 2.00mL，注入装有蒸馏水的 250mL 容量瓶中定容。准确移取上述试液 25.00mL 于锥形瓶中，锥形瓶中加入适量 3mol/L 的 H_2SO_4 溶液，用 $c_{\frac{1}{5}KMnO_4}=0.0200mol/L$ $KMnO_4$ 标准溶液滴定至粉红色，消耗 $KMnO_4$ 标准溶液的体积为 25.10mL。计算样品中过氧化氢含量（g/L）。

码 3-21 思考与练习参考答案

敢拼才会赢——国奖学子的成长之路

2024 年 5 月 4 日出版的人民日报，刊登了 100 名中等职业教育国家奖学金获奖学生代表名录，来自山东省轻工工程学校的优秀学子郭雅文上榜。

国家奖学金获得者——郭雅文

郭雅文，2021 级生物制药专业学生、共青团员。2023 年获山东省“技能兴鲁”技能大赛三等奖、全国职业院校技能大赛中职组化学实验技术赛项团体二等奖，荣获山东省“中等职业学校优秀学生”。

作为一名中职学生，能够获得国家奖学金，成为中职学生的优秀代表，是她的荣耀，更是对她勤奋学习、苦练技能、顽强拼搏、勇夺佳绩的褒奖。

她能获得含金量极高的国赛奖牌，是学校鼎力支持的结果，也是老师谆谆教诲和精心传艺的结果；是她不怕苦、不怕累、高强度、高效率训练的成果，更是她克服迷茫、不放弃、不退缩、勇于战胜自我的结果。她以自己的奋斗经历，很好地诠释了“技能铸就梦想，大赛出彩人生”的大赛理念。

郭雅文在高一下学期才进入技能大赛训练团队，面对比同学训练时间短的不利情况，她决心比同学更刻苦训练，每天完成规定的训练任务后，自觉加时加量，误了饭点、忘了下课时间是那段时间的常态，也没有了周末和节假日的概念。她一头扎入实验室，一门心思钻研操作细节。功夫不负有心人，她的训练成绩稳步提升，通过市赛选拔、省赛磨炼，最终走上了全国大赛的舞台，取得了国赛二等奖的优异成绩。

郭雅文坦言，比赛训练其实很枯燥，尤其是当实验数据不理想时，也会有放弃的念头。在国赛集训的后期，实验操作进入了瓶颈期，合成的晶体纯度和产量都达不到理想的结果，当时的苦闷和压抑可想而知，幸好老师一直陪伴在身边，帮她分析操作的每一个细节、找出每一个可能的影响因素，在老师的悉心指导和鼓励下，她走出了瓶颈期，重拾比赛信心。当她走进国赛赛场的那一刻，心中满是坚定，决心以优异的比赛成绩报答老师。

如今，已经进入高等学府的她，感叹遇上了职业教育的好时代，考入了心仪的学校，感谢遇见了引领人生之路的好老师，感谢能一起拼搏的好同学。而这一切，恰是生命馈赠给她的阳光雨露。

郭雅文，以自己成长的点点滴滴，激励着万千职教学子勇做技能操作的高手，争当技艺高超的能工巧匠。

项目四 仪器分析技术

项目描述

我国化学界前辈徐寿先生曾经这样描述分析化学，“考质求数之学，乃格物之大端，而为化学之极致也”。所谓“考质”即定性分析，所谓“求数”即定量分析。

在前面的课程学习中，化学分析法的理论和技能为仪器分析法的学习打好了基础。

仪器分析法是指利用特定的仪器设备来测定物质的组成、结构或含量的一类分析方法。它具有灵敏度高、选择性好、分析速度快等特点，在化工分析中应用非常广泛。

化学分析法多使用玻璃仪器，操作简便，准确度比较高，适合常量组分的测定。仪器分析法则使用精密仪器，易于实现自动化和智能化，适用于低含量组分的分析。在分析检测时选择什么方法，可根据试样的特点和性质来确定。正如著名分析学家梁树权先生所说，“化学分析和仪器分析是分析化学的两大支柱，两者唇齿相依，相辅相成，彼此相得益彰”。图 4-1 和图 4-2 是仪器分析的功能室。

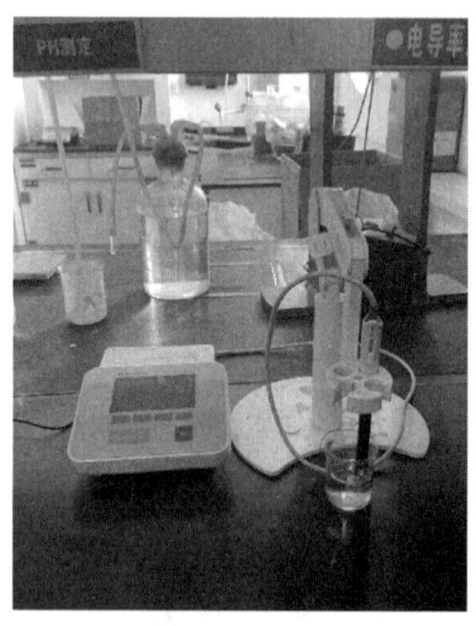

图 4-1 电化学分析室

图 4-2 气相色谱分析室

仪器分析技术项目包括电位法测定水的pH值、电导法检测水的纯度、纯碱中微量铁的测定和乙醇中少量水分的分析四个任务。在这些检测任务中，使用了酸度计、电导仪、分光光度计和气相色谱仪等分析仪器；通过项目实施熟悉电位分析法、电导分析法、分光光度法和气相色谱法等仪器分析方法的理论原理，掌握分析仪器的操作技能，为后续的化工企业实习打好基础。

任务 1 电位法测定水的 pH 值

【任务目标】

① 了解常用的标准缓冲溶液及其配制方法；

② 理解电位分析法的原理，掌握直接电位法测定水溶液 pH 值的方法；

③ 熟练使用酸度计测定水的 pH 值，提高仪器操作技能，培养精益求精的工匠精神。

【任务描述】

水的 pH 值是水质分析的指标之一，分析方法多采用电位法。电位法测定 pH 值是基于溶液中氢离子活度的测量，是通过测量玻璃电极和参比电极之间的电位差来确定溶液的 pH 值。玻璃电极是一种对氢离子敏感的电极，其电位随溶液中氢离子浓度的变化而变化。当玻璃电极和参比电极同时浸入待测溶液中时，它们之间会产生一个电位差，这个电位差与溶液的 pH 值成线性关系。

通过研习，熟悉常用的标准缓冲溶液，理解电位法的含义和特点；通过使用酸度计，采用直接电位法测定水的 pH 值。掌握电位分析法的原理，提高仪器操作技能，培养精益求精的工匠精神。

【知识链接】 做中教

一、电位分析法

1. 电位分析法的定义

电位分析法是一种基于电化学性质的分析方法，是利用电极电位与溶液中待测物质浓度之间的关系来确定样品中物质的成分及浓度。

电位分析法分为直接电位法和电位滴定法。直接电位法是根据电极电位与有关离子浓度间的函数关系，直接测出该离子的浓度，酸度计测量溶液的 pH 值就是基于这一原理。电位滴定法则是确定滴定终点的一种方法，可以代替指示剂。这种方法适用于因混浊、有色或缺乏合适指示剂而无法进行常规滴定分析的场景。

2. 电位分析法的优点

电位分析法具有许多优点，如设备简单、操作方便，易于实现自动化和连续分析；灵敏度高，可检测微量物质的浓度；选择性好，可以排除干扰物质的影响；等等。且属于非破坏性分析，对样品没有明显影响，适用于反复分析和长期监测。

二、直接电位法测定水溶液的 pH 值

直接电位法测定水溶液的 pH 值，通常以 pH 玻璃电极为指示电极（负极），以饱和甘汞电极（SCE）或银-氯化银电极为参比电极（正极），浸入溶液与待测溶液组成工作电池，现在多采用将玻璃电极和甘汞电极组合在一起的 pH 复合电极。用精密毫伏计测量电池的电动势，来计算待测溶液的 pH 值。

工作电池可表示为：玻璃电极 | 试液 ‖ 甘汞电极

25℃时，工作电池的电动势为：

$$E=\varphi_{\text{SCE}}-\varphi_{\text{玻}}=\varphi_{\text{SCE}}-K_{\text{玻}}+0.059\text{pH}_{\text{试液}}$$

由于 φ_{SCE} 和 $K_{\text{玻}}$ 在一定条件下为常数，将上式简化为：

$$E=K+0.059\text{pH}_{\text{试液}}$$

式中 E——工作电池电动势，也就是 pH 玻璃电极和参比电极之间测量到的电位差；

K——常数，包括了饱和甘汞电极的电位、内参比电极电位、玻璃膜的不对称电位及参比电极与溶液间的接界电位，其中有些电位很难测出；

$\text{pH}_{\text{试液}}$——待测溶液的 pH 值；

0.059——25℃（298K）时，一个氢离子活度变化 10 倍导致的电极电位的变化量，mV，这个值见于能斯特方程。

工作电池的电动势 E 与待测溶液的 pH 值成线性关系，但由于常数 K 很难得到，无法直接计算溶液的 pH 值。在实际工作中，一般采用比较法进行测定，以已知 pH 值的标准缓冲溶液为基准，即在同一条件下，分别测定某一标准缓冲

溶液的电动势 E_s 和待测溶液的电动势 E_x，假定 $K_x=K_s$，可得：

$$pH_x=pH_s+\frac{E_x-E_s}{0.059}$$

pH_s 为已知量，测量 E_s 和 E_x 即可求出 pH_x。

上式是在假定 $K_x=K_s$ 的情况下得出的，但是在实际测量过程中往往某些因素的变化（如试液和标准缓冲溶液的 pH 值或成分变化、温度变化等）会导致 K 值的变化；为减少测量误差，测量过程应尽可能使溶液的温度保持稳定，并且选择 pH 值与待测溶液相近的标准缓冲溶液。

三、常用 pH 标准缓冲溶液

国家标准《pH 值测定用缓冲溶液制备方法》（GB/T 27501—2011）规定了常用的标准缓冲溶液及其配制方法，见表 4-1。

表 4-1 标准缓冲溶液及其制备方法

编号	标准物质	分子式	溶液的 pH 值（25℃）	溶液浓度/(mol/L)	配制 1L 标准缓冲溶液所需标准物质的质量/g
B1	四草酸钾	$KH_3(C_2O_4)_2\cdot 2H_2O$	1.680	0.05	12.61
B3	酒石酸氢钾	$KHC_4H_4O_6$	3.559	25℃饱和	>7
B4	邻苯二甲酸氢钾	$KHC_8H_4O_4$	4.003	0.05	10.12
B6	磷酸氢二钠	Na_2HPO_4	6.864	0.025	3.533
	磷酸二氢钾	KH_2PO_4			3.387
B9	四硼酸钠	$Na_2B_4O_7\cdot 10H_2O$	9.182	0.01	3.80
B12	氢氧化钙	$Ca(OH)_2$	12.460	25℃饱和	>2

【任务准备】

1. 仪器和试剂准备

所需的仪器设备、试剂，见表 4-2。

表 4-2 所需仪器设备、试剂

主要设备	酸度计
	pH 玻璃电极、饱和甘汞电极、pH 复合电极
试剂	标准缓冲溶液Ⅰ：称取 10.12g 邻苯二甲酸氢钾（$KHC_8H_4O_4$）配制成 1000mL 水溶液
	标准缓冲溶液Ⅱ：称取 3.387g 磷酸二氢钾（KH_2PO_4）和 3.533g 磷酸氢二钠（Na_2HPO_4），配制成 1000mL 水溶液
	标准缓冲溶液Ⅲ：称取 3.80g 四硼酸钠（$Na_2B_4O_7\cdot 10H_2O$）配制成 1000mL 水溶液
	水样

2. 实验室检查

检查水、电、通风等实验环境。确保检测过程的安全、高效和规范。

【任务实施】 做中学

1. 电极的外观检查

① 玻璃电极无裂纹，内参比电极浸入内参比溶液中。

② 甘汞电极中的饱和 KCl 溶液浸没内部小玻璃管的下口，下部有少许 KCl 晶体，弯管内不得有气泡。使用时，应拔出电极上端注液口的橡胶塞，以防产生扩散电位影响测试结果。

采用复合电极时，也要做外观检查。

2. 仪器的校准

① 按操作步骤（其他型号仪器按说明书），安装电极，启动仪器。

② 以标准缓冲溶液Ⅰ和标准缓冲溶液Ⅲ进行定位和斜率补偿。没有“斜率”调节器的酸度计，可用一种与试液 pH 值相近的标准缓冲溶液定位。

③ 测量并记录标准缓冲溶液Ⅱ的 pH 值，与查得的该温度下的标准 pH 值比较，其示值误差不应超过仪器的最小分度值。

3. 试液 pH 值的测定

试液装入洁净、干燥的塑料烧杯中，将冲洗、拭干的电极浸入试液，轻摇烧杯，待溶液静止后从显示屏上读出试液的 pH 值。平行测定两次。

【任务评价】

根据考核内容和评分标准，采取学生自评、同学互评和教师评价等方式，对任务完成情况进行考核，并给出综合评价。任务评价表，见表 4-3。

码 4-1 溶液 pH 值的测定

表 4-3 任务评价表

序号	评价指标	考核内容和评分标准	配分	考核记录	得分
1	HSE(10 分)	操作规范安全，符合 HSE 要求	10		
2	测定水的 pH 值（30 分）	电极的外观检查规范到位	10		
		仪器的校准，操作规范正确	10		
		试液 pH 值的测定，操作熟练规范	10		
3	数据记录及处理（20 分）	数据记录及时	10		
		数据计算正确	10		

续表

序号	评价指标	考核内容和评分标准	配分	考核记录	得分
4	测定结果精密度（15 分）	相对极差≤0.20%	15		
		0.20%<相对极差≤0.50%	12		
		0.50%<相对极差≤0.80%	10		
		0.80%<相对极差≤1.0%	8		
		相对极差>1.0%	6		
5	测定结果准确度（15 分）	相对误差≤1.0%	15		
		1.0%<相对误差≤1.5%	12		
		1.5%<相对误差≤2.0%	10		
		2.0%<相对误差≤2.5%	8		
		相对误差>2.5%	6		
6	团队精神(10 分)	团结合作,配合默契	10		
合计			100	总分	
综合评价					
考核人	学生自评□同学互评□教师评价□		日期	月　　日	

【任务小结】

根据所学内容将图 4-3 所示思维导图补充完善。

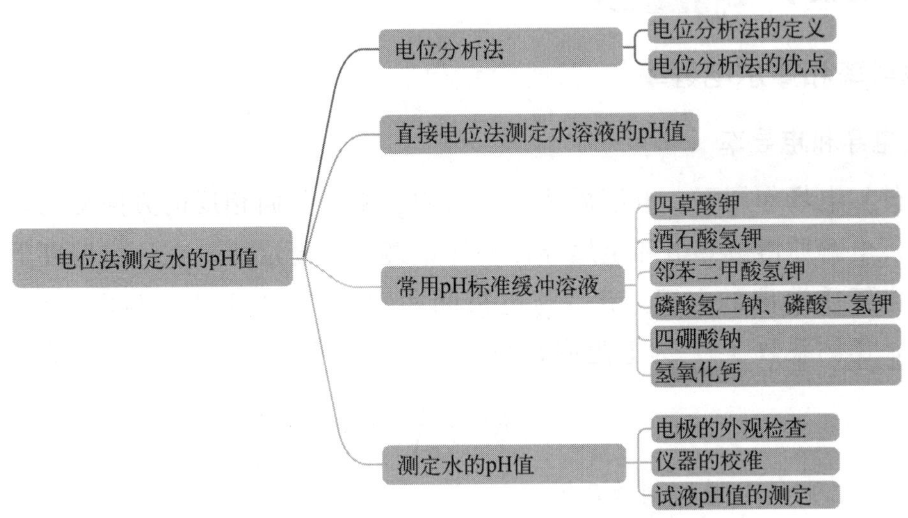

图 4-3　电位法测定水的 pH 值思维导图

任务 2　电导法检测水的纯度

【任务目标】

① 理解电导和电导率、摩尔电导率和极限摩尔电导率的概念，知悉电导率

与水质的关系；

② 掌握电导测量的原理，了解电导测量系统的组成；

③ 熟练使用电导率仪测量水样的电导率，并通过分析数据评估水质状况。

【任务描述】

电导分析是以测量溶液导电能力为基础的电化学分析法，主要用于水质检测。定量分析中使用的纯水有三个等级，评价纯水等级的一个重要指标是电导率。

电导率的大小表征水的纯度，水中溶解的离子越多，其导电性越强，电导率就越高。利用电导率仪测量不同水样的电导率，就可以判断水样的纯度，判定水样等级。

通过研习，理解电导率的概念、电导法的含义和电导测量的原理；通过测定不同水样的电导率，掌握电导率仪的操作方法和步骤，提高仪器操作技能，培养操作规范的岗位意识。

【知识链接】 

一、电导率和摩尔电导率

1. 电导和电导率

在外加电场作用下，电解质溶液中的阴、阳离子向相反的方向移动，产生导电现象。电解质溶液导电和金属导体一样，遵循欧姆定律。在一定温度下，一定浓度的电解质溶液的电阻（R）与电极间距离（l）成正比，与电极面积（A）成反比，比例系数（ρ）为电阻率，即

$$R=\rho\frac{l}{A}$$

电导（L）是电阻的倒数：

$$L=\frac{1}{R}=\frac{1}{\rho}\times\frac{1}{\frac{l}{A}}=\frac{\kappa}{\theta}$$

式中 L——电导，S（即 Ω^{-1}，读作西门子）；

κ——电导率，S/cm，$\kappa=1/\rho$，电导率是电阻率的倒数，表示两个相距 1cm、面积均为 $1cm^2$ 的平行电极间电解质溶液的电导；

θ——电极常数，也称电导池常数，对于给定的电导电极，$\theta=\frac{l}{A}$，为常数。

电导率与电解质溶液的种类、浓度和温度有关。在一定范围内，溶液浓度越大，电导率越大；但当浓度很大时，离子间引力增大，离子运动速度受到影响，电导率反而减小。利用电导率测定物质含量只适用于组成简单的试样，或者测定溶液中各种电解质的总和。

2. 摩尔电导率和极限摩尔电导率

摩尔电导率是指溶质为 1mol 的电解质溶液，在相距 1cm 的两平行电极间所具有的电导，符号用 Λ_m 表示，其单位为（$S \cdot cm^2$）/mol。

若含有 1mol 溶质的溶液体积为 V(mL)，电导率为 κ(S/cm)，则其摩尔电导率 $\Lambda_m = \kappa V$，如溶液中溶质物质的量浓度为 c(mol/L)，则 $V = \frac{1000}{c}$，合并以上两式可得

$$\Lambda_m = \frac{1000\kappa}{c}$$

根据上式，通过测定已知浓度溶液的电导率，即可求出相应的摩尔电导率。

摩尔电导率是对一定量的电解质而言的。当溶液浓度减小时，摩尔电导率增大，这是由于两电极间电解质的量一定时，稀溶液的电离度增大，参加导电的离子数目增多。对于强电质，虽然在浓度大时也全部电离，但当溶液稀释时，离子间引力减小，运动速度加快，就像参与导电的离子数目增多一样。当溶液无限稀释时，摩尔电导率达到最大值，此值称为无限稀释的摩尔电导率或极限摩尔电导率，用符号 Λ^{∞} 表示。溶液无限稀释时，离子的极限摩尔电导率不受其他共存离子的影响，只取决于离子本身的性质，是各种离子的特征数据。因此，比较各种离子的极限摩尔电导率，就能比较它们导电能力的差异，在电导滴定中还可以推断溶液电导的变化趋势。

一些离子的极限摩尔电导率列于表 4-4。

表 4-4　一些离子的极限摩尔电导率（25℃） 单位：（$S \cdot cm^2$）/mol

阳离子	Λ_+^{∞}	阴离子	Λ_-^{∞}
H^+	349.8	OH^-	199.0
Li^+	38.7	Cl^-	76.3
Na^+	50.1	Br^-	78.1
K^+	73.5	I^-	76.8
NH_4^+	73.4	NO_3^-	71.4
Ag^+	61.9	ClO_4^-	67.3
$\frac{1}{2}Mg^{2+}$	53.1	CH_3COO^-	40.9

续表

阳离子	Λ_{+}^{∞}	阴离子	Λ_{-}^{∞}
$\frac{1}{2}Ca^{2+}$	59.5	$\frac{1}{2}SO_4^{2-}$	80.0
$\frac{1}{2}Ba^{2+}$	63.6	$\frac{1}{2}CO_3^{2-}$	69.3

二、电导的测量

电导测量系统由电导电极、电导池、电导仪（或电导率仪）组成。

电导电极一般由铂片制成。由玻璃或硬质塑料制成电极架，把两个面积相同的铂片平行地固定在电极架内，通过引线和插头连接到电导仪上。铂片电导电极有镀铂黑和光亮两种。镀铂黑电极是在铂片上镀一层细粉状铂，以增大电极与溶液的接触面积，适用于测量电导较大的溶液。在测量电导较小的溶液如测定蒸馏水纯度时，应选用光亮铂片电极。例如，电导率在 200μS/cm 以上可采用 DJS-1C 型铂黑电极；电导率在 200μS/cm 以下宜用 DJS-1C 型光亮电极。

将电导电极浸入试液中测量，得到的是该条件下溶液的电导，求出电导率 κ 还须知道电极常数 θ；但实际上 A 与 l 难以精确测定，两片电极也很难做到平行。通常在一个电导池中放入已知电导率的标准氯化钾溶液，测出其电导后计算出该电极的 θ 值，使用这个电导电极时，只要测得溶液的电导值乘以电极常数，即为试液的电导率。不同浓度的标准氯化钾溶液的电导率，见表 4-5。

表 4-5　不同浓度的标准氯化钾溶液的电导率 κ　　单位：S/cm

温度/℃	1.000mol/L	0.1000mol/L	0.01000mol/L
0	0.06543	0.007154	0.0007751
18	0.09820	0.011192	0.0012227
25	0.11173	0.012886	0.0014114

三、水质检测

电导法是检测水中无机盐杂质总量的最好手段，不仅能够在实验室测定，而且可以实现连续自动监测。当水中无机盐杂质超过规定指标时，自动发出警报或自动停止供水。

可溶于水的无机盐是影响水质纯度的主要杂质，水中无机盐杂质越少，其电导率就越小。使用电导率仪测定水样的电导率，具体操作见任务实施部分。

电导法除了用于测定电导率的大小从而判定水质外，还可以用于电导滴定，应用时请查阅相关资料。

【任务准备】

1. 仪器和试剂准备

检测所需的仪器设备、试剂，见表 4-6。

表 4-6 检测所需仪器设备、试剂

仪器设备	恒温水浴
	DJS-1C 型光亮电极、DJS-1C 型铂黑电极
试剂	KCl 标准溶液(0.0100mol/L)
	水样

2. 实验室检查

检查水、电、通风以及实验环境。确保分析检测的安全、高效和规范。

【任务实施】 做中学

1. 电极常数的测定

① 将盛有 0.0100mol/L KCl 标准溶液的烧杯置于 25℃恒温水浴中。待温度平衡后，用少量溶液冲洗电导电极，再将电极浸入该溶液中，电极插头插入仪器电极插口。

② 接通电源，预热后将“温度”旋钮调至 25℃，将“量程”选择开关置于适当挡位。按下“校准/测量”开关，处于校准状态，调节“常数”旋钮至显示“1.00”位置。

③ 再按“校准/测量”开关（弹起）至“测量”状态，这时读出仪器的显示值（设为 L/mS）。

④ 按下式计算该电极的电极常数 θ：

$$\theta(\mathrm{cm}^{-1})=\frac{\kappa}{L}$$

式中 κ——KCl 标准溶液的电导率，mS/cm。

填写电极常数的测定数据于表 4-7。

表 4-7 电极常数的测定

项目	电导 L/mS	电导率 κ/(mS/cm)	电极常数 θ/cm^{-1}
KCl 标准溶液			
备用			

2. 水样电导率的测定

① 蒸馏水。取一定量蒸馏水于烧杯中，选用 DJS-1C 型光亮电极，按电导率

仪的操作步骤，测量试样水的电导率。

② 去离子水。按照测量蒸馏水电导率同样的方法，测量去离子水的电导率。为了防止去离子水吸收空气中的 CO_2 带来误差，测定操作要迅速。

③ 自来水或天然水。取一定量自来水或天然水试样于烧杯中，选用 DJS-1C 型铂黑电极，按电导率仪的操作步骤，测出试样水的电导率。

3. 水质判定

填写数据记录单，见表 4-8，并判定水样的水质状况。

表 4-8 数据记录单

序号	水样	选用电极	电导率/(mS/cm)	水质判定
1	蒸馏水			
2	去离子水			
3	自来水或天然水			

【任务评价】

根据考核内容和评分标准，采取学生自评、同学互评和教师评价等方式，对任务完成情况进行考核，并给出综合评价。任务评价表，见表 4-9。

表 4-9 任务评价表

序号	评价指标	考核内容和评分标准	配分	考核记录	得分
1	电极常数的测定(40分)	电极的外观检查细致全面	10		
		仪器校准操作规范	10		
		仪器使用操作规范	10		
		读取数据，计算正确	10		
2	测定水样电导率(40分)	正确选用电极	10		
		电导率的测定，操作熟练	10		
		电导率的数据准确	10		
		会判断水质情况	10		
3	HSE(10分)	健康、安全和环保意识强	10		
4	团队精神(10分)	团结合作，配合默契	10		
合计			100	考核总分	
综合评价					
考核人	学生自评□同学互评□教师评价□		日期	月　日	

【任务小结】

根据所学内容将图 4-4 所示思维导图补充完善。

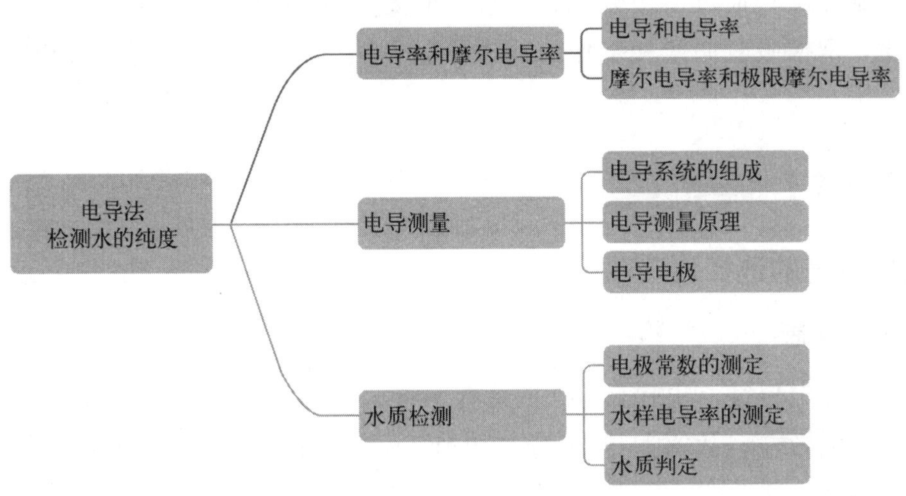

图 4-4 电导法检测水的纯度思维导图

任务 3 纯碱中微量铁的测定

【任务目标】

① 理解物质对光的选择性吸收和光吸收定律，掌握光谱曲线和工作曲线的绘制方法；

② 熟练使用分光光度计，绘制铁样的吸收曲线和工作曲线，测定纯碱试样中铁的含量；

③ 提高仪器分析能力，培养精益求精的工匠精神。

【任务描述】

碳酸钠俗名苏打、纯碱，白色粉末，工业品中会含有微量的铁杂质，广泛应用于化工、食品等领域。应用领域不同，对铁杂质含量的要求也不同，《食品安全国家标准　食品添加剂　碳酸钠》（GB 1886.1—2021）规定，铁(Fe)（以干基计)≤35.0mg/kg。

物质对光的选择性吸收，使其呈现不同的颜色。利用单色光通过单一稀溶液时，吸光度与溶液的浓度成正比的原理，对物质进行定量分析。根据使用的光源，分光光度法分为紫外分光光度法和可见分光光度法。具有灵敏度高、操作简便、快速等优点，在化工分析中应用广泛。

通过研习，理解物质对光的选择性吸收和光吸收定律，熟悉光谱曲线和工作曲线的绘制方法；通过使用分光光度计，测定工业品纯碱中微量铁含量，掌握光吸收定律，掌握吸收曲线和工作曲线的绘制方法，提高仪器分析能力和岗位综合能力。

【知识链接】 做中教

一、物质对光的选择性吸收

1. 光的性质

光是一种电磁波（电磁辐射），具有干涉、衍射等波的性质，也具有粒子的性质，如光电效应，故光具有波粒二象性。通常用波长（λ，nm）和频率（ν，Hz）来描述光。

1666 年，科学家牛顿发现，白光经过一个三棱镜后投射到白板上，白板上出现了一条次序排列的七彩光带——红、橙、黄、绿、青、蓝、紫，揭示了光的色散现象。

一定波长的光称为单色光，由不同波长的光复合而成的光称为复合光。牛顿的光的色散实验表明，白光是由这些颜色的单色光按一定比例复合而成的。研究表明，两种特定颜色的光按照一定强度比例复合也可以得到白光。这两种色光称为互补色，如黄光与蓝光为互补色。表 4-10 列出了各种颜色光及其互补色光的近似波长范围。

表 4-10　各种颜色光及其互补色光的近似波长范围

光的颜色(波长/nm)	互补色(波长/nm)
红(620～780)	青(490～500)
橙(590～620)	青蓝(480～490)
黄(560～590)	蓝(430～480)
绿(500～560)	紫(380～430)
青(490～500)	红(620～780)
青蓝(480～490)	橙(590～620)
蓝(430～480)	黄(560～590)
紫(380～430)	绿(500～560)

波长小于 380nm 的光是紫外线，波长大于 780nm 光是红外线。这两个区域的电磁波，人的眼睛无法看到，借助仪器可以测出。

2. 物质的颜色

当一束白光照射某一透明溶液时，如果溶液对任何波长的光都不吸收，即所有光全部透过溶液，溶液呈无色透明状态；如果溶液对任何波长的光都吸收，即所有光都没有透过溶液，则溶液呈黑色。人们看到的溶液颜色是被溶液吸收了的单色光的互补色。例如高锰酸钾溶液的颜色是紫红色，是因为高锰酸钾溶液选择性吸收了白光中的绿光。同理，当一束白光照射某一不透明物体时，我们看到的物体颜色实际上是物体吸收了单色光的互补色。

二、光吸收定律

1. 吸光度

当一束平行单色光垂直照射某一均匀透明溶液时，假设入射光通量为 ϕ_0，透射光通量为 ϕ_{tr}，单色光通过溶液时，一部分光被吸收，一部分光透过溶液，忽略容器对单色光的吸收和反射，用 ϕ_{tr}/ϕ_0 表示溶液对光的透射程度，称为透射比，用符号 τ 表示。透射比越大，说明溶液对光的吸收程度越小；透射比越小，说明溶液对光的吸收程度越大。对透射比取负对数，称为吸光度，用 A 表示，即：

$$A=\lg\frac{\Phi_0}{\Phi_{tr}}=\lg\frac{1}{\tau}=-\lg\tau$$

2. 光吸收定律

研究证明，当一束平行单色光垂直通过一定光程的均匀溶液时，溶液的吸光度 A 与溶液浓度 c 和液层厚度 b 的乘积成正比。这就是光的吸收定律，称为朗伯-比尔定律。即：

$$A=\varepsilon bc$$

式中 b——吸收池内溶液的光路长度（液层厚度），cm；

c——溶液中吸光物质的物质的量浓度，mol/L；

ε——摩尔吸光系数，L/（cm·mol）。

应用光吸收定律时须满足三个条件：

① 入射光必须是单色光；

② 被测样品须是均匀介质；

③ 被测样品必须是稀溶液（物质的量浓度小于 0.01mol/L）。

如果不符合以上条件，则会出现偏离光吸收定律的现象。

3. 吸光系数

摩尔吸光系数 ε，是吸光物质的特性常数，它是指单位浓度的溶液在液层厚度为 1cm 时，在一定波长下测定的吸光度。它表示物质对某一特定波长光的吸收能力，吸光系数越大，表示该物质对某波长光的吸收能力越强，测定的灵敏度也就越高。

ε 值的大小取决于入射光波长、吸光物质的性质和溶液温度，与溶液浓度大小和液层厚度无关。

若溶液中的吸光物质含量以其他形式（如质量浓度 ρ）表示，吸光系数还有不同的表达方式（如质量吸光系数 α），在使用时可以查阅相关的资料。

三、吸收曲线（光谱曲线）

根据物质对光的选择性吸收，以不同波长的单色光作为入射光，照射一定浓度的吸光物质的溶液，测量该溶液对各单色光的吸收程度。以波长 λ 为横坐标、对应的吸光度 A 为纵坐标，绘制一条曲线，称为溶液的吸收曲线（光谱曲线）。图 4-5 为邻菲罗啉-铁的吸收曲线。

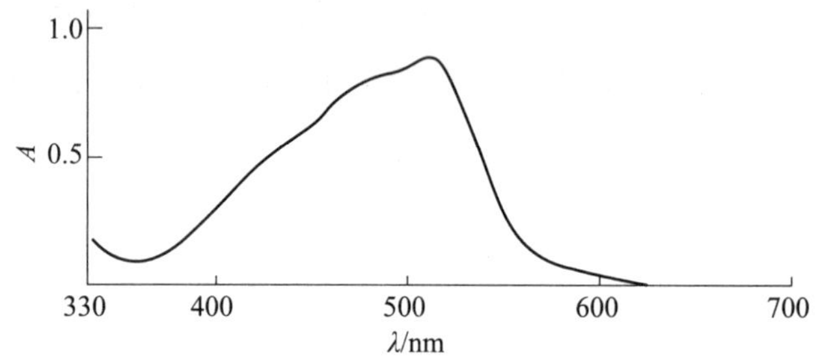

图 4-5　邻菲罗啉-铁的吸收曲线

吸收曲线中吸光度最大处（吸收峰）对应的波长，称为最大吸收波长，用 λ_{max} 表示。若在 λ_{max} 处测定吸光度，灵敏度最高，因此吸收曲线是分光光度法选择测定波长的重要依据。

不同物质的吸收曲线有不同的形状。同一物质的不同浓度溶液，其吸收曲线形状相似。同一波长下，浓度越大，吸光度数值越大。可以利用吸收曲线对试样进行定性分析。

四、工作曲线

在分光光度法中，工作曲线（也称标准曲线）是通过一系列已知浓度的标准溶液绘制的，用于定量测定未知浓度溶液中的物质含量，如图 4-6 所示。

工作曲线的绘制方法及步骤如下。

① 配制标准溶液。先配制一系列浓度由小到大的标准溶液。如分别移取 1mL、2mL、4mL、6mL、8mL、10mL 工作溶液至 100mL 容量瓶中，定容摇匀。

② 测定吸光度。在相同条件下，分别测定这些标准溶液的吸光度 A。

③ 绘制工作曲线。以吸光度 A 为纵坐标、浓度 c（或 ρ）为横坐标，绘制标

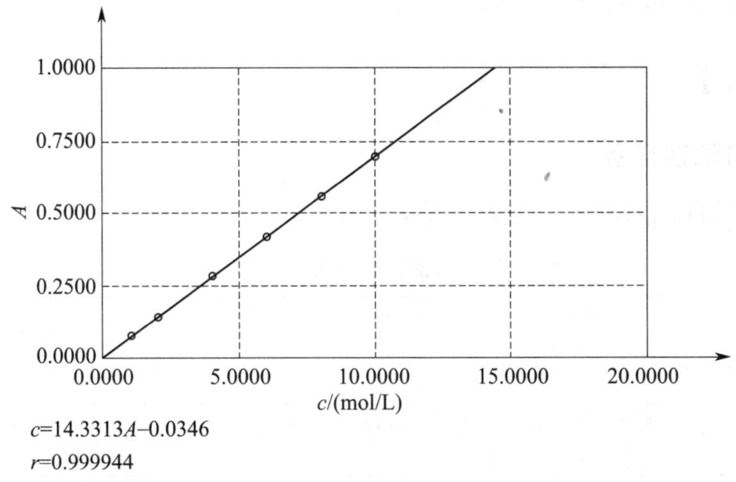

图 4-6 定量分析工作曲线

准曲线。通常这条曲线是一条直线或接近直线的曲线。

④ 测定未知溶液。在同样条件下测定待测溶液的吸光度，并从工作曲线上查出（或根据回归方程计算）该溶液的相应浓度。

绘制工作曲线时应确保所有标准溶液的浓度准确可靠，且测定条件（如温度、光源、波长等）保持一致；工作曲线的线性范围是有限的，超出此范围可能会导致测定结果不准确。因此，在测定未知溶液时，其浓度应落在工作曲线的线性范围内。

五、光度定量分析

光度定量分析的方法有目视比色法、标准曲线法和标准对照法。这里只介绍标准对照法，其他方法可查阅相关的分析资料。

标准对照法，又称比较法。配制一份组分浓度已知的标准溶液，与试液在同一条件下分别测定其吸光度。

设 c_s、A_s 分别为标准溶液的浓度和吸光度；c_x、A_x 分别为试样溶液的浓度和吸光度。根据光吸收定律：

$$A_s = \varepsilon b c_s \quad A_x = \varepsilon b c_x$$

由于吸收池厚度相同，又是同一种吸光物质，故

$$\frac{A_s}{A_x} = \frac{c_s}{c_x}$$

$$c_x = \frac{A_x}{A_s} c_s$$

由此可计算出试样溶液的浓度，操作时应注意，配制标准溶液的浓度要接近

被测试液的浓度，以减少测量误差。

【任务准备】

1. 仪器和试剂准备

检测所需的仪器设备、试剂，见表 4-11。

表 4-11 检测所需仪器设备、试剂

主要设备	紫外-可见分光光度计(配石英比色皿 2 个)
	电子分析天平
玻璃器皿	容量瓶(1000mL、100mL、50mL)
	移液管(25mL)、吸量管(5mL、10mL)
	烧杯、量筒(10mL)
试剂	铁标准溶液(100.0μg/mL)。准确称取 0.8634g $NH_4Fe(SO_4)_2 \cdot 12H_2O$ 置于烧杯中,加入 10mL 硫酸溶液($c_{H_2SO_4}=3mol/L$),移入 1000mL 容量瓶中,用蒸馏水稀释至标线,摇匀作储备液
	铁标准溶液(20.00μg/mL)。移取 100.0μg/mL 铁标准溶液 20.00mL 于 100mL 容量瓶中,并用蒸馏水稀释至标线,摇匀
	盐酸羟胺溶液 100g/L(用时配制)
	邻菲罗啉溶液 1.5g/L。先用少量乙醇溶解,再用蒸馏水稀释至所需浓度
	乙酸-乙酸钠缓冲溶液
	纯碱样品

2. 实验室检查

检查水、电、通风等及实验环境。确保检测过程的安全、高效和规范。

【任务实施】 做中学

1. 准备工作

① 清洗容量瓶、移液管及需用的其他玻璃器皿。

② 按仪器使用说明书检查仪器。开机预热 20min，并调试至工作状态。

③ 启动软件，保持联机状态，进行吸收池的配套性检验。

2. 绘制吸收曲线，选择测量波长

取两个 100mL 容量瓶，移取 20.00μg/mL 铁标准溶液 5.00mL 于其中一个容量瓶中，然后在两容量瓶中各加入 2mL 100g/L 盐酸羟胺溶液，摇匀。放置 2min 后，各加入 5mL 1.5g/L 邻菲罗啉溶液、5mL 1.0mol/L 乙酸-乙酸钠缓冲溶液，用蒸馏水稀释至标线摇匀。用 1cm 吸收池，以试剂空白为参比，在波长 400～600nm 间，绘制吸收曲线，找到最大吸收波长 λ_{max}。

3. 工作曲线的绘制

取 7 只洁净的 100mL 容量瓶，用吸量管吸取 20.00μg/mL 铁标准溶液

0.00mL、1.00mL、2.00mL、4.00mL、6.00mL、8.00mL、10.00mL，分别加入 7 只容量瓶中。再分别加入 2mL 100g/L 盐酸羟胺溶液，摇匀后再分别加入 5mL 1.5g/L 邻菲罗啉、5mL 1.0mol/L 乙酸-乙酸钠缓冲溶液，用蒸馏水稀释至标线摇匀。用 1cm 吸收池，以试剂空白为参比溶液，在选定的最大波长下，测定并记录各溶液吸光度，绘制工作曲线。

码 4-2　邻二氮菲分光光度法测水中微量铁含量（溶液配制）

码 4-3　邻二氮菲分光光度法测水中微量铁含量（吸收曲线绘制）

码 4-4　邻二氮菲分光光度法测水中微量铁含量（工作曲线绘制与水中微量铁测定 工作软件操作）

4. 铁含量测定

准确称量 6g 的纯碱样品，溶解转移到 100mL 容量瓶，加入 2mL 100g/L 盐酸羟胺溶液，摇匀后再分别加入 5mL 1.5g/L 邻菲罗啉、5mL 1.0mol/L 醋酸钠溶液，用蒸馏水稀释至标线摇匀。用 1cm 吸收池，以试剂空白为参比溶液，在选定的最大波长下，测定并记录各溶液吸光度，测得样品铁含量。根据纯碱溶液的稀释倍数，求出纯碱中铁的含量。

平行测定两次。

5. 结束工作

测量完毕，关闭电源，拔下电源插头，取出吸收池，清洗晾干后入盒保存。清理工作台，罩上仪器防尘罩，填写仪器使用记录。清洗容量瓶和其他所用的玻璃仪器并放回原处。

6. 完成测试报告

测试报告包括实验过程中必须做好的健康、安全、环保措施以及实验过程记录、数据处理、结果评价和问题分析。请将工作曲线绘制相关数据填入表 4-12；铁含量测定相关数据填入表 4-13。

表 4-12　工作曲线绘制

测量波长：________nm　　比色皿规格：______cm

序号	吸取溶液体积/mL	浓度/(μg/mL)	吸光度 A
1			
2			
3			
4			

续表

序号	吸取溶液体积/mL	浓度/(μg/mL)	吸光度 *A*
5			
6			
7			

表 4-13 铁含量测定

序号	试样	吸光度 *A*	浓度/(μg/mL)
1	未知试样 1		
2	未知试样 2		

【任务评价】

根据考核内容和评分标准，采取学生自评、同学互评和教师评价等方式，对任务完成情况进行考核，并给出综合评价。任务评价表，见表 4-14。

表 4-14 任务评价表

序号	评价指标	考核内容和评分标准	配分	考核记录	得分
1	准备工作（15 分）	玻璃仪器清洗、容量瓶试漏规范	5		
		正确开机预热并检查调试	5		
		正确进行比色皿配对	5		
2	绘制吸收曲线（20 分）	正确配制参比溶液	5		
		正确配制测试溶液	5		
		正确设置吸收曲线参数	5		
		正确选择最大吸收波长	5		
3	绘制工作曲线（25 分）	规范配制工作曲线溶液	10		
		正确设置工作曲线参数	5		
		规范使用比色皿	5		
		工作曲线相关系数＞0.99995	5		
4	微量铁的测定（10 分）	正确使用分光光度计	5		
		熟练测出试样的吸光度	5		
5	数据记录及处理（10 分）	数据记录及时	5		
		计算正确	5		
6	测定结果精密度（10 分）	相对极差≤0.20％	10		
		0.20％＜相对极差≤0.50％	8		
		0.50％＜相对极差≤0.80％	6		
		0.80％＜相对极差≤1.0％	4		
		相对极差＞1.0％	2		
7	HSE（10 分）	操作规范安全，符合 HSE 要求	10		
合计			100	考核总分	
综合评价					
考核人	学生自评□同学互评□教师评价□		日期	月　　日	

【任务小结】

根据所学内容将图 4-7 所示思维导图补充完善。

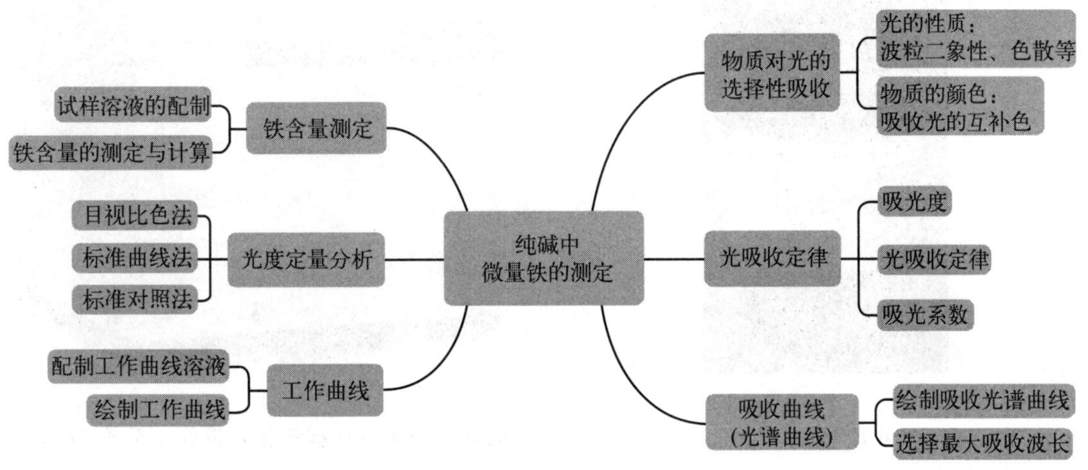

图 4-7 纯碱中微量铁的测定思维导图

任务 4 乙醇中少量水分的分析

【任务目标】

① 理解色谱图及其相关术语，掌握归一化法定量分析的原理和方法；
② 掌握气相色谱仪（热导检测器）的操作条件及液体进样技术；
③ 熟练操作气相色谱仪，完成乙醇中水分含量的测定，提高仪器分析能力。

【任务描述】

无水乙醇（含水量≤0.5%）（如图 4-8 所示），是一种非常重要的溶剂和反应介质，在化工分析中有着广泛的应用。无水乙醇的含水量影响分析结果的准确性。

乙醇中含水量的测定，通常采用气相色谱法。气相色谱法是一种高效的分离分析技术，特别适用于挥发性和热稳定性化合物的分析。具有分离效能高、灵敏度高、分析速度快和样品用量少等优点，广泛应用于化工、医药、环境、食品等领域中物质的定性和定量分析。

通过研习，理解色谱图及其相关术语，掌握归一化法定量分析的原理和方法，掌握气相色谱仪（热导检测器）的操作条件；通过使用 HF-901 型气相色谱仪（配备了热导检测器及 Porapak Q 色谱柱，如图 4-9 所示），完成乙醇中少量水分含量的测定，采用面积归一化或校正面积归一法进行定量计算。

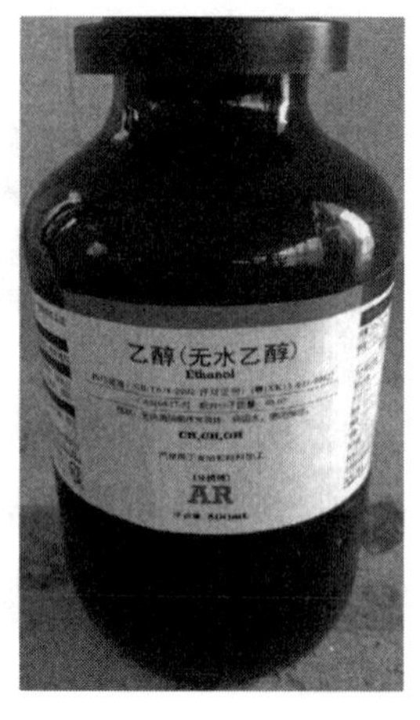

图 4-8　无水乙醇

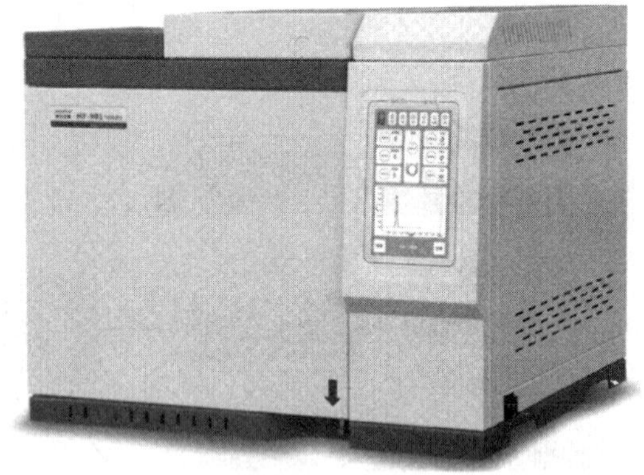

图 4-9　HF-901 型气相色谱仪（配置 TCD）

引用标准：《实验室气相色谱仪》（GB/T 30431—2020）。

【知识链接】 

一、气相色谱法

1. 方法概要

气相色谱法（gas chromatography，GC），基于样品组分在气相载体中的分配行为来进行分离和定量分析。在气相色谱仪中，样品经过进样口进入气相色谱柱内，气相载体（通常是氦气或氮气）将样品中的各组分分离，并沿柱顺序传送至检测器进行检测。根据物质在固定填充柱中与气相相互作用的特性，不同样品组分会在柱内呈现一定的保留时间，从而实现样品中组分的分离和定量测定。

2. 色谱图及其相关术语

气相色谱记录仪描绘的峰形曲线称为色谱图。图 4-10 表示一个典型的二组分试样的气相色谱图，现以这个色谱图为例介绍相关术语。

① 基线。在正常操作条件下，仅载气通过检测器系统时所产生的响应信号的曲线。稳定的基线是一条平行于时间坐标轴的直线。

② 保留时间（t_R）。被测组分从进样开始到检测器出现峰最大值所需的时间。

③ 死时间（t_M）。不与固定相作用的组分（如空气）的保留时间。

④ 调整保留时间（t'_R）。扣除死时间后的保留时间，即

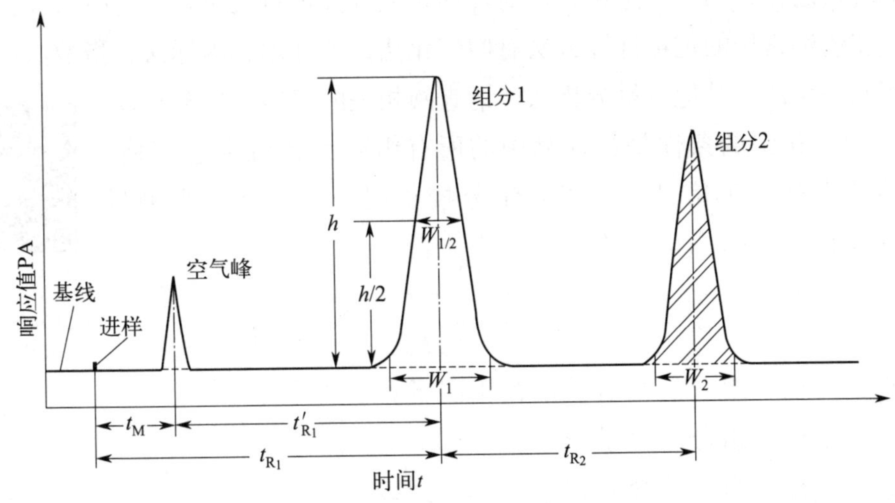

图 4-10　二组分试样的气相色谱图

$$t'_R = t_R - t_M$$

⑤ 相对保留值（γ_{is}）。在相同操作条件下组分 i 和参比组分 s 调整保留时间之比。

$$\gamma_{is} = t'_{R(i)} / t'_{R(s)}$$

⑥ 峰底。色谱峰的起点与终点之间连接的直线（图 4-10 中虚线）。

⑦ 峰高（h）。色谱峰的最大值到峰底的垂直距离。

⑧ 峰宽（W）。通过色谱峰两侧的拐点所作切线与峰底相交两点间的距离。

⑨ 半高峰宽（$W_{1/2}$）。通过峰高中点作平行于峰底的直线，此直线与峰两侧相交，两交点之间的距离。

⑩ 峰面积（A）。某组分色谱峰与峰底之间所围成的面积，图 4-10 画有斜线的区域即为组分 2 的峰面积。

⑪ 分离度（R）。又称分辨率，指相邻两个组分色谱峰保留值之差与其平均峰宽之比。

$$R = \frac{t_{R_2} - t_{R_1}}{\frac{1}{2}(W_1 + W_2)}$$

计算分离度时，t_R 与 W 应采用相同的计量单位。分离度越大，表明相邻两组分分离得越好。一般认为，当 $R \geqslant 1.5$ 时相邻两组分已完全分开。

3. 气相色谱常用的定量方法

气相色谱定量分析的基础是根据检测器对待测组分产生的响应信号与待测组分的量成正比的原理，通过色谱图上的峰面积或峰高，计算样品中组分的含量。由于同一检测器对含量相同的不同组分响应信号不同，因而组分峰面积之比并不一定等于相应组分的含量之比。为准确定量，需对峰面积或峰高进行校正，因此引入校正因子的概念。气相色谱常用的定量计算方法有归一化法、外标法、内标法、指数法等，本次检测采用归一化法。其他定量分析法，请查阅相关的仪器分析资料。

使用归一化法的条件是：样品中的所有组分都要流出色谱柱，且在检测器上都产生信号。如果各组分校正因子不一样，当测量参数为峰面积时，归一化法的计算公式为：

码 4-5 气相色谱定量分析中的内标法和外标法

$$\omega_i=\frac{A_i f_i}{A_1 f_1+\cdots+A_n f_n}$$

式中 f_i——任一组分的相对质量校正因子；

ω_i——任一组分的含量；

A_i——任一组分的峰面积。

归一化法的优点为简便、准确，当操作条件（如进样量、流速）等变化时，对结果的影响很小。如果样品中主要组分是同分异构体，或校正因子近乎相等时，则可简化为面积归一化。

$$\omega_i=\frac{A_i}{A_1+\cdots+A_n}$$

二、乙醇中含水量的检测——热导检测器法

1. 方法概要

热导检测器法，是由于组分和载气有不同的热导率，组分通过热导池且浓度有变化时，就会从热敏元件上带走不同热量，从而引起热敏元件阻值变化，此变化可用电桥来测量。

热导检测器（thermal conductivity detector，TCD），结构简单、稳定性好、线性范围宽、操作简便、灵敏度适宜、定量准确、价格低廉，且对所有可挥发性物质均有信号，易与其他仪器联用，是目前应用最广的气相色谱检测器之一。

在规定的条件下，用色谱柱将样品中的乙醇、水分离，以热导检测器（TCD）检测，采用面积归一化法，计算乙醇、水的质量分数。

2. 操作条件

热导检测器法气相色谱仪操作条件，见表 4-15。

表 4-15 热导检测器法气相色谱仪操作条件

序号	项目	操作条件
1	检测器	热导检测器(TCD)
2	载气	氢气(H_2)，纯度≥99.99%
3	色谱柱	Porapak Q 填充柱：60～80 目

续表

序号	项目	操作条件
4	柱温	100℃
5	色谱柱规格	2000(长)mm×3(外径)mm×2(内径)mm SSC
6	氢气总压	0.3MPa
7	氢气压力	0.07MPa
8	进样口温度	200℃
9	检测器温度	120℃
10	桥电流	120mA
11	极性	信号极性"—"

【任务准备】

1. 仪器和试剂准备

检测所需的仪器设备、试剂，见表4-16。

表4-16 检测所需仪器设备、试剂

主要设备	气相色谱仪	检查操作的安全性和工作状态
	色谱柱	
	检测器(TCD)	
	氢气发生器	检查操作的安全性和工作状态
	微量注射器(10μL)	
玻璃器皿	吸量管(1mL、3mL)	
	色谱样品瓶(2mL、4mL)	
试剂	标准品:乙醇-水	90∶10(国家标准物质中心)
	纯水	
	样品:乙醇-水	未知浓度

2. 实验室检查

检查实验室内通风、温度、湿度、水电以及实验环境等情况。

【任务实施】 做中学

1. 操作步骤

① 开机。按色谱仪操作规程开启色谱仪，并在电脑上启动色谱工作站。

② 加桥流，进标准品调试仪器。色谱仪准备灯亮后，热导检测器加适当的桥流，加桥流后，基线会有跳伏，待基线稳定后，用10μL的微量注射器吸取标准品乙醇1μL注入色谱仪的气化室，得到标准品谱图，如图4-11所示。

相同浓度的标准品按照《实验室气相色谱仪》(GB/T 30431—2020)中的要求连续进7针，求出7针乙醇、水峰面积的相对标准偏差(RSD)，RSD<2%

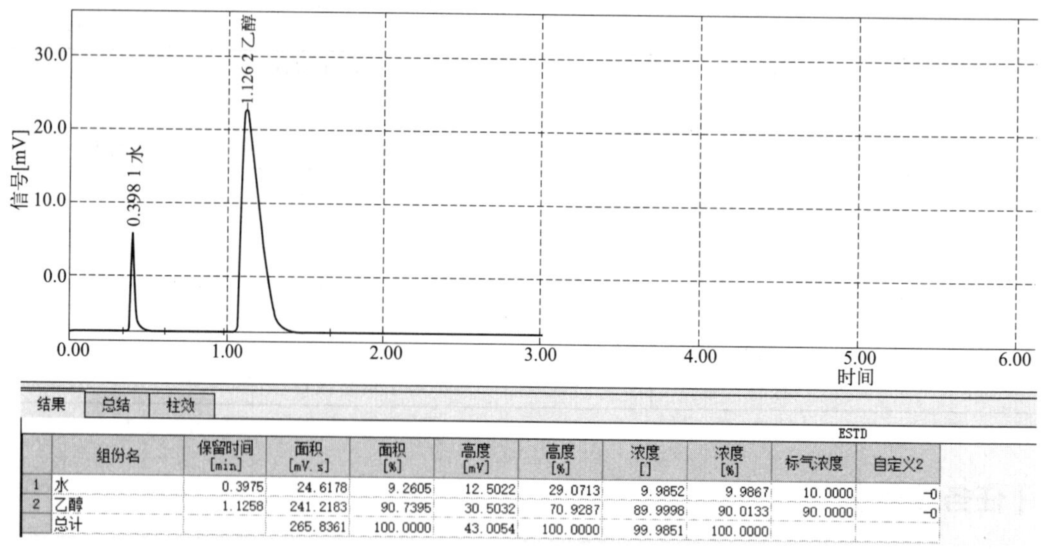

	组份名	保留时间 [min]	面积 [mV.s]	面积 [%]	高度 [mV]	高度 [%]	浓度 []	浓度 [%]	标气浓度	自定义2
1	水	0.3975	24.6178	9.2605	12.5022	29.0713	9.9852	9.9867	10.0000	-0
2	乙醇	1.1258	241.2183	90.7395	30.5032	70.9287	89.9998	90.0133	90.0000	-0
	总计		265.8361	100.0000	43.0054	100.0000	99.9851	100.0000		

图 4-11　标准品谱图

（高于国标）为合格。

③ 进样品，得含量。用 10μL 的微量注射器吸取样品 1μL 注入色谱仪的气化室得到样品的谱图，并保存。在离线工作站找到样品谱图，利用面积归一化法即可得到样品中乙醇、水的含量。

④ 重复性。平行样品测定 3 次，查看重复性。

⑤ 关机。检验完毕后按操作规程关闭仪器。

2. 精密度

同一操作者重复测定的 3 个结果之差应符合待测样品含水量的精密度，见表 4-17。

表 4-17　待测样品含水量的精密度

组分	含量 ω/%	允许差
H_2O	＜1.0	0.1
	1.0～5.0	0.2
	＞5.0	0.3

3. 数据记录与处理

实验数据记录与处理，见表 4-18。

表 4-18　数据记录与处理

试样编号	水的峰面积/(mV·s)	所有组分面积和/(mV·s)	含水量 ω/%	允许差	判断
1					
2					
3					

【任务评价】

根据考核内容和评分标准，采取学生自评、同学互评和教师评价等方式，对任务完成情况进行考核，并给出综合评价。任务评价表，见表 4-19。

表 4-19 任务评价表

序号	考核指标	考核内容和评分标准	配分	考核记录	得分
1	气相色谱仪的操作(50 分)	顺序开启色谱仪及色谱数据处理工作站	10		
		调节数据处理工作站的零点在规定范围内	5		
		使用液体微量注射器熟练进样	5		
		观察出峰,对色谱峰正确定性	10		
		根据标准品谱图建立校正归一化方法	10		
		按操作规程关闭仪器	10		
2	数据处理(20 分)	加载标准品方法运用正确	10		
		各组分计算结果正确	10		
3	精密度(20 分)	正确计算各组分的精密度	10		
		各组分精密度(允许差)符合要求	10		
4	HSE(10 分)	操作规范安全,满足 HSE 要求	10		
合计			100	总分	
综合评价					
考核人		学生自评□同学互评□教师评价□	日期	月 日	

【任务小结】

根据所学内容将图 4-12 所示思维导图补充完善。

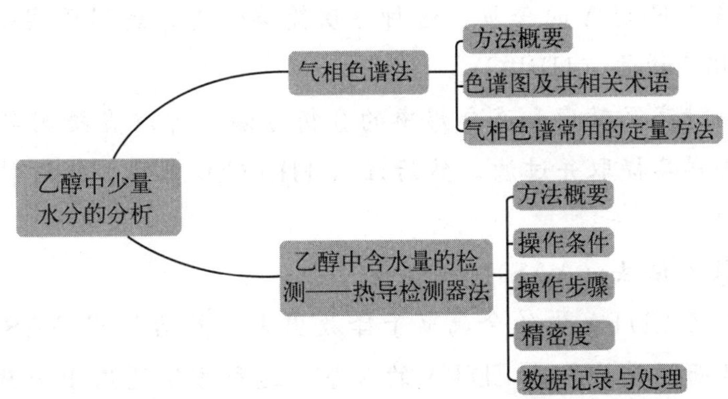

图 4-12 乙醇中少量水分的分析思维导图

生活中的化学（仪器分析）——食品中添加剂 EDTA 含量的检测

仪器分析在日常生活中也有很多实际的应用案例，如食品安全检测。使用高效液相色谱（HPLC）、气相色谱（GC）等技术对食品中的添加剂（如 EDTA）、农药残留、重金属等有害物质进行检测，确保食品安全。

一、EDTA 在食品工业中的应用

1. 防止氧化

EDTA 可以螯合金属离子，减少这些金属离子催化食品中的脂肪氧化，从而延长食品的保质期。例如，EDTA 常用于食用油、肉类制品和饮料中，防止油脂氧化变质。

2. 稳定食品颜色

金属离子有时会导致食品颜色变化，EDTA 可以通过螯合金属离子来保持食品的颜色稳定。例如，EDTA 用于果汁和果酱中，防止颜色褪变。

3. 提高食品质量

EDTA 可以改善食品的口感和质地，例如在罐头食品中，EDTA 可以防止金属罐壁的腐蚀，从而保护食品的质量。

4. 作为防腐剂

EDTA 的螯合作用可以增强其他防腐剂的效果，共同抑制微生物的生长。

二、EDTA 含量检测方法

在食品中检测 EDTA 的含量通常采用以下几种方法。

1. 紫外-可见分光光度法

利用 EDTA 与某些金属离子形成的配合物在特定波长下的吸光度变化，通过测量吸光度来确定 EDTA 的含量。这种方法简单快速，适用于实验室常规检测。

2. 高效液相色谱法（HPLC）

HPLC 是一种高灵敏度和高分辨率的分析方法，可以直接测定食品中 EDTA 的含量。首先将样品提取并过滤，然后注入 HPLC 仪器中，通过特定的色谱柱分离和检测 EDTA。

3. 原子吸收光谱法（AAS）

通过螯合剂将 EDTA 中的金属离子释放出来，然后使用 AAS 测定这些金属离子的浓度，从而间接计算出 EDTA 的含量。这种方法适用于含有金属离子的食品样品，如含铁、钙等金属离子的食品。

同学们组成仪器分析实验创新团队，参考上述资料，研讨“食品中添加剂

EDTA 含量的检测”方案，利用第二课堂活动，开展实验操作和科学探究。方案应包括实验目的、实验原理、实验准备、操作步骤、实验数据记录与处理、报告分析结果等。

思考与练习

一、单项选择题

1. 玻璃电极在使用前一定要在水中浸泡几小时，目的在于（　　）。

A. 清洗电极　　B. 活化电极　　C. 校正电极　　D. 检查电极好坏

2. 测定 pH 值的指示电极为（　　）。

A. 标准氢电极　　B. pH 玻璃电极　　C. 甘汞电极　　D. 银-氯化银电极

3. 酸度计是由一个指示电极和一个参比电极与试液组成的（　　）。

A. 滴定池　　B. 电解池　　C. 原电池　　D. 电导池

4. 实验用水电导率的测定要注意避免空气中的（　　）溶于水，使水的电导率（　　）。

A. 氧气、减小　　B. 二氧化碳、增大　　C. 氧气、增大　　D. 二氧化碳、减小

5. 电导是表示溶液导电能力的强弱，它与溶液中的（　　）有关。

A. pH 值　　B. 溶液浓度　　C. 导电离子总数　　D. 溶质的溶解度

6. 用邻菲罗啉作显色剂测水中总铁含量，在配制试验溶液时，下列试剂不用的是（　　）。

A. $NH_2OH \cdot HCl$　　B. HAc-NaAc　　C. 邻菲罗啉　　D. 磷酸

7. 采用分光光度法进行定量分析，入射光应为（　　）。

A. 白光　　B. 单色光　　C. 可见光　　D. 复合光

8. 在相同条件下，测定浓度不同的两份同一种溶液的吸光度。若甲液用 1cm 吸收池，乙液用 2cm 吸收池，结果吸光度相同，甲、乙两溶液浓度的关系是（　　）。

A. $c_甲=c_乙$　　B. $c_乙=2c_甲$　　C. $c_乙=4c_甲$　　D. $c_甲=2c_乙$

9. 溶液的吸光度与（　　）无光。

A. 入射光的波长　　B. 液层的高度　　C. 液层的厚度　　D. 溶液的浓度

10. 在波长 300nm 处进行分光光度测定时，应选用（　　）比色皿。

A. 硬质玻璃　　B. 软质玻璃　　C. 石英　　D. 透明塑料

11. 热导检测器法测定无水乙醇中水分时，其检测器的操作条件错误的是（　　）。

A. 载气是氢气，纯度≥99.99%（体积分数）　　B. 色谱柱为 Porapak Q

C. 进样器温度是200℃　　　　　　　　D. 热导池温度是80℃

12.《实验室气相色谱仪》(GB/T 30431—2020）规定：TCD的灵敏度、FID的检测限分别为（　　）。

A. ≥3000mV·mL/mg；≤5×10^{-12}g/s

B. ≥2000mV·mL/mg；≤5×10^{-11}g/s

C. ≥2500mV·mL/mg；≤5×10^{-12}g/s

D. ≥3000mV·mL/mg；≤5×10^{-11}g/s

二、判断题

1. 电导率表示两个相距1cm、面积均为1cm^{2}的平行电极间电解质溶液的电导。（　　）

2. 水的纯度用水的电导率大小来判断，电导率越低，说明水的纯度越高。（　　）

3. 乙醇中的微量水分检验，既可以用热导检测器，也可以用氢火焰离子化检测器。（　　）

4. 检验乙醇中的微量水分，色谱柱为Porapak Q，也可以用GDX-102。（　　）

三、填空题

1. pH玻璃电极和SCE组成工作电池，25℃时，测得pH＝6.18的标液电动势是0.220V，而未知试液电动势0.186V，则未知试液pH值是______。

2. 在25℃时，标准溶液与待测溶液的pH值变化1个单位，电池电动势的变化为______V。

3. 电导率与电解质溶液的______、______和______有关。

4. 离子的极限摩尔电导率不受其他共存离子的影响，只取决于______。

5. 在FID、TCD等气相色谱常用的检测器中，能用于检测乙醇中水的检测器是______。

6. 采用TCD检测器时，要注意先______再______并且不宜开得过大，否则易烧损铼钨丝。

四、计算题

1. 用pH玻璃电极测定溶液的pH值，测得pH＝4.0的缓冲溶液的电动势为−0.14V，测得试样液的电动势为0.02V，计算该试样溶液的pH值。

2. 浓度为1.00×10^{-4}mol/L的Fe^{3+}标准溶液，显色后在一定波长下用1cm吸收池测得吸光度为0.304。有一含Fe^{3+}的试样水，按同样方法处理测得的吸光度为0.510，求试样水中Fe^{3+}的浓度。

3. 某涂料稀释剂由丙酮、甲苯和乙酸丁酯组成。利用气相色谱/热导检测器（TCD）分析得到各组分的峰面积分别为 $A_{丙酮}=1.63cm^2$、$A_{甲苯}=1.52cm^2$、$A_{乙酸丁酯}=3.30cm^2$。求该试样中各组分的质量分数。

码 4-6　思考与练习参考答案

五、简答题

简述热导检测器法检测乙醇中微量水分的操作步骤。

大国工匠——许振超

许振超，一名青岛港码头工人，凭借坚韧的意志和卓越的实干精神，在中国的港口事业中书写了不凡的篇章。他通过自己的奋斗创新和卓越奉献，成为新时代产业工人的杰出代表。

1974 年，许振超进入青岛港，成为一名码头工人。当时的码头货物装卸虽然已经开始机械化，但大部分工作仍然依赖人力。面对繁重的劳作，他没有退缩，下定决心学好技术，争当先进。

在港口的工作生涯中，许振超经历了从门机司机到桥吊司机的转变。1984 年，他凭借出色的表现，成为第一批桥吊司机。面对高技术含量的设备和厚厚的外文操作手册，他感到了前所未有的压力。但他没有放弃，而是买了一本英汉词典，逐个查询单词，将单词抄在本子上随身携带，有空就反复背、反复练。很快，他就成为了业务骨干。

1990 年，青岛港的一台桥吊控制系统出现故障，外国专家提出高达数万元的修理费，让许振超深感震撼。他意识到，必须要学会修理技术，否则就永远无法摆脱对外国的依赖。经过四年的艰苦钻研，许振超终于掌握了桥吊的技术参数和设备性能，不仅能够排除一般的机械故障，还能修复精密部件。他绘制的电路图纸后来成为桥吊司机的技术手册。

许振超不仅自己练就了“一钩准”“一钩净”“无声响操作”等绝招，还带领团队不断刷新集装箱装卸的世界纪录。他创造的“振超效率”成为了港航界的一块“金字招牌”。在他的带领下，青岛港装卸作业速度不断提升，多次刷新世界纪录。同时，他还带领团队开展科技攻关，首次实施了集装箱轮胎吊“油改电”技术改造，大幅节约了生产成本，减少了噪声和尾气污染，实现了大气污染零排放。这一技术填补了国际空白，荣获全国科技进步奖一等奖。

许振超的杰出贡献得到了国家和社会的广泛认可。他先后荣获全国劳动模范、全国优秀共产党员、改革先锋、最美奋斗者等称号。2024年9月，他被授予“人民工匠”国家荣誉称号。

许振超用自己的努力诠释了真正的工匠精神，在他的带动下，青岛港涌现出了一大批先进典型和优秀技能人才，推动了港口的快速发展。

项目五
环氧丙烷生产分析实例

项目描述

某石化集团建设有分析检验中心以及各装置、各工段的分析检验室，如图5-1所示，分析检验中心及各分析检验室须完成从原料到成品各个生产环节的全流程分析检验任务，以及三废处理及环保检测任务，保障企业产品优质高产，助力企业绿色、低碳、高质量发展。

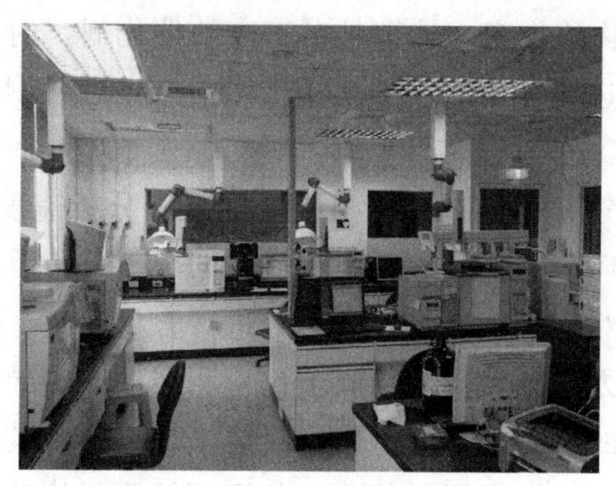

图 5-1 分析检验中心

从环氧丙烷生产全流程分析检测中，选取了丙烯（原料）中烃类组分的检验、氯醇法环氧丙烷装置碱液吸收罐碱含量的分析、粗环氧丙烷中醛含量的分析、环氧丙烷（产品）酸度的分析以及环氧丙烷的外观、色度、组分的分析，共五个企业生产过程中真实的分析检验任务。这五个分析检验任务，基本涵盖了常用的化学分析方法及广泛使用的分析仪器操作。通过企业分析检验任务的实训，深入了解化工生产全流程的分析检验工作，全面掌握分析检验基础知识，提高分析检验法方法的选用能力，提高大型分析仪器设备的操作技能。

码 5-1　分析检验企业文化理念

任务 1　丙烯中烃类组分的检验

【任务目标】

① 正确选用丙烯中烃类组分的检验方法；
② 熟练设置气相色谱仪（热导检测器、氢火焰离子化检测器）的操作条件；
③ 规范进样，熟练操作气相色谱仪，完成丙烯中烃类组分的定量测定。

【任务描述】

高纯度丙烯是生产聚丙烯的原料。丙烯中的杂质气体会影响催化剂的活性，进而影响整个反应产物的收率。特别是对于高效催化剂，丙烯中的微量烃类杂质会导致催化剂中毒，进而影响产品质量。因此，要控制丙烯原料中杂质气体的含量。

气相色谱法具有分离效能高、检测灵敏度高和分析速度快等优点，是石油、化工、生化、医药和环境监测等领域广泛使用的分离分析手段。

采用气相色谱法对丙烯试样中烃类组分进行含量测定。根据气相色谱仪使用的检测器不同，检测方法分为氢火焰离子化检测器法和热导检测器法。

丙烯中烃类组分的检验，不仅适用于氯醇法环氧丙烷装置用原料检验，还适用于聚丙烯等以高纯度丙烯为原料的化工装置丙烯原料检验。

引用标准：《聚合级丙烯》（GB/T 7716—2024）。

【知识链接】

一、热导检测器法

1. 方法概要

在规定的条件下，用色谱柱将样品气中的烃类组分分离，用热导检测器（TCD）检测，采用校正面积归一化法，计算每个组分的体积分数。

2. 操作条件

热导检测器法气相色谱仪操作条件，见表 5-1。

表 5-1 热导检测器法气相色谱仪操作条件

序号	项目	操作条件
1	检测器	热导检测器(TCD)
2	载气	氢气(H_2),纯度≥99.99%(体积分数)
3	色谱柱	60～80 目活性氧化铝填充柱
4	柱温	70℃
5	氢气压力	主表压力 100～110 kPa,分压 70～80 kPa
6	进样口温度	150℃
7	桥电流	160mA,信号极性"－"
8	检测器温度	105℃

二、氢火焰离子化检测器法

1. 方法概要

在规定的条件下，用色谱柱将样品气中的烃类组分分离，用氢火焰离子化检测器（FID）检测，采用校正面积归一化法，计算每个组分的体积分数。

2. 操作条件

氢火焰离子化检测器法气相色谱仪操作条件，见表 5-2。

表 5-2 氢火焰离子化检测器法气相色谱仪操作条件

序号	项目	操作条件
1	检测器	氢火焰离子化检测器(FID)
2	载气	氮气,纯度≥99.99%(体积分数)
3	色谱柱	柱长 50.00m,直径 530μm
4	载气平均线速	35 cm/s(N_2);41 cm/s(He)
5	进样器温度	150℃
6	检测器温度	250℃
7	柱温	70℃
8	分流比	15∶1

【任务准备】

1. 仪器和试剂准备

本次检测所需的仪器设备、试样，见表 5-3。

表 5-3 检测所需仪器设备、试样

仪器设备	气相色谱仪及数据工作站	确认工作状态
	双 TCD 检测器(或 FID 检测器)	
	微量注射器 100μL	
	色谱柱[PEG(聚乙二醇)毛细管柱]或活性氧化铝,柱长 2m,内径 4mm	
	载气(H_2、N_2)钢瓶	检查存气情况

续表

试样	丙烯试样	球胆采样
	乙烯(标气)	备选
	乙烷(标气)	备选
	丙烷(标气)	备选
	丙烯(标气)	备选

2. 实验室检查

检查水、电、通风以及检测环境。确保分析检测的安全、高效和规范。

【任务实施】 做中学

一、热导检测器法

1. 操作步骤

① 打开载气钢瓶，减压阀调至 0.4MPa，色谱载气压力 0.2MPa，柱前压力 0.10MPa。

② 按色谱仪操作规程开启色谱仪及色谱数据处理工作站，根据实验要求设定操作条件（可视实际情况进行调整）。

气化器温度：80℃；柱温：70℃；检测器温度：100℃；桥电流：160mA。

③ 调节数据处理工作站的零点在规定范围内，待色谱数据处理工作站显示的基线稳定后，用微量进样针进样 80μL。

④ 出完丙烯峰后，再监测 8min，观察有无 C_4 及其他组分。如有其他组分，则需要积分计算其他组分含量并上报。

⑤ 检验完毕按操作规程关闭仪器。

平行测定 2 次。

2. 计算

$$V_i(\%)=\frac{A_iF_i}{A_1F_1+\cdots+A_iF_i+A_nF_n}\times 100$$

式中 V_i——i 组分的体积分数，%；

A_i——i组分的峰面积；

F_i——i组分的体积校正因子。

各组分的校正因子，见表 5-4。

3. 精密度

精密度要求，同一操作者重复测定的两个结果之差应符合表 5-5。

表 5-4　各组分校正因子

组分	校正因子 F
乙烷	1.960
乙烯	2.080
丙烷	1.550
丙烯	1.550

表 5-5　各组分精密度

组分	体积分数 V/%	允许差
乙烷、乙烯	<0.5	0.06
	0.5～1.0	0.10
	>1.0	0.3
丙烷	<3.0	0.4
	≥3.0	0.6
丙烯		0.1

4. 数据记录与处理

将数据与处理结果填写在表 5-6 中。

表 5-6　数据记录与处理

组分	峰面积 A_i		体积分数 V_i/%		允许差	判断
	1	2	1	2		
乙烷						
乙烯						
丙烷						
丙烯						

二、氢火焰离子化检测器法

1. 操作步骤

按照色谱仪操作规程进行检测，检测完毕按规程关闭仪器，平行测定 2 次。

2. 计算

同热导检测器法的计算。

3. 精密度

同热导检测器法的精密度。

4. 数据记录与处理

同热导检测器的数据记录与处理。

码 5-2　分析检验质量控制

【任务评价】

根据考核内容和评分标准，采取学生自评、同学互评和教师评价等方式，对任务完成情况进行考核，并给出综合评价。任务评价表，见表 5-7。

表 5-7　任务评价表

序号	评价指标	考核内容和评分标准	配分	考核记录	得分
1	气相色谱仪的操作（50 分）	正确开启色谱仪及色谱数据处理工作站	8		
		熟练调节数据处理工作站的零点在规定范围内	8		
		用微量进样器规范进样	8		
		观察出峰，持续观察不少于 8min	8		
		按操作规程关闭仪器	8		
		完成平行测定	10		
2	计算（20 分）	公式运用正确，校正因子选择正确	10		
		各组分计算结果正确	10		
3	精密度（20 分）	正确计算各组分的精密度	10		
		各组分精密度（允许差）符合要求	10		
4	HSE（10 分）	操作规范安全，满足 HSE 要求	10		
合计			100	考核总分	
综合评价					
考核人		学生自评□同学互评□教师评价□	日期	月　　日	

【任务小结】

根据所学内容将图 5-2 所示思维导图补充完善。

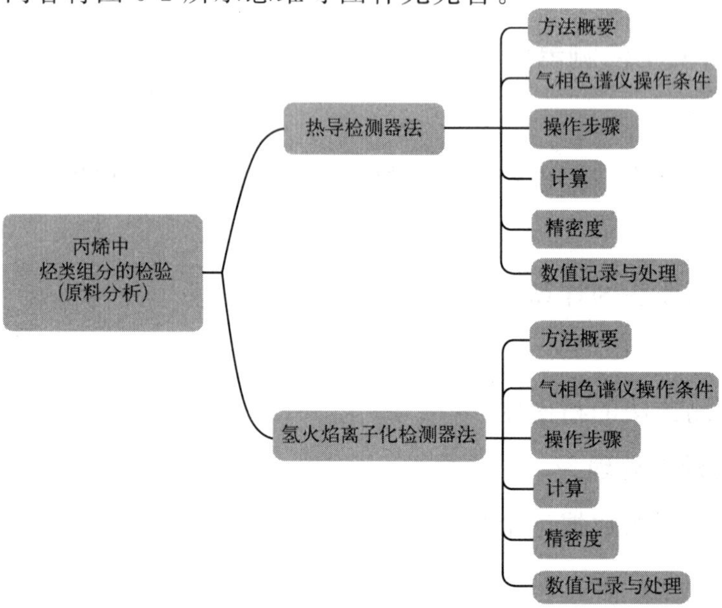

- 丙烯中烃类组分的检验（原料分析）
  - 热导检测器法
    - 方法概要
    - 气相色谱仪操作条件
    - 操作步骤
    - 计算
    - 精密度
    - 数值记录与处理
  - 氢火焰离子化检测器法
    - 方法概要
    - 气相色谱仪操作条件
    - 操作步骤
    - 计算
    - 精密度
    - 数值记录与处理

图 5-2　丙烯中烃类组分的检验思维导图

任务2 氯醇法环氧丙烷装置碱液吸收罐碱含量的分析

【任务目标】

① 理解缓冲溶液的作用原理，理解酸碱滴定曲线，会选择合适的指示剂；

② 掌握碱溶液中碱（NaOH）含量的分析原理、操作步骤和计算方法；

③ 熟练完成碱液吸收罐碱（NaOH）含量的分析，提高操作技能，培养规范操作意识。

【任务描述】

氯醇法环氧丙烷装置碱液吸收罐碱含量的分析，是环氧丙烷装置中控检验项目之一，用于判断环氧丙烷装置尾气中氯是否被完全吸收，关系到尾气能否达标排放，对于判断环氧丙烷生产过程工况是否正常，具有参考意义。氯醇法环氧丙烷装置碱液吸收罐碱含量的分析，采用酸碱滴定法。

通过研讨，理解缓冲溶液的作用原理，掌握碱液吸收罐碱（NaOH）含量的分析原理、操作步骤和计算方法。通过操作实训，提高分析岗位能力，提高对企业生产流程和规范的认知。

碱液试样取自环氧丙烷装置碱液吸收罐，也可以从吸收液管道采样阀采样。

【知识链接】 

氯醇法环氧丙烷装置碱液吸收罐碱含量的分析如下。

1. 分析原理

(1) 游离碱分析

先用双氧水除去次氯酸根，加入氯化钡除去碳酸根的影响，在不含次氯酸根的介质中，以酚酞为指示剂，用盐酸标准滴定溶液滴定至微粉色即为终点。反应式如下：

$$ClO^- + H_2O_2 = Cl^- + O_2\uparrow + H_2O$$

$$Ba^{2+} + CO_3^{2-} = BaCO_3\downarrow$$

$$OH^- + H^+ = H_2O$$

(2) 总碱量分析（以 NaOH 计）

用双氧水除去次氯酸根，加入氯化钡除去碳酸根的影响，在不含次氯酸根的介质中，以溴甲酚绿-甲基红为指示剂，用盐酸标准溶液滴定。反应式如下：

$$ClO^- + H_2O_2 = Cl^- + O_2 \uparrow + H_2O$$

$$Ba^{2+} + CO_3^{2-} = BaCO_3 \downarrow$$

$$CO_3^{2-} + 2H^+ = CO_2 \uparrow + H_2O$$

$$OH^- + H^+ = H_2O$$

2. 结果计算

游离碱含量（以 NaOH 计）：

$$\omega_{NaOH}(\%) = \frac{c \times V_1 \times 40.00}{m \times 1000} \times 100$$

总碱量含量（以 NaOH 计）：

$$\omega_{NaOH}(\%) = \frac{c \times V_2 \times 40.00}{m \times 1000} \times 100$$

式中 c——盐酸标准滴定溶液的物质的量浓度，mol/L；

V_1，V_2——滴定消耗的盐酸标准滴定溶液的体积，mL；

m——样品的质量，g；

40.00——氢氧化钠的摩尔质量，g/mol。

【任务准备】

1. 仪器和试剂准备

本次检测所需的仪器设备、试剂，见表 5-8。

表 5-8 检测所需仪器设备、试剂

主要仪器	分析天平
玻璃器皿	滴定管 50mL(酸式滴定管或聚四氟乙烯滴定管)
	锥形瓶 250mL
	滴定管架
	烧杯、量筒、洗瓶等
试剂	双氧水 3%
	氯化钡溶液 10%
	酚酞指示剂 10g/L
	溴甲酚绿-甲基红指示液(3+1)
	盐酸标准滴定溶液 $c_{HCl}=0.5mol/L$

2. 实验室检查

检查水、电、通风以及检测环境。确保分析检测的安全、高效和规范。

【任务实施】做中学

氯醇法环氧丙烷装置碱液吸收罐碱含量的分析操作如下。

（1）游离碱的分析

称取试样约 3g（准确称量至 0.001g）于 250mL 锥形瓶中，滴加过氧化氢溶液充分摇匀至不冒气泡为止，加入适量的三级水，加入 15mL 氯化钡溶液，使碳酸根生成碳酸钡沉淀，加 2～3 滴酚酞，用 0.5mol/L 盐酸标准滴定溶液滴定至微粉色为终点，记下滴定体积。

平行测定 3 次。

填写数据记录单（表 5-9），完成数据处理。

表 5-9 数据记录和处理单

项目	1	2	3	备用
m_s(试样的质量)/g				
滴加过氧化氢溶液充分摇匀	—	—	—	
加入三级水	适量	适量	适量	
加入氯化钡溶液	15mL	15mL	15mL	
V_0(空白值)/mL				
滴定管初读数/mL				
滴定管终读数/mL				
V_1(实际消耗 NaOH 体积)/mL				
c_{HCl}/(mol/L)				
游离碱含量 ω/%				
平均游离碱含量 $\overline{\omega}$/%				

（2）总碱量的分析

码 5-3 常用的混合指示剂

称取试样约 3g（准确称量至 0.001g）于 250mL 锥形瓶中，滴加过氧化氢溶液充分摇匀至不冒气泡为止，加入适量的三级水，滴加 3～4 滴溴甲酚绿-甲基红指示液，用 0.5mol/L 盐酸标准滴定溶液滴定至微粉色为终点，记下滴定体积 V_2。

平行测定 3 次。

填写数据记录单（表 5-10），完成数据处理。

表 5-10 数据记录和处理单

项目	1	2	3	备用
m_s(试样的质量)/g				
滴加过氧化氢溶液充分摇匀	—	—	—	
加入三级水	适量	适量	适量	
V_0(空白值)/mL				
滴定管初读数/mL				

续表

项目	1	2	3	备用
滴定管终读数/mL				
V_2(实际消耗 NaOH 体积)/mL				
c_{HCl}/(mol/L)				
总碱量含量 ω/%				
平均总碱量含量$\overline{\omega}$/%				

【任务评价】

根据考核内容和评分标准，采取学生自评、同学互评和教师评价等方式，对任务完成情况进行考核，并给出综合评价。任务评价表，见表 5-11。

表 5-11 任务评价表

序号	考核指标	考核内容和评分标准	配分	考核记录	得分
1	游离碱的分析(38 分)	称取试样约 3g 于 250mL 锥形瓶中	10		
		滴加过氧化氢溶液充分摇匀至不冒气泡为止	8		
		加入适量的三级水	4		
		加入 15mL 氯化钡溶液，使碳酸根生成碳酸钡沉淀	6		
		滴定操作规范熟练	10		
2	总碱的分析(32 分)	称取试样约 3g 于 250mL 锥形瓶中	10		
		滴加过氧化氢溶液充分摇匀至不冒气泡为止	8		
		加入适量的三级水	4		
		滴定操作规范熟练	10		
3	计算(20 分)	数据记录及时、规范	10		
		数据处理与计算正确	10		
4	HSE(10 分)	操作规范安全，满足 HSE 要求	10		
合计			100	考核总分	
综合评价					
考核人		学生自评□同学互评□教师评价□	日期	月　　日	

【任务小结】

根据所学内容将图 5-3 所示思维导图补充完善。

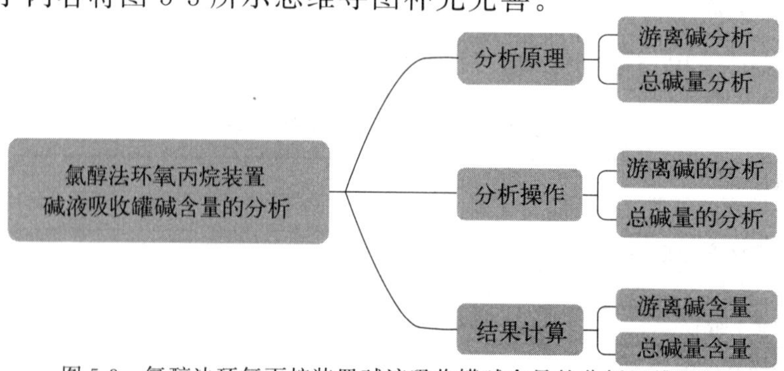

图 5-3 氯醇法环氧丙烷装置碱液吸收罐碱含量的分析思维导图

任务3 粗环氧丙烷中醛含量的分析

【任务目标】

① 掌握碘量法的原理、指示剂和测定条件，了解其他的氧化还原滴定法；

② 掌握粗环氧丙烷中醛含量分析的原理、操作步骤和计算方法；

③ 熟练完成粗环氧丙烷中醛含量的分析操作，提高检测能力，培养岗位素养。

【任务描述】

粗环氧丙烷中醛含量的分析，是生产过程中环氧丙烷装置中控检验项目之一，对于评价粗环氧丙烷的质量、指导后续精制生产具有重要意义。粗环氧丙烷中醛含量的分析，采用碘量法。

通过研讨，掌握碘量法的原理、指示剂和测定条件，掌握粗环氧丙烷中醛含量分析的原理、操作步骤和计算方法。通过规范操作，提高测定结果的准确度。通过操作实训，提高分析岗位技能，强化对企业生产流程和规范的认知。

粗环氧丙烷试样从环氧丙烷装置的管道采样阀处采样。

采用的标准是：《工业用环氧丙烷》GB/T 14491—2015。

【知识链接】

一、碘量法

1. 原理和分类

碘量法是利用I_2的氧化性和I^-的还原性进行滴定分析的方法，其半反应为：

$$I_2 + 2e^- \rightleftharpoons 2I^-$$

$$\varphi^{\ominus} = +0.54V$$

由标准电极电位可知，I_2是较弱的氧化剂，能与较强的还原剂反应；而I^-是中等强度的还原剂，能与许多氧化剂作用。因此，碘量法分为直接碘量法和间接碘量法。

直接碘量法又称碘滴定法，它是利用I_2标准滴定溶液直接滴定一些还原性物质，如S^{2-}、SO_3^{2-}、As_2O_3、Sn^{2+}、维生素C等。间接碘量法又称滴定碘法，它是利用I^-与氧化剂反应，定量地析出I_2，然后用还原剂$Na_2S_2O_3$标准滴定溶

液滴定 I_2。利用间接碘量法可以测定许多氧化性物质，如 Cu^{2+}、ClO^-、H_2O_2 等，还可以测定甲醛、丙酮、葡萄糖、油脂等有机化合物。这两种方法中，间接碘量法应用最为广泛。

2. 淀粉指示剂

碘量法用淀粉作指示剂。在少量 I^- 存在下，I_2 与淀粉生成深蓝色的吸附配合物，反应迅速且灵敏，其显色浓度为 $[I_2] = 1\times10^{-5}mol/L$。淀粉是碘量法的专属指示剂，当溶液出现蓝色（直接碘量法）或蓝色消失（间接碘量法）即为滴定终点。但要注意应用间接碘量法时，淀粉指示剂应在近终点（溶液出现稻草黄色）时加入，否则将会引起淀粉溶液凝聚，而且吸附的 I_2 不易释放出来，使终点难以观察。

3. 测定条件

碘量法必须重视测定条件，否则会产生较大误差，致使滴定无效。

（1）溶液酸度

直接碘量法和间接碘量法都要求在中性或弱酸性溶液中进行滴定。

（2）防止 I_2 挥发

I_2 具有挥发性，采用间接碘量法时，应防止析出 I_2 挥发，故要注意：

① 加入过量的 KI，使析出的 I_2 形成易溶于水的 I_3^-；

② 析出 I_2 的反应要在带塞的碘量瓶中进行，如图 5-4 所示；

③ 滴定溶液温度要低（<25℃），摇动要轻。

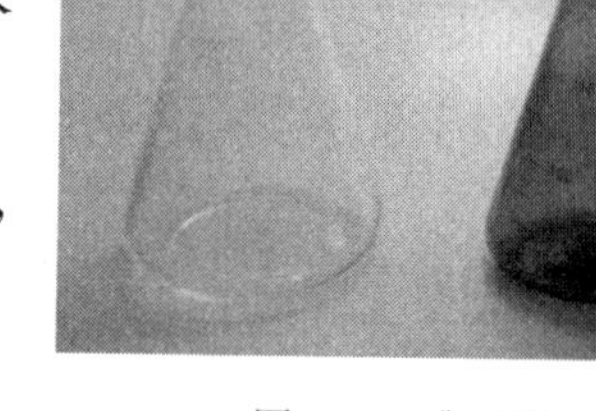

图 5-4 碘量瓶

（3）防止 I^- 被空气氧化

① 加入 KI 后，碘量瓶应置于暗处，以避免光线照射；

② I_2 定量析出后，及时用 $Na_2S_2O_3$ 标准滴定溶液滴定，滴定速度适当快些。

二、测定粗环氧丙烷中醛含量

1. 原理

粗环氧丙烷试样中，醛与过量的亚硫酸氢钠溶液定量反应，用碘标准滴定溶液滴定未反应的亚硫酸氢钠，再加入碳酸氢钠，使复合物定量分解，用碘标准溶液滴定释放的亚硫酸氢钠。根据消耗碘标准滴定溶液的体积，计算试样中醛的质量分数，以丙醛计。

2. 结果计算

醛（以丙醛计）的质量分数：

$$\omega(\%)=\frac{cV\times 0.029}{2\times\rho}\times 100$$

式中 c——碘标准滴定溶液浓度，mol/L；

V——滴定试样所消耗的碘标准滴定溶液的体积，mL；

ρ——试样 20℃的密度，g/cm^3；

2——试样体积，mL；

0.029——与 1.00mL 碘标准滴定溶液（$c_{1/2I_2}=0.0100$mol/L）相当的丙醛的摩尔质量，g/mmoL。

本方法不仅适用于粗环氧丙烷测定，也适用于二氯丙烷等样品中醛含量的分析。

【任务准备】

1. 仪器和试剂准备

所需的仪器设备、试剂，见表 5-12。

表 5-12 所需仪器设备、试剂

主要设备	电冰箱	确认设备工作正常
玻璃器皿	酸式滴定管或聚四氟乙烯滴定管 50mL	
	吸量管 10mL	
	碘量瓶 250mL	
	量筒、烧瓶等	
试剂	碳酸氢钠（A. R.）	
	亚硫酸氢钠溶液 2g/L	
	碘标准滴定溶液（Ⅰ）	$c_{1/2I_2}=0.1$mol/L
	碘标准滴定溶液（Ⅱ）	$c_{1/2I_2}=0.01$mol/L
	淀粉指示剂 10g/L	

2. 实验室检查

检查水、电、通风以及检测环境。确保分析检测的安全、高效和规范。

【任务实施】 做中学

粗环氧丙烷中醛含量的分析如下。

1. 操作步骤

① 取 10mL 亚硫酸氢钠溶液（若含醛量高，可加 25mL），加入预先盛有 100mL 三级水的 250mL 碘量瓶中，放于冰箱中，在 0～10℃下充分冷却。

② 然后移取 2.0mL 试样，加入碘量瓶中，混匀，置于冰箱中冷却 15min。

③ 加入 1mL 淀粉指示剂，用 0.1mol/L 的碘标准滴定溶液滴定至近终点。

再用0.01mol/L的碘标准滴定溶液继续滴定至溶液呈淡蓝色，保持1min不褪色，停止滴定（标液消耗量不必记录）。

④ 加入1g碳酸氢钠，混匀，淡蓝色消失。

⑤ 用0.01mol/L的碘标准溶液继续滴定至溶液呈淡蓝色，保持1min不褪色，记下碘标准滴定溶液所消耗的体积。

码 5-4 分析检验质量评定

2. 结果计算

计算醛（以丙醛计）的质量分数，完成表5-13。

表5-13 粗环氧丙烷中醛含量的分析

项目	1	2	3	4
碘量瓶中加水的体积/mL				
碘量瓶中加亚硫酸氢钠溶液的体积/mL				
V_s(粗环氧丙烷试样的体积)/mL				
淀粉指示剂的加入量/mL				
碘标准滴定溶液(Ⅰ)的浓度/(mol/L)				
碘标准滴定溶液(Ⅱ)的浓度/(mol/L)				
碳酸氢钠加入量/g				
滴定管初读数/mL				
滴定管终读数/mL				
实际消耗碘标准滴定溶液(Ⅱ)的体积 V /mL				
丙醛的质量分数 ω/%				
平均丙醛的质量分数 $\overline{\omega}$/%				

【任务评价】

根据考核内容和评分标准，采取学生自评、同学互评和教师评价等方式，对任务完成情况进行考核，并给出综合评价。任务评价表，见表5-14。

表5-14 任务评价表

序号	考核指标	考核内容和评分标准	配分	考核记录	得分
1	粗环氧丙烷中醛含量的分析（70分）	取10mL亚硫酸氢钠溶液，加入碘量瓶中	8		
		放于冰箱中，在0～10℃下充分冷却	8		
		移取2.0mL试样，加入碘量瓶中，混匀	8		
		置于冰箱中冷却15min	8		
		加入1mL淀粉指示剂，用0.1mol/L的碘标准滴定溶液滴定至近终点	10		
		用0.01mol/L的碘标准滴定溶液继续滴定至溶液呈淡蓝色，保持1min不褪色，停止滴定	10		
		加入1g碳酸氢钠，混匀，淡蓝色消失	8		
		用0.01mol/L的碘标准溶液继续滴定至溶液呈淡蓝色，保持1min不褪色	10		

续表

序号	考核指标	考核内容和评分标准	配分	考核记录	得分
2	计算（20分）	数据记录及时、规范	10		
		数据处理与计算正确	10		
3	HSE(10分)	操作规范安全，满足HSE要求	10		
合计			100	考核总分	
综合评价					
考核人		学生自评□同学互评□教师评价□	日期	月　　日	

【任务小结】

根据所学内容将图5-5所示思维导图补充完善。

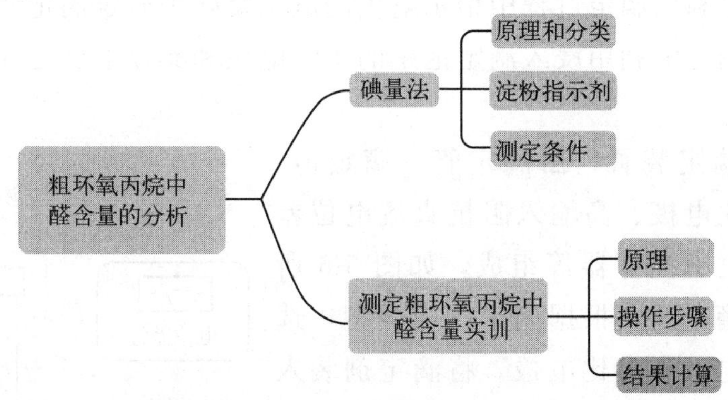

图5-5　粗环氧丙烷中醛含量的分析思维导图

任务4　环氧丙烷酸度的分析

【任务目标】

① 理解电位滴定法的原理以及滴定终点的确定方法；

② 熟悉电位滴定法的操作步骤，熟练使用电位滴定仪完成环氧丙烷酸度的检测；

③ 能够采用多种分析方法检测生产过程中的物料成分，提高岗位能力。

【任务描述】

环氧丙烷的酸度，是评价环氧丙烷产品质量的重要指标之一。环氧丙烷酸度检测，既可以采用滴定分析法，也可以采用电位滴定法。本次任务，以电位滴定法为首选方法。

通过研讨电位滴定法的原理以及电位滴定法终点确定的方法，理解电位滴定法与普通滴定法的区别；通过操作自动电位滴定仪完成检测，掌握电位滴定法的操作步骤和方法；通过实训，提高岗位能力，提高对企业生产流程和规范的认知。

环氧丙烷试样采自环氧丙烷产品罐。

采用的标准是：《工业用环氧丙烷》（GB/T 14491—2015）。

【知识链接】 

1. 电位滴定法

电位滴定是利用滴定过程中指示电极的电位突跃来确定滴定终点的一种电化学方法。实际测定中利用浸入滴定池中的指示电极和参比电极之间的电动势突跃确定滴定终点。

手动电位滴定装置，由滴定管、滴定池、指示电极、参比电极、高输入阻抗直流电位差计或 pH 计、电磁搅拌器等组成，如图 5-6 所示。进行电位滴定时，根据滴定反应类型，选好适当的指示电极和参比电极。将滴定剂装入滴定管，调好零点，准确量取一定量试液于滴定池中，插入电极，开启电磁搅拌器和直流电位差计，读取初始电动势值。然后开始滴定，在滴定过程中每加一次滴定剂，测量一次电动势。接近终点时应放慢滴定速度（如每次滴加 0.10mL）。因为在终点附近，滴定剂体积很小的变化，都将引起指示电极电位很大的变化而发生电位突跃。这样就得到一系列滴定剂体积 V 和相应的电动势 E 数据，根据这些数据，利用适当方法就可以确定滴定终点。

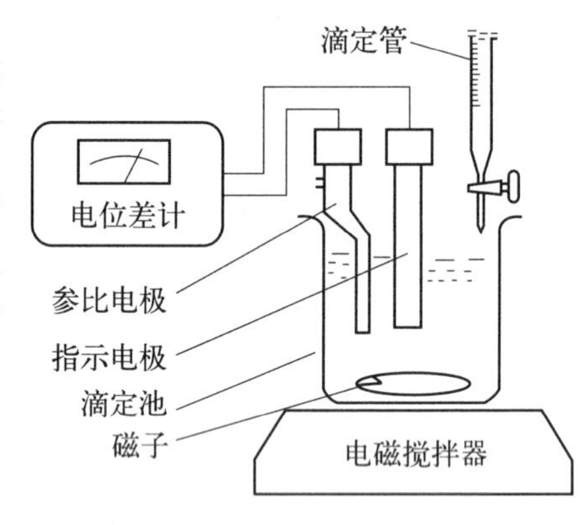

图 5-6　手动电位滴定装置

电位滴定法与普通滴定法的区别仅在于指示终点的方法不同。滴定分析的各类滴定反应都可以采用电位滴定法，只是所需的指示电极有所不同。在酸碱滴定中，溶液的 pH 值发生变化，常用 pH 玻璃电极作为指示电极；在氧化还原滴定中，溶液中氧化态与还原态组分的浓度比值发生变化，多采用惰性金属铂电极作为指示电极；在沉淀滴定中，常用银电极或相应卤素离子选择性电极作指示电极；在配位滴定中，常用汞电极或相应金属离子选择性电极作指示电极。

2. 电位滴定法滴定终点的确定

（1）图解法

以加入滴定剂体积 V 作横坐标，以测得工作电池的电动势 E 作纵坐标，在方格坐标纸上绘制 E-V 滴定曲线。曲线拐点即电位突变最大的一点所对应的滴定剂体积，就是终点体积 V_{ep}，如图 5-7 所示。

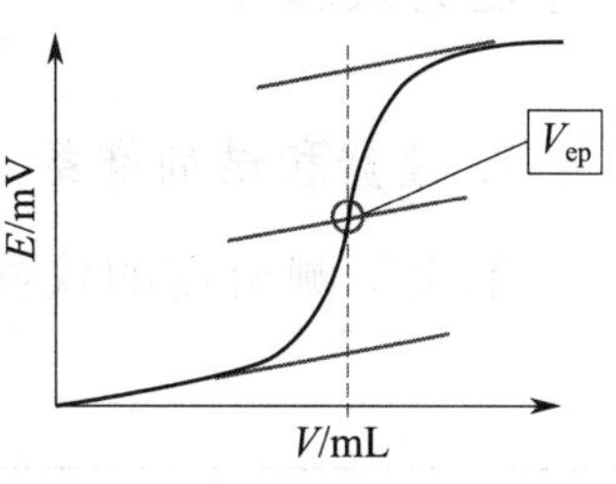

图 5-7　图解法确定滴定终点

（2）计算法

按简单比例关系不用通过绘图，能够直接计算出滴定的终点体积 V_{ep}。

（3）自动电位滴定

自动电位滴定仪器有两种类型：一类是通过电子单元控制滴定的电磁阀，使其在电位突跃最大的一点自动停止滴定；另一类是利用仪器自动控制加入滴定剂，并自动记录滴定曲线，然后按手动电位滴定中的终点确定方法来确定滴定终点 V_{ep}。

3. 环氧丙烷酸度含量的分析

（1）滴定分析法

以酚酞为指示剂，用氢氧化钠标准滴定溶液中和滴定，根据氢氧化钠标准滴定溶液的体积计算试样中酸的含量，反应式如下：

$$NaOH + HAc \longrightarrow NaAc + H_2O$$

结果计算，以乙酸计：

$$\omega(\text{以乙酸计},\%)=\frac{c\times V\times 60.05}{V_s\times 0.830\times 1000}\times 100$$

式中　c——氢氧化钠标准滴定溶液的浓度，mol/L；

V——滴定试样所消耗的氢氧化钠标准滴定溶液的体积，mL；

60.05——乙酸的摩尔质量，g/mol；

V_s——试样的体积，mL；

0.830——环氧丙烷在 20℃时的密度，g/cm^3。

（2）电位滴定法

以三级水为溶剂，用电位滴定法判断滴定终点，用氢氧化钠标准滴定溶液直接滴定，以乙酸计酸度结果。

环氧丙烷的酸度分析，既适用于环氧丙烷成品的测定，也适用于半成品的分析。以上两种方法，可根据实训条件选用。

【任务准备】

码 5-5　第三方质量检测

1. 仪器和试剂准备

本次检测所需的仪器设备、试剂，见表 5-15。

表 5-15　检测所需仪器设备、试剂

主要设备	905 电位滴定仪	
	非水电极	
玻璃器皿	微量滴定管 5mL(分度值 0.02mL)	
	锥形瓶 250mL	
试剂	NaOH 标准溶液 0.01mol/L	
	酚酞指示剂 10g/L	
	饱和无水氯化锂	
	无水乙醇溶液	

2. 实验室检查

检查水、电、通风以及检测环境。确保分析检测的安全、高效和规范。

【任务实施】 做中学

1. 滴定分析法检测环氧丙烷酸度

在 250mL 锥形瓶中加入 50mL 三级水和 2～3 滴酚酞指示剂，用氢氧化钠标准滴定溶液滴定至溶液呈微粉色，立即加入 25.00mL 试样，继续用氢氧化钠标准滴定溶液滴定至溶液呈微粉色，保持 15s 不褪色为终点，记录滴定试样时消耗的氢氧化钠标准滴定溶液体积 V，完成表 5-16。

表 5-16　环氧丙烷酸度检测（滴定分析法）

项目	1	2	3	4
$V_水$(水的体积)/mL				
V_s(环氧丙烷试样的体积)/mL				
V_0(空白值)/mL				
滴定管初读数/mL				
滴定管终读数/mL				
V_1(实际消耗 NaOH 体积)/mL				
c_{NaOH}/(mol/L)				
环氧丙烷酸度 ω/%				
环氧丙烷平均酸度 $\overline{\omega}$/%				

2. **电位滴定法检测环氧丙烷酸度**

① 打开电位滴定仪工作站，工作平台→样品数据→方法→选择环氧丙烷酸度方法；

② 在滴定池中加入适量环氧丙烷和三级水（试样和三级水比例为 1∶2，试样一般为 25mL，三级水为 50mL）；

③ “Sample size” 中输入加入的环氧丙烷体积；

④ “Sample size unit” 选择 “mL”；

⑤ 输入样品 ID（样品代号）；

⑥ 点击“开始”“确定”，使用电位滴定仪用氢氧化钠标准溶液自动滴定，在滴定过程中绘出滴定曲线，找出拐点确定滴定终点；

⑦ 结果计算，在报告—最新报告中直接查看结果，或者打开数据库直接查找。

【任务评价】

根据考核内容和评分标准，采取学生自评、同学互评和教师评价等方式，对任务完成情况进行考核，并给出综合评价。任务评价表，见表 5-17。

表 5-17　任务评价表

序号	考核指标	考核内容和评分标准	配分	考核记录	得分
1	滴定分析法（30 分）	滴定操作规范熟练	10		
		终点判断准确	10		
		半滴滴加，终点操作正确	10		
2	电位滴定法（40 分）	打开滴定仪工作站，选择酸度方法正确	10		
		在滴定池中加入适量环氧丙烷和三级水	5		
		“Sample size”中输入加入的环氧丙烷体积	5		
		“Sample size unit”单位选择正确	10		
		正确输入样品 ID	5		
		点击“开始”“确定”	5		
3	计算（20 分）	数据记录及时、规范	10		
		数据处理与计算正确	10		
4	HSE（10 分）	操作规范安全，满足 HSE 要求	10		
合计			100	考核总分	
综合评价					
考核人	学生自评□同学互评□教师评价□		日期	月　日	

【任务小结】

根据所学内容将图 5-8 所示思维导图补充完善。

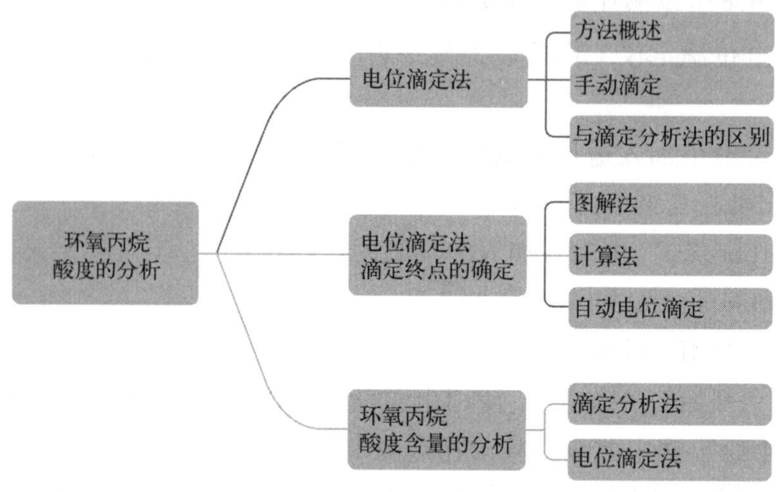

图 5-8 环氧丙烷酸度的分析思维导图

任务 5 环氧丙烷的外观、色度和组分分析

【任务目标】

① 正确检验环氧丙烷的物理性质（外观、色度）；

② 熟练操作气相色谱仪，完成环氧丙烷浓度及杂质（乙醛、丙醛）的分析；

③ 熟悉环氧丙烷成品检验的规范和流程。

【任务描述】

环氧丙烷的物性（外观、色度）及含量分析，是环氧丙烷从生产环节进入销售环节的最后一道检验程序，根据检测结果，来核定产品的品级。因此其是重要的分析检验环节。

采用目测观察法来检验环氧丙烷的物理性质，如外观和色度。采用气相色谱法对环氧丙烷成品的纯度及杂质组分含量进行测定。通过实训，掌握化工产品检验的流程，熟悉其检验的规范。

环氧丙烷试样从环氧丙烷成品罐采集，也可以从环氧丙烷装置半成品罐采集。

采用的标准：《工业用环氧丙烷》（GB/T 14491—2015）。

【知识链接】 

一、环氧丙烷的物性分析

1. 外观分析

将采集到的环氧丙烷试样注入清洁、干燥的100mL具塞比色管中，液层高度为50～60mm，在日光或日光灯的照射下直接目测。

2. 色度分析

试样的颜色与标准铂-钴比色液的颜色目测比较，并以Hazen（铂-钴）颜色单位表示结果。Hazen（铂-钴）颜色单位指的是每升溶液含1mg铂（以氯铂酸计）及2mg六水合氯化钴溶液的颜色。

二、环氧丙烷及其杂质乙醛、丙醛的测定

1. 分析原理

在规定的条件下，将适量试样注入气相色谱仪。环氧丙烷和杂质在毛细管色谱柱中有效分离，使用氢火焰离子化检测器测量各个组分的峰面积。采用峰面积校正归一化法计算各个组分的浓度，扣除水分后计算得到环氧丙烷和杂质的含量。

2. 结果计算

（1）计算环氧丙烷的质量分数 ω_1

$$\omega_1(\%)=\frac{A_i f_i}{\sum(A_i f_i)}\times(100\%-\omega_{水})$$

式中 A_i——试样中组分 i 的峰面积；

f_i——试样中组分 i 的相对校正因子；

$\omega_{水}$——试样中水分的质量分数，%。

各组分相对校正因子参考值见表5-18。

表5-18 各组分相对校正因子

序号	组分	相对校正因子	备注
1	丙烯	1.01	试样中不能得到相对校正因子的杂质组分，其校正因子设为1.00
2	丙醛	2.03	
3	环氧乙烷	2.56	
4	乙醛	3.08	
5	环氧丙烷	1.84	

（2）计算乙醛和丙醛的质量分数 ω_2

$$\omega_2=AA+PA$$

式中　AA——乙醛含量（质量分数），根据上述公式计算得出，%；

PA——丙醛含量（质量分数），根据上述公式计算得出，%。

【任务准备】

码 5-6　《工业用环氧丙烷》（GB/T 14491—2015）（摘录）

1. 仪器和试剂准备

本次检测所需的仪器设备、试剂，见表 5-19。

表 5-19　检测所需仪器设备、试剂

主要设备	气相色谱仪及工作站（以安捷伦色谱及官方工作站为例）
	FID 检测器
	微量注射器 10μL
	PoraBOND U 25m×0.32mm×7μm 色谱柱（适用温度：−300～−100℃）
玻璃器皿	100mL 具塞比色管
	50mL 纳氏比色管
药品与试剂	标准铂-钴比色液 5、10
	环氧丙烷试样
	载气（H_2，纯度为 99.99%）
	载气（N_2，纯度为 99.99%）
	压缩空气（不应含有腐蚀性杂质，使用前应脱油、脱水）

2. 实验室检查

检查水、电、通风以及检测环境。确保分析检测的安全、高效和规范。

【任务实施】 做中学

1. 环氧丙烷的物性分析

采用目测法进行外观分析，采用比较法进行色度分析，完成表 5-20。

色度分析操作步骤如下：

表 5-20　环氧丙烷的物性检测

项目	操作要领	结果	结论
外观分析			
色度分析			

① 向一支纳氏比色管中注入一定量的试样，使注满到标线处，同样向另一支纳氏比色管中注入有类似颜色的标准铂-钴对比溶液，注满到标线处。

② 比较试样与标准铂-钴对比溶液的颜色。比色时在日光或日光灯照射下，正对白色背景，从上往下观察，避免侧面观察，提出接近的颜色。

结果计算。试样的颜色，以最接近试样的标准铂-钴对比溶液 Hazen（铂-钴）颜色单位表示。

2. 环氧丙烷及其杂质乙醛、丙醛的测定

操作步骤，见表 5-21。

表 5-21 环氧丙烷及其杂质乙醛、丙醛的测定操作步骤

序号	操作内容	操作步骤
1	打开钢瓶、仪器电源	调节载气 N_2、燃气高纯 H_2 钢瓶压力至 0.4MPa 左右，压缩空气至 0.4MPa 左右
2	打开工作站控制面板	在“Agilent OpenLAB 控制面板”窗口单击“仪器”，单击“Agilent 7820”，再单击右侧“启动”，出现工作站操作窗口
3	进样针手动进样	在菜单栏单击“文件”，选择打开环氧丙烷分析方法、下载方法。点击“控制”→点击“单次运行”→更改样品 ID→点击“开始”→待工作站下方显示“正在等待触发”→进样→迅速按下“start”
4	自动进样器进样	在菜单栏单击“文件”，选择打开环氧丙烷自动分析方法、下载方法。用注射器将样品注入干燥洁净的样品瓶中，放入对应样品瓶架瓶孔中→待色谱仪就绪→点击“控制”→点击“单次运行”→更改样品 ID，更改样品瓶号 2＊＊（“＊＊”指样品瓶号两位数字）→点击“开始”，仪器自动进样分析
5	查看谱图分析结果	打开电脑工作站“脱机”→单击“文件”→打开方法→选择方法→单击“文件”→打开数据→点击“报告”→选择查看方法报告查看分析结果

规范操作，记录数据，完成表 5-22。

表 5-22 环氧丙烷及其杂质乙醛、丙醛的测定

序号	项目	操作方法及要领	峰面积 A_i	相对校正因子	体积分数 V_i/%	备注
1	$\omega_{环氧丙烷}$/%					
2	$\omega_{乙醛+丙醛}$/%					
3	$\omega_{酸度(乙酸)}$/%					根据情况拓展选用
4	$\omega_{水分}$/%					根据情况拓展选用

【任务评价】

根据考核内容和评分标准，采取学生自评、同学互评和教师评价等方式，对任务完成情况进行考核，并给出综合评价。任务评价表，见表 5-23。

表 5-23 任务评价表

序号	考核指标	评分标准	配分	考核记录	得分
1	环氧丙烷物性分析（15 分）	外观分析操作规范，结果准确	5		
		色度分析操作规范、熟练	5		
		正确判定结果	5		

续表

序号	考核指标	评分标准	配分	考核记录	得分
2	环氧丙烷及其杂质乙醛、丙醛的测定（40分）	熟练打开钢瓶	5		
		开启色谱仪及色谱数据处理工作站	5		
		熟练打开工作站控制面板	5		
		进样针熟练手动进样	5		
		熟练完成自动进样器进样	5		
		熟练查看谱图并分析结果	10		
		按操作规程关闭仪器	5		
3	计算（20分）	公式运用正确，校正因子选择正确	10		
		各组分计算结果正确	10		
4	结果判定（15分）	各组分精密度（允许差）符合要求	5		
		结果判定准确	10		
5	HSE(10分)	操作规范安全，满足HSE要求	10		
合计			100	考核总分	
综合评价					
考核人	学生自评□同学互评□教师评价□		日期	月　　日	

【任务小结】

根据所学内容将图5-9所示思维导图补充完善。

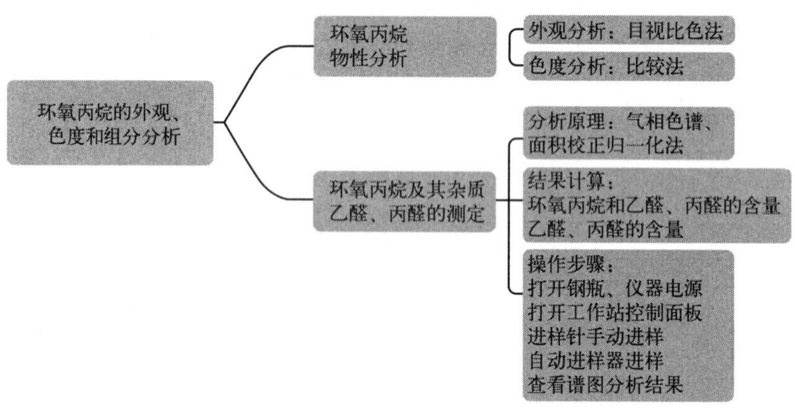

图5-9　环氧丙烷的外观、色度和组分分析思维导图

项目拓展

查阅环氧丙烷产品的国家标准，参照任务4和任务5的分析测试结果，对企业的产品质量进行鉴定，对环氧丙烷的生产工艺给出改进建议。

1. 环氧丙烷的国家标准

《工业用环氧丙烷》(GB/T 14491—2015)(登录"全国标准信息公共服务平台"查询；网址：https：//std. samr. gov. cn)。

2. 分析结果及鉴定

填写环氧丙烷质量检验结果总报告单，见表5-24。

表 5-24 环氧丙烷质量检验结果总报告单

<table>
<tr><td>取样时间</td><td>罐号</td><td>批量</td><td>样本量/mL</td><td>采用标准</td></tr>
<tr><td></td><td></td><td></td><td></td><td>GB/T 14491—2015</td></tr>
<tr><td colspan="5">检验内容</td></tr>
<tr><td rowspan="2">项目</td><td colspan="2">指标</td><td rowspan="2">检验结果</td><td rowspan="2">单项判定</td></tr>
<tr><td>优等品</td><td>合格品</td></tr>
<tr><td>$\omega_{环氧丙烷}$/%</td><td>≥99.95</td><td>≥99.80</td><td></td><td></td></tr>
<tr><td>色度/Hazen(单铂-钴色号)</td><td>≤5</td><td>≤10</td><td></td><td></td></tr>
<tr><td>$\omega_{酸度}$(以乙酸计)/%</td><td>≤0.003</td><td>≤0.006</td><td></td><td></td></tr>
<tr><td>$\omega_{水分}$/%</td><td>≤0.020</td><td>≤0.050</td><td></td><td></td></tr>
<tr><td>$\omega_{乙醛+丙醛}$/%</td><td>≤0.050</td><td>≤0.020</td><td></td><td></td></tr>
<tr><td>检验结论</td><td colspan="2"></td><td colspan="2">年　月　日</td></tr>
<tr><td>备注</td><td colspan="4"></td></tr>
</table>

检验员：　　　　　　　　　　　　审核：

3. 改进生产工艺的建议

选做。

一、单项选择题

1. 热导检测器法测定丙烯中烃类组分时，检测器的操作条件错误的是（　　）。

A. 载气是氮气，纯度≥99.99%（体积分数）

B. 载气平均线速，35cm/s（N_2）、41cm/s（He）

C. 进样器温度是150K

D. 分流比为15∶1

2. 氯醇法环氧丙烷装置碱液吸收罐碱含量中检测游离碱时，选用的指示剂是（　　）。

A. 甲基红　　B. 酚酞　　C. EBT　　D. 铬酸钾

3. 下列叙述操作，与选择指示剂错误的是（　　）。

A. 根据化学计量点附近的pH值突跃，就可选择适当的指示剂

B. 氢氧化钠滴定盐酸时，通常选用甲基红指示剂

C. 能在pH值突跃范围内变色的指示剂，原则上都可以选用

D. 选择指示剂时还应考虑到人的眼睛对颜色的敏感性

4. 粗环氧丙烷中醛含量的分析，选用的指示剂是（　　）。

A. 甲基红　　B. 淀粉溶液　　C. EBT　　D. 铬酸钾

5. 下列操作中哪项会增加碘量法的误差，应该注意避免（　　）。

A. 在中性或弱酸性介质中进行滴定

B. 滴定溶液温度要低（<25℃），摇动要轻，滴定速度要慢

C. 加入KI后，碘量瓶应置于暗处，以避免光线照射

D. 析出 I_2 的反应要在带塞的碘量瓶中进行

6. 环氧丙烷酸度的分析中，选用的电极是（　　）。

A. 惰性金属铂电极

B. pH玻璃电极

C. 银电极或相应卤素离子选择性电极

D. 汞电极或相应金属离子选择性电极

7. 环氧丙烷的色度分子中，用到的主要玻璃仪器是（　　）。

A. 100mL具塞比色管

B. 50mL纳氏比色管

C. 容量瓶、移液管

D. 微量注射器

8. 环氧丙烷及其杂质乙醛、丙醛的测定中，操作错误的是（　　）。

A. 打开钢瓶，调节载气 N_2、燃气高纯 H_2 钢瓶压力至0.4MPa左右，压缩空气至0.4MPa左右，打开仪器电源

B. 打开工作站控制面板

C. 仅进样针手动进样

D. 查看谱图分析结果

二、判断题

1. 丙烯中烃类组分——丙烷的体积含量超过3%，则两次测量的允许差是0.6。（　　）

2. 检验丙烯中烃类组分，计算乙烯的体积含量时，其校正因子是1.96。（　　）

3. 酸碱缓冲溶液是一种能对溶液酸度起稳定作用的溶液。（　　）

4. 缓冲溶液一般由弱酸和弱酸盐、弱碱和弱碱盐以及不同碱度的酸式盐组成。（　　）

5. 碘量法分为直接碘量法和间接碘量法。（　　）

6. 采用直接碘量法时，淀粉指示剂应在近终点（溶液出现稻草黄色）时加入。（　　）

7. 滴定分析的各类滴定反应都可以采用电位滴定法，且对指示电极没有特别要求。（　　）

8. 电位滴定法是利用滴定过程中指示电极的电位突跃来确定滴定终点的一种电化学方法。（　　）

9. E-V 滴定曲线的拐点，即电位突变最大的一点所对应的滴定剂体积，就是终点体积 V_{ep}。（　　）

10. 将采集到的环氧丙烷试样注入清洁、干燥的 100mL 比色管中，液层高度为 20～30mm，在日光或日光灯的照射下直接目测。（　　）

11. 环氧丙烷试样的颜色与标准铂-钴比色液的颜色目测比较，并以 Hazen（铂-钴）颜色单位表示结果。（　　）

三、填空题

1. 丙烯中烃类组分的检验方法包括____和____。

2. 碘量法滴定分析时，要注意防止____和____。

3. 直接碘量法滴定时，当溶液出现____，即为滴定终点。

4. 环氧丙烷的酸度分析，既适用于____分析，也适用于______的分析。

5. 环氧丙烷酸度含量的分析，既可以采用____，也可以选用____。

6. 使用氢火焰离子化检测器测量各个组分的峰面积。采用____计算各个组分的浓度，扣除____计算得到______。

四、简答题

1. 叙述热导检测器法检测丙烯中烃类组分的操作步骤。

2. 采用气相色谱仪氢火焰离子化检测器法测定物质含量时，如何查看谱图分析结果？

五、计算题

1. 采用热导检测器法检测丙烯中烃类组分，得到各组分峰面积的如下：

组分	峰面积 A_i	体积分数 V_i/%
乙烷	1432	
乙烯	59	
丙烷	3213175	
丙烯	811311847	

参照表 5-4 各组分校正因子计算各组分体积分数。

2. 称取淡碱液试样 3.005g 于 250mL 锥形瓶中，滴加过氧化氢溶液后充分摇匀至不冒气泡为止，加入适量的三级水，加入 15mL 氯化钡溶液，使碳酸根生成碳酸钡沉淀，加 2～3 滴酚酞，用 0.5000mol/L 盐酸标准滴定溶液滴定至微粉色为终点，消耗盐酸 20.00mL，试计算淡碱液中游离碱的含量。

3. 粗环氧丙烷试样中，醛与过量的亚硫酸氢钠溶液定量反应，用碘标准滴定溶液滴定未反应的亚硫酸氢钠，再加入碳酸氢钠，使复合物定量分解，用 0.01mol/L 碘标准溶液滴定释放的亚硫酸氢钠。消耗碘标准滴定溶液 25.00mL，计算试样中醛的质量分数，以丙醛计。(试样密度 0.875g/mL)

4. 在锥形瓶中加入 50mL 三级水和 2～3 滴酚酞指示剂，用 0.01mol/L 氢氧化钠标准滴定溶液滴定至溶液呈微粉色，立即加入 25.00mL 环氧丙烷试样，继续用氢氧化钠标准滴定溶液滴定至溶液呈微粉色，保持 15s 不褪色为终点，消耗氢氧化钠标准滴定溶液 30.00mL。计算环氧丙烷的酸度，以乙酸计。

码 5-7 思考与练习参考答案

享国务院政府特殊津贴的“90后”全国技术能手

中车青岛四方机车车辆股份有限公司（中车四方公司）的“90后”机床工人李启士，站上了2024年职业教育活动周山东启动仪式的主席台。他用自己的故事，诠释了“一技在手，一生无忧”。作为一名机械制造与控制专业毕业的中专生，他靠着十几年坚持不懈的学习和坚持，在机床操作工岗位上把自己打磨成了全国技术能手，还享受国务院政府特殊津贴。

1990年出生的李启士，初中毕业时，怀揣着学习技术的梦想从菏泽农村来到美丽的青岛，考入山东省轻工工程学校学习机械制造与控制。

看到父亲外出打工扛沙袋、扛水泥很辛苦很累，“学好技术改变人生”的志向在李启士心底扎根。每次上课，他是听讲最专注的，也是向老师提问题最多的学生。他深知“改变人生不能光靠力气，更要靠技术、靠智慧，要想把技术学好，只有加倍付出”。

他格外努力，专业成绩稳步上升，还获得了参加职业技能大赛的机会。备赛集训期间，他几乎每天都是第一个到达学校实训车间，晚上也总是最后离开，回到宿舍后还回顾总结当天的学习心得和不足。

付出必有回报，2007年，李启士首次代表学校参加青岛市职业技能竞赛就获得了二等奖，2008年他又获得了全国职业院校技能大赛（中职组）数控车工二等奖。

2008年中职毕业后，李启士留校成为一名实习指导老师，一年后，对技术有着更高追求的他，成为了中车四方公司的一名实习数控车工。

从学校走进高速动车组的生产线，他的第一个感受是差距。要学习先进的工艺流程和熟悉更先进的设备，每天8个小时的上班时间不够用，他下班后就继续拖班跟着师傅学习，周末也坚持到车间学习。

在学习上花的功夫没有一分是浪费的。实习不到4个月时间，李启士的技术能力已经达到了定岗的要求，实习期结束正式定岗之后，他又用3个月的时间成为主岗。在旁人看来，李启士进步神速，但他自己知道，神速背后是更多的付出。

2010年，他主动报名参加青岛市职业技能大赛，连续四年成绩都名列前茅。2013年，李启士作为团队一员赴美国参加中美国际数控机床技能大赛，荣获团体金牌，被授予“中央企业技术能手”荣誉称号。2017年，他参加中国中车第二届职业技能竞赛获一等奖。

十多年来，作为中职毕业生的李启士先后编制了20余种车型的加工程序，解决了23项技术难题，独创11项先进操作法，参与编写了《数控铣削加工技术》等教材，成了一个名副其实的“大国工匠”。

十几年间，曾经的“90后”小伙已过而立之年，李启士也从一名机床操作工一步步成长为高级技师、高铁工程师、中国中车资深技能专家、齐鲁首席技师。2019年，李启士被授予全国技术能手称号，并于2020年享受国务院政府特殊津贴。

附 录

表 1 弱酸、弱碱在水中的电离常数（25℃）

名称	化学式	电离常数 K_i	pK	名称	化学式	电离常数 K_i	pK
砷酸	H_3AsO_4	$6.3\times10^{-3}(K_1)$ $1.0\times10^{-7}(K_2)$ $3.2\times10^{-12}(K_3)$	2.20 7.00 11.50	磷酸	H_3PO_4	$7.6\times10^{-3}(K_1)$ $6.3\times10^{-3}(K_2)$ $4.4\times10^{-13}(K_3)$	2.12 7.2 12.36
亚砷酸	$HAsO_2$	6.0×10^{-10}	9.22	氢氰酸	HCN	6.2×10^{-10}	9.21
硼酸	H_3BO_3	5.8×10^{-10}	9.24	氢氟酸	HF	6.6×10^{-4}	3.18
焦硼酸	$H_2B_4O_7$	$1.0\times10^{-4}(K_1)$ $1.0\times10^{-9}(K_2)$	4 9	碳酸	H_2CO_3	$4.2\times10^{-7}(K_1)$ $5.6\times10^{-11}(K_2)$	6.38 10.25
亚硝酸	HNO_2	5.1×10^{-4}	3.29	苯酚	C_6H_5OH	1.1×10^{-10}	9.95
硫酸	H_2SO_4	$1.0\times10^{-2}(K_1)$	1.99	亚硫酸	H_2SO_3	$1.3\times10^{-2}(K_{a_1})$ $6.3\times10^{-8}(K_{a_2})$	1.90 7.20
铬酸	H_2CrO_4	$1.8\times10^{-1}(K_1)$ $3.2\times10^{-7}(K_2)$	0.74 6.50	氢硫酸	H_2S	$1.3\times10^{-7}(K_1)$ $7.1\times10^{-15}(K_2)$	6.88 14.15
焦磷酸	$H_4P_2O_7$	$3.0\times10^{-2}(K_1)$ $4.4\times10^{-3}(K_2)$ $2.5\times10^{-7}(K_3)$ $5.6\times10^{-10}(K_4)$	1.52 2.36 6.60 9.25	柠檬酸	$C_6H_8O_7$	$7.4\times10^{-4}(K_{a_1})$ $1.7\times10^{-5}(K_{a_2})$ $4.0\times10^{-7}(K_{a_3})$	3.13 4.76 6.40
亚磷酸	H_3PO_3	$5.0\times10^{-2}(K_1)$ $2.5\times10^{-7}(K_2)$	1.30 6.60	草酸	$H_2C_2O_4$	$5.9\times10^{-2}(K_{a_1})$ $6.4\times10^{-5}(K_{a_2})$	1.22 4.19
甲酸	HCOOH	1.8×10^{-4}	3.74	乙酸	CH_3COOH	1.8×10^{-5}	4.74
苯甲酸	C_6H_5COOH	6.2×10^{-5}	4.21	抗坏血酸	$C_6H_8O_6$	$5.0\times10^{-5}(K_{a_1})$ $1.5\times10^{-10}(K_{a_2})$	4.30 9.82
氨水	NH_3H_2O	1.8×10^{-5}	4.74	羟胺	NH_2OH	9.1×10^{-6}	8.04
甲胺	CH_3NH_2	4.2×10^{-4}	3.38	二甲胺	$(CH_3)_2NH$	1.2×10^{-4}	3.93
乙胺	$C_2H_5NH_2$	5.6×10^{-4}	3.25	二乙胺	$(C_2H_5)_2NH$	1.3×10^{-3}	2.89
乙醇胺	$HOCH_2CH_2NH_2$	3.2×10^{-5}	4.50	吡啶	C_5H_5N	1.7×10^{-5}	8.77

表 2 金属离子与 EDTA 配合物的稳定常数 $\lg K_{稳}$（18～25℃，$I\approx0.1$）

金属离子	$\lg K_{稳}$	金属离子	$\lg K_{稳}$	金属离子	$\lg K_{稳}$
Ag^+	7.32	Fe^{3+}	24.23	Sc^{2+}	23.1
Al^{3+}	16.11	Hg^{2+}	21.80	Sn^{2+}	22.1
Ba^{2+}	7.78	In^{3+}	24.95	Sr^{2+}	8.80
Be^{2+}	9.3	Li^+	2.79	Th^{4+}	23.2
Bi^{3+}	22.8	Mg^{2+}	8.64	TiO^{2+}	17.3
Ca^{2+}	11.0	Mn^{2+}	13.8	Tl^{3+}	22.5
Cd^{2+}	16.4	Mo(Ⅴ)	6.36	U^{4+}	17.50
Co^{2+}	16.31	Na^+	1.66	VO^{2+}	18.0
Cr^{3+}	23.0	Ni^{2+}	18.56	Y^{3+}	18.32
Cu^{2+}	18.7	Pb^{2+}	18.3	Zn^{2+}	16.4
Fe^{2+}	14.83	Pd^{2+}	18.5	Zr^{4+}	19.4

表 3 难溶电解质的标准溶度积常数（18～25℃）

难溶电解质		溶度积
名称	化学式	
氟化钙	CaF_2	5.3×10^{-9}
氟化锶	SrF_2	2.5×10^{-9}
氟化钡	BaF_2	1.0×10^{-6}
二氯化铅	$PbCl_2$	1.6×10^{-5}
氯化亚铜	$CuCl$	1.2×10^{-6}
氯化银	$AgCl$	1.8×10^{-10}
氯化亚汞	Hg_2Cl_2	1.3×10^{-18}
二碘化铅	PbI_2	7.1×10^{-9}
溴化亚铜	$CuBr$	5.3×10^{-9}
溴化银	$AgBr$	5.0×10^{-13}
溴化亚汞	Hg_2Br_2	5.6×10^{-23}
二溴化铅	$PbBr_2$	4.0×10^{-5}
碘化银	AgI	8.3×10^{-17}
碘化亚铜	CuI	1.1×10^{-12}
碘化亚汞	Hg_2I_2	4.5×10^{-29}
硫化铅	PbS	8.0×10^{-28}
硫化亚锡	SnS	1.0×10^{-25}
三硫化二砷	As_2S_3	2.1×10^{-22}
三硫化二锑	Sb_2S_3	1.5×10^{-93}
氢氧化银	$AgOH$	2.0×10^{-8}
硫化亚铜	Cu_2S	2.5×10^{-48}
硫化铜	CuS	6.3×10^{-36}
硫化银	Ag_2S	6.3×10^{-50}
硫化锌	α-ZnS	1.6×10^{-24}
	β-ZnS	2.5×10^{-22}
硫化镉	CdS	8.0×10^{-27}
硫化汞	HgS(红)	4.0×10^{-53}
	HgS(黑)	1.6×10^{-52}
硫化亚铁	FeS	6.3×10^{-18}
硫化钴	α-CoS	4.0×10^{-21}
	β-CoS	2.0×10^{-25}
硫化镍	α-NiS	3.2×10^{-19}
	β-NiS	1.0×10^{-24}
	γ-NiS	2.0×10^{-25}
氢氧化铝	$Al(OH)_3$(无定形)	1.3×10^{-33}
氢氧化镁	$Mg(OH)_2$	1.8×10^{-11}
氢氧化钙	$Ca(OH)_2$	5.5×10^{-6}
氢氧化亚铜	$CuOH$	1.0×10^{-14}
氢氧化铜	$Cu(OH)_2$	2.2×10^{-20}

难溶电解质		溶度积
名称	化学式	
氢氧化锌	$Zn(OH)_2$	1.2×10^{-17}
氢氧化镉	$Cd(OH)_2$(新↓)	2.5×10^{-14}
氢氧化铬	$Cr(OH)_3$	6.3×10^{-31}
氢氧化亚锰	$Mn(OH)_2$	1.9×10^{-13}
氢氧化亚铁	$Fe(OH)_2$	1.8×10^{-16}
氢氧化铁	$Fe(OH)_3$	4×10^{-38}
碳酸钡	$BaCO_3$	5.4×10^{-9}
铬酸钙	$CaCrO_4$	7.1×10^{-4}
铬酸锶	$SrCrO_4$	2.2×10^{-5}
铬酸钡	$BaCrO_4$	1.6×10^{-10}
铬酸铅	$PbCrO_4$	2.8×10^{-13}
铬酸银	Ag_2CrO_4	1.1×10^{-12}
重铬酸银	$Ag_2Cr_2O_7$	2.0×10^{-7}
硫化亚锰	MnS	1.4×10^{-15}
氢氧化钴	$Co(OH)_3$	1.6×10^{-44}
氢氧化亚钴	$Co(OH)_2$(粉红)	2×10^{-16}
	$Co(OH)_2$(新↓)	1.6×10^{-15}
氯化氧铋	$BiOCl$	1.8×10^{-31}
碱式氯化铅	$PbOHCl$	2.0×10^{-14}
氢氧化镍	$Ni(OH)_2$	2.0×10^{-15}
硫酸钙	$CaSO_4$	9.1×10^{-6}
硫酸锶	$SrSO_4$	4.0×10^{-8}
硫酸钡	$BaSO_4$	1.1×10^{-10}
硫酸铅	$PbSO_4$	1.6×10^{-8}
硫酸银	Ag_2SO_4	1.4×10^{-5}
亚硫酸银	Ag_2SO_3	1.5×10^{-14}
硫酸亚汞	Hg_2SO_4	7.4×10^{-7}
碳酸镁	$MgCO_3$	3.5×10^{-8}
碳酸钙	$CaCO_3$	2.8×10^{-9}
碳酸锶	$SrCO_3$	1.1×10^{-10}
草酸镁	MgC_2O_4	8.6×10^{-5}
草酸钙	$CaC_2O_4\cdot H_2O$	2.6×10^{-9}
草酸钡	BaC_2O_4	1.6×10^{-7}
草酸锶	$SrC_2O_4\cdot H_2O$	2.2×10^{-5}
草酸亚铁	$FeC_2O_4\cdot 2H_2O$	3.2×10^{-7}
草酸铅	PbC_2O_4	4.8×10^{-10}
六氰合铁(Ⅱ)酸铁(Ⅲ)	$Fe_4[Fe(CN)_6]_3$	3.3×10^{-41}
六氰合铁(Ⅱ)酸铜(Ⅱ)	$Cu_2[Fe(CN)_6]$	1.3×10^{-16}
碘酸铜	$Cu(IO_3)_2$	7.4×10^{-8}

表 4 氧化还原电对的标准电极电位$\varphi^{\ominus}$ (298K)

电极反应	$\varphi^{\ominus}$/V	电极反应	$\varphi^{\ominus}$/V
$Li^{+}+e^{-} \rightleftharpoons Li$	-3.045	$Sn^{4+}+2e^{-} \rightleftharpoons Sn^{2+}$	0.154
$K^{+}+e^{-} \rightleftharpoons K$	-2.925	$Cu^{2+}+e^{-} \rightleftharpoons Cu^{+}$	0.17
$Ba^{2+}+2e^{-} \rightleftharpoons Ba$	-2.91	$Cu^{2+}+2e^{-} \rightleftharpoons Cu$	0.34
$Ca^{2+}+2e^{-} \rightleftharpoons Ca$	-2.87	$O_2+2H_2O+4e^{-} \rightleftharpoons 4OH^{-}$	0.401
$Na^{+}+e^{-} \rightleftharpoons Na$	-2.714	$Cu^{+}+e^{-} \rightleftharpoons Cu$	0.52
$Mg^{2+}+2e^{-} \rightleftharpoons Mg$	-2.37	$I_2+2e^{-} \rightleftharpoons 2I^{-}$	0.535
$Al^{3+}+3e^{-} \rightleftharpoons Al$	-1.66	$Fe^{3+}+e^{-} \rightleftharpoons Fe^{2+}$	0.771
$Mn^{2+}+2e^{-} \rightleftharpoons Mn$	-1.17	$Ag^{+}+e^{-} \rightleftharpoons Ag^{-}$	0.799
$Zn^{2+}+2e^{-} \rightleftharpoons Zn$	-0.763	$Hg^{2+}+2e^{-} \rightleftharpoons Hg$	0.854
$Cr^{3+}+3e^{-} \rightleftharpoons Cr$	-0.74	$Br_2+2e^{-} \rightleftharpoons 2Br^{-}$	1.065
$Fe^{2+}+2e^{-} \rightleftharpoons Fe$	-0.44	$O_2+4H^{+}+4e^{-} \rightleftharpoons 2H_2O$	1.229
$Cd^{2+}+2e^{-} \rightleftharpoons Cd$	-0.403	$MnO_2+4H^{+}+2e^{-} \rightleftharpoons Mn^{2+}+2H_2O$	1.23
$PbSO_4+2e^{-} \rightleftharpoons Pb+SO_4^{2-}$	-0.356	$Cr_2O_7^{2-}+14H^{+}+6e^{-} \rightleftharpoons 2Cr^{3+}+7H_2O$	1.33
$Co^{2+}+2e^{-} \rightleftharpoons Co$	-0.29	$Cl_2+2e^{-} \rightleftharpoons 2Cl^{-}$	1.36
$Ni^{2+}+2e^{-} \rightleftharpoons Ni$	-0.25	$PbO_2+4H^{+}+2e^{-} \rightleftharpoons Pb^{2+}+2H_2O$	1.455
$Sn^{2+}+2e^{-} \rightleftharpoons Sn$	-0.136	$MnO_4^{-}+8H^{+}+5e^{-} \rightleftharpoons Mn^{2+}+4H_2O$	1.51
$Pb^{2+}+2e^{-} \rightleftharpoons Pb$	-0.126	$Ce^{4+}+e^{-} \rightleftharpoons Ce^{3+}$	1.61
$Fe^{3+}+3e^{-} \rightleftharpoons Fe$	-0.037	$MnO_4^{-}+4H^{+}+3e^{-} \rightleftharpoons MnO_2+2H_2O$	1.68
$2H^{+}+2e^{-} \rightleftharpoons H_2$	0.000	$PbO_2+SO_4^{2-}+4H^{+}+2e^{-} \rightleftharpoons PbSO_4+2H_2O$	1.69
$S_4O_6^{2-}+2e^{-} \rightleftharpoons 2S_2O_3^{2-}$	0.09	$H_2O_2+2H^{+}+2e^{-} \rightleftharpoons 2H_2O$	1.77
$S+2H^{+}+2e^{-} \rightleftharpoons H_2S$	0.14	$Co^{3+}+e^{-} \rightleftharpoons Co^{2+}$	1.80

表 5 常见化合物的摩尔质量

化合物	摩尔质量 M/(g/mol)	化合物	摩尔质量 M/(g/mol)
AgBr	187.77	CuO	79.55
AgCl	143.32	CuS	95.61
AgSCN	165.95	$CuSO_4$	159.60
Ag_2CrO_4	331.73	$CuSO_4 \cdot 5H_2O$	249.68
AgI	234.77	$FeCl_2$	126.75
$AgNO_3$	169.87	$FeCl_3$	162.21
$AlCl_3$	133.34	$Fe(NO_3)_3$	241.86
$AlCl_3 \cdot 6H_2O$	241.43	FeO	71.85
$Al(NO_3)_3$	213.01	Fe_2O_3	159.69
Al_2O_3	101.96	Fe_3O_4	231.54
$Al(OH)_3$	78.00	FeS	87.91
$Al_2(SO_4)_3$	342.14	$FeSO_4$	151.91
As_2S_3	246.02	$FeSO_4 \cdot 7H_2O$	278.03
$BaCO_3$	197.34	HNO_3	63.01
$BaCl_2$	208.24	HNO_2	47.01
BaC_2O_4	225.32	H_3BO_3	61.83
BaO	153.33	HBr	80.91
$Ba(OH)_2$	171.34	HCN	27.03
$BaSO_4$	233.39	HCOOH	46.03
CO_2	44.01	CH_3COOH	60.05
CaO	56.08	H_2CO_3	62.03
$CaCO_3$	100.09	HCl	36.46

续表

化合物	摩尔质量 $M/(g/mol)$	化合物	摩尔质量 $M/(g/mol)$
CaC_2O_4	128.10	HF	20.01
$CaCl_2$	110.99	HI	127.91
$Ca(OH)_2$	74.09	HIO_3	175.91
$CaSO_4$	136.14	H_2O	18.016
CoS	90.99	H_2O_2	34.02
$CoSO_4$	154.99	H_3PO_4	98.00
Cr_2O_3	151.99	H_2S	34.08
CuCl	99.00	H_2SO_3	82.07
$CuCl_2$	134.45	H_2SO_4	98.07
CuI	190.45	$HgCl_2$	271.50
$Cu(NO_3)_2$	187.56	$Hg(NO_3)_2$	324.60
LiBr	86.84	KCl	74.55
LiI	133.85	$KC1O_4$	138.55
$MgCl_2 \cdot 6H_2O$	203.31	KCN	65.12
MgO	40.30	KSCN	97.18
$MnCO_3$	114.95	K_2CO_3	138.21
$MgCO_3$	84.31	K_2CrO_4	194.19
$MgCl_2$	95.21	$K_2Cr_2O_7$	294.18
MnO	70.94	KI	166.00
MnO_2	86.94	KIO_3	214.00
MnS	87.00	$KMnO_4$	158.03
$MnSO_4$	151.00	KNO_3	101.10
Na_2CO_3	105.99	KNO_2	85.10
$Na_2C_2O_4$	134.00	K_2O	94.20
NaCl	58.44	KOH	56.11
CH_3COONa	82.03	K_2SO_4	174.25
NaClO	74.44	NH_4C1	53.49
$NaHCO_3$	84.01	$(NH_4)_2CO_3$	96.09
NH_4HCO_3	79.06	PbO_2	239.20
NH_4NO_3	80.04	$PbSO_4$	303.26
$(NH_4)_2SO_4$	132.13	Sb_2O_3	291.50
$Na_2B_4O_7$	201.22	SO_3	80.06
$Na_2B_4O_7 \cdot 10H_2O$	381.42	SO_2	64.06
NaCN	49.01	SiO_2	60.08
Na_2O_2	77.98	SnO_2	150.7
NaOH	40.00	TiO_2	79.90
Na_2S	78.04	V_2O_5	181.88
Na_2SO_4	142.04	WO_3	231.85
NiO	74.69	$ZnCO_3$	125.39
NiS	90.75	$ZnCl_2$	136.29
P_2O_5	141.95	ZnO	81.39
$PbCl_2$	278.11	ZnS	97.44
$Pb(NO_3)_2$	331.21	$ZnSO_4$	161.44
PbO	223.20	$ZnSO_4 \cdot 7H_2O$	287.57

表 6　不同标准溶液浓度的温度补正值　　单位：mL/L

温度/℃	水和0.05mol/L以下的各种水溶液	0.1mol/L和0.2mol/L各种水溶液	盐酸溶液 c_{HCl}=0.5mol/L	盐酸溶液 c_{HCl}=1mol/L	硫酸溶液 $c_{1/2H_2SO_4}$=0.5mol/L 氢氧化钠溶液 c_{NaOH}=0.5mol/L	硫酸溶液 $c_{1/2H_2SO_4}$=1mol/L 氢氧化钠溶液 c_{NaOH}=1mol/L
5	1.38	1.7	1.9	2.3	2.4	3.6
6	1.38	1.7	1.9	2.2	2.3	3.4
7	1.36	1.6	1.8	2.2	2.2	3.2
8	1.33	1.6	1.8	2.1	2.2	3
9	1.29	1.5	1.7	2	2.1	2.7
10	1.23	1.5	1.6	1.9	2	2.5
11	1.17	1.4	1.5	1.8	1.8	2.3
12	1.1	1.3	1.4	1.6	1.7	2
13	0.99	1.1	1.2	1.4	1.5	1.8
14	0.88	1	1.1	1.2	1.3	1.6
15	0.77	0.9	0.9	1	1.1	1.3
16	0.64	0.7	0.8	0.8	0.9	1.1
17	0.5	0.6	0.6	0.6	0.7	0.8
18	0.34	0.4	0.4	0.4	0.5	0.6
19	0.18	0.2	0.2	0.2	0.2	0.3
20	0.00	0.00	0.00	0.00	0.00	0.00
21	−0.18	−0.2	−0.2	−0.2	−0.2	−0.3
22	−0.38	−0.4	−0.4	−0.5	−0.5	−0.6
23	−0.58	−0.6	−0.7	−0.7	−0.8	−0.9
24	−0.8	−0.9	−0.9	−1	−1	−1.2
25	−1.03	−1.1	−1.1	−1.2	−1.3	−1.5
26	−1.26	−1.4	−1.4	−1.4	−1.5	−1.8
27	−1.51	−1.7	−1.7	−1.7	−1.8	−2.1
28	−1.76	−2	−2	−2	−2.1	−2.4
29	−2.01	−2.3	−2.3	−2.3	−2.4	−2.8
30	−2.3	−2.5	−2.5	−2.6	−2.8	−3.2
31	−2.58	−2.7	−2.7	−2.9	−3.1	−3.5
32	−2.86	−3	−3	−3.2	−3.4	−3.9
33	−3.04	−3.2	−3.3	−3.5	−3.7	−4.2
34	−3.47	−3.7	−3.6	−3.8	−4.1	−4.6
35	−3.78	−4	−4	−4.1	−4.4	−5
36	−4.1	−4.3	−4.3	−4.4	−4.7	−5.3

注：1. 本表数值是以 20℃为标准温度以实测法测出。

2. 表中数值是以 20℃为分界。低于 20℃的补正值为“+”，高于 20℃的补正值为“−”。

3. 本表的用法：如 1L 硫酸溶液（$c_{H_2SO_4}$=1mol/L）由 25℃换算为 20℃时，其体积修正值为−1.5mL，故 40.00mL 换算为 20℃时的体积为：V_{20}=40.00−（1.5/1000）×40.00=39.94（mL）。

表 7　热导、氢焰相对质量校正因子

化合物	热导相对质量校正因子	氢焰相对质量校正因子	化合物	热导相对质量校正因子	氢焰相对质量校正因子
甲烷	0.45	1.03	乙基环戊烷	0.78	1.00
乙烷	0.59	1.03	顺 1,2-二甲基环戊烷	0.78	1.00
丙烷	0.68	1.02	反 1,2-二甲基环戊烷	0.78	0.99
丁烷	0.68	0.91	环己烷	0.74	0.99
戊烷	0.69	0.96	甲基环己烷	0.82	0.99
己烷	0.70	0.97	1,2-二甲基环己烷	0.79	0.97
庚烷	0.70	1.00	1,4-二甲基环己烷	0.77	—
辛烷	0.71	1.03	乙基环己烷	0.78	0.99
壬烷	0.72	1.02	1,2,3-三甲基环己烷	0.91	
癸烷	0.71		氩	0.95	
十一烷	0.79		氮	0.67	
十四烷	0.85		氧	0.80	
异戊烷	0.71	0.95	二氧化碳	0.92	
2,2-二甲基丁烷	0.74	0.96	一氧化碳	0.67	
2,3-二甲基丁烷	0.74	0.97	硫化氢	0.89	
2-甲基戊烷	0.71	0.95	氨	0.42	
3-甲基戊烷	0.73	0.96	水	0.55	
2,2-二甲基戊烷	0.75	0.98	羰化铁	1.30	
2,3-二甲基戊烷		0.97	环氧乙烷	0.76	
2,4-二甲基戊烷	0.78	0.98	环氧丙烷	0.73	
2-甲基己烷	0.74	0.98	甲硫醇	0.81	
3-甲基己烷	0.75	0.98	乙硫醇	0.72	
3-乙基戊烷	0.76	0.98	丙硫醇	0.75	
2,2,4-三甲基戊烷	0.78	1.00	四氯化碳	1.43	
乙炔		0.94	吡啶	0.79	
乙烯	0.59	0.98	丙腈	0.65	
丙烯	0.63		苯胺	0.82	1.03
异丁烯	0.68		丙酮	0.68	2.04
正丁烯	0.70		甲乙酮	0.74	
反 2-丁烯	0.66		环戊酮	0.79	
顺 2-丁烯	0.64		环己酮	0.79	1.38
苯	0.78	0.89	甲酸		1.00
甲苯	0.79	0.94	乙酸		4.17
乙苯	0.82	0.97	甲醇	0.58	4.35
间二甲苯	0.81	0.96	乙醇	0.64	2.18
对二甲苯	0.81	1.00	正丙醇	0.72	1.67
邻二甲苯	0.84	0.98	异丙醇	0.71	1.89
正丙苯	0.83	0.99	正丁醇	0.78	1.52

续表

化合物	热导相对质量校正因子	氢焰相对质量校正因子	化合物	热导相对质量校正因子	氢焰相对质量校正因子
异丙苯	0.85	1.03	异丁醇	0.77	1.47
1,2,4-三甲苯	0.80	1.03	仲丁醇	0.76	1.59
1,2,3-三甲苯	0.81	1.02	叔丁醇	0.77	1.35
1,2,5-三甲苯	0.80	1.02	乙酸乙酯	0.79	2.64
联苯	0.91		乙酸异戊酯	0.84	2.04
邻三联苯	1.06		乙酸正丁酯	0.86	1.81
间三联苯	1.00		乙醚	0.67	
对三联苯	1.03		二异丙醚	0.79	
萘	0.92		二丁醚	0.81	
环戊烷	0.72	0.96	二戊醚	0.86	
甲基环戊烷	0.73	0.99	2,5-己二醇	0.93	
1,1-二甲基环戊烷	0.79	0.97	1,10-癸二醇	1.62	

参考文献

[1] 干红珍．化工分析［M］．北京：化学工业出版社，2010.

[2] 张振宇，姚金柱．化工分析［M］．4 版．北京：化学工业出版社，2015.

[3] 刘珍．化验员读本［M］．4 版．北京：化学工业出版社，2004.

[4] 姜淑敏，孙巍，张春艳．化学实验基本操作技术［M］．2 版．北京：化学工业出版社，2021.

[5] 付云红，孙巍．分析化学［M］．3 版．北京：化学工业出版社，2022.

[6] 王久华，李毅．分析化学［M］．济南：山东科学技术出版社，2019.

[7] 付云红．工业分析［M］．北京：化学工业出版社，2009.

[8] 周心如，杨俊佼，柯以侃．化验员读本化学分析［M］．5 版．北京：化学工业出版社，2016.

[9] 姜洪文．分析化学［M］．4 版．北京：化学工业出版社，2017.

[10] 胥朝禔，杨兵．分析化学［M］．3 版．北京：化学工业出版社，2019.

[11] 陈艾霞，杨丽香．分析化学实验与实训［M］．2 版．北京：化学工业出版社，2016.

[12] 赵美丽，徐晓安．仪器分析技术［M］．北京：化学工业出版社，2014.

[13] 黄一石，吴朝华，杨小林．仪器分析［M］．3 版．北京：化学工业出版社，2013.

[14] 丁敬敏，吴朝华．仪器分析测试技术［M］．北京：化学工业出版社，2011.

[15] 季剑波．分析测试技术［M］．北京：化学工业出版社，2014.

[16] 武汉大学．分析化学［M］．5 版．北京：高等教育出版社，2006.

[17] 分析实验室用水规格和试验方法：GB/T 6682—2008［S］．北京：中国标准出版社，2008.

[18] 实验室气相色谱仪：GB/T 30431—2020［S］．北京：中国标准出版社，2020.

[19] 孙传经．气相色谱分析原理与技术［M］．北京：中国标准出版社，1979.

[20] 水质 pH 值的测定 电极法：HJ 1147—2020［S］．北京：中国环境出版集团，2021.

[21] pH 值测定用缓冲溶液制备方法：GB/T 27501—2011［S］．北京：中国标准出版社，2011.

[22] 食品安全国家标准 食品添加剂 碳酸钠：GB 1886.1—2021［S］．北京：中国标准出版社，2021.

[23] 姚金柱，张振宇．化工分析例题与习题［M］．北京：化学工业出版社，2024.

[24] 邵国成，许丽君．化学分析技术［M］．北京：化学工业出版社，2018.

[25] 夏玉雨．化学实验室手册［M］．3 版．北京：化学工业出版社，2015.